ロボット工学の基礎

［第 3 版］

川﨑 晴久 著
Haruhisa Kawasaki

森北出版株式会社

第3版まえがき

「ロボット工学の基礎」は，主にロボットの機構解析と制御の基礎を述べており，機械工学，機械システム工学，制御工学，情報制御工学等を専攻する学生，技術者に基本となる事項に重点をおいている．これまで，第 1 版第 1 刷は 1991 年 9 月，第 2 版第 1 刷は 2012 年 9 月に発行し，今回の第 3 版 1 刷が 2020 年 10 月である．本改訂では，説明が十分でない箇所をより理解しやすいようにと加筆修正し，2 色刷りでより読みやすくした．しかし，その内容は高度であり，読者は熟読しあるいは手を動かして式の展開を確認しないと理解できない箇所があると想像する．この壁を乗り越えてロボットの基礎を習得されることを期待する．ロボットをベースとした新しい領域での研究開発や応用展開は，単なる思いつきのみで発展させることは難しく，基礎知識の習得がその第一歩である．

2020 年は 100 年に 1 度といわれる新型コロナウイルス感染症 (COVID-19) に全世界が委縮しており，大きなダメージを受けている．ウイルス抗体を作る安全な薬の普及が実現するまで，社会活動や経済活動が制限される状況は続くであろう．コロナ禍における人々の行動や社会変容が，いつまでも記憶として留められる．こうした社会状況の変革に向け，人の代わりに遠隔で作業する等の人々を繋ぐロボットが社会全体で求められている．本書が，ロボット工学を学ぶ学生，技術者にとって新しい領域を開発する上で基礎となり，さらに新たな知見を加えて多様なチャレンジの契機になれば喜ばしい．

最後に，森北出版(株)の大橋貞夫氏と植田朝美氏には，本書の改訂の機会と有益な助言を頂き，より読みやすく質の向上につながった．ここに，深く感謝の意を表します．

2020 年 8 月

川﨑　晴久

第2版まえがき

「ロボット工学の基礎」の第1版第1刷は1991年9月に発行した．ロボットは，当時期待されたようには，まだ産業として大きく発展していない．しかし，1990年代はロボットの用途の拡大期で，製造業の分野で溶接，塗装，組立てと幅広く利用され，2000年代以降は保守点検，農業，医療，福祉，家庭とその応用が製造業以外にも広がってきている．大学ではロボット学科も設立されるようになった．ロボットが工場内の整備された環境だけに留まらず，建設現場，海底，農場，宇宙，病院，家庭，森林などのさまざまな環境での利用に向けて，研究開発が全世界で盛んに進められている．ロボットは，「見る」，「触れる」，「聴く」等の知覚をもち，動作決定を自ら行い，人間に近い器用さで作業を行う段階に近づきつつあり，人間社会に大きなインパクトを与えている．また，社会の高齢化とともに，医療・福祉分野や生活支援分野等でのロボットへの期待はますます高まっている．

ロボットは，センサ，アクチュエータ，機械設計，制御，制御回路，ソフトウェアとさまざまな工学を統合して，はじめて実現できる．このために，ロボットを学ぶには，これらの基礎の学習からはじめることが必要である．初版では，機械工学，機械システム工学，自動制御工学，情報制御工学等を専攻する学生，技術者に基礎となる事項に重点をおいた．第2版も同じ構成であるが，その後の技術の進展からみて，センサ等については記述を追加し，現在では利用されない計算法等は削除し，理解が難しい箇所はより詳しく説明するように努めた．また，学習しやすい本をめざして章末の演習問題は解答を詳しくし，自習もできるようにした．この第2版が一層役立てられることを期待したい．

最後に，研究室秘書の山口絵里圭氏と森北出版(株)の水垣偉三夫氏に出版に際しお世話になった．ここに，深く感謝の意を表します．

2012年7月

著　者

まえがき

ロボットという言葉は，1920年にチェコのカレル・チャペックが物語「R.U.R」(Rossum's Universal Robots) に初めて使用し，以来SFの世界では人類の忠実な友として，あるいは人類の敵として盛んに描かれている．一方，産業界では1960年代に，それまで単純な自動機械で構成されていたオートメーションに，ユニメートやバーサトランに代表されるプログラム可能な産業用ロボットが登場し，着実に定着している．現在は，製造業に限らず，宇宙，医療，建設，農業と応用分野を広げつつあり，それと同時にロボット技術は急速に発展している．

ロボット工学は，機械，電子，制御，情報，計算機，材料と幅広い分野に多岐にわたり関係している．本書は，その中で機械工学，機械システム工学，自動制御工学，情報制御工学等を専攻する学生，技術者にとって基礎となる技術に重点をおき述べている．

構成は全体を8章に分け，1章ではロボットの歴史と将来展望を概説し，2章ではロボットの感覚の役割と種類および代表的な感覚器を述べる．3章では，ロボットのアクチュエータの種類とサーボモータの原理および制御法などを述べる．4章ではロボットの運動学の基礎事項，5章ではロボットの動力学の基礎事項を述べる．この二つの章は，ロボットの解析において中心的な役割を果たす．6章ではロボットを構成するリンクの幾何学パラメータの校正法と動力学パラメータの同定法を述べる．7章では，ロボットの位置/軌道制御の基本方式を述べ，8章ではロボットの力制御の要点を述べる．

本書は，読者に高度な予備知識を必要としないよう，力学，代数，制御の基本から解説するように心がけ，不足分は付録として掲載した．また，理解しやすいように例題や演習問題をできる限り豊富にした．本書が，ロボット工学を基礎から理解したいと考える諸氏に，役立てば幸いである．

1991年7月

著　者

目　次

1 ロボットの歴史と基本概念

2 世紀前のヨーロッパで始まった産業革命，半世紀以上前に米国で始まった大量生産による生産革命，これに続く新たな生産革命として，ロボットによる多品種少量生産が期待されて久しい．日本における産業用ロボットのここ 20 年間の平均成長率は 1.7%程であることから，生産現場へのロボットの導入は着実に進んできたといえる．しかし，当初の予測ほどには大きくなっていない．

一方，日本の少子高齢化の中で，人間との共生空間で活躍するロボットへの期待が大きくなってきた．日本の高齢化は世界の先陣を切っているが，その後に韓国，イタリア，ドイツ等々と世界各国が高齢化社会を迎える．こうした背景のもと，世界のさまざまな研究機関で生活支援型ロボットや人間支援型ロボットの研究開発が進められている．作業環境が整備された工場から，雑多な生活環境，人と車が往来する公道，農業や林業などの半ば自然に近い環境など，人工的に整備しきれない環境で人間を支援し働くロボットが期待されている．そこで働く知能ロボットは，「見る」，「触れる」，「聞く」等の知覚をもち，人間とのコミュニケーションのもとで動作決定を自ら行い，人間に近い器用さで作業を行う．次世代のロボットは，高齢化社会で問題となる日常生活や介護現場での支援，海底や宇宙などの特殊環境での危険作業，熟練技能の継承などさまざまな状況で活躍することが求められている．

本章では，ロボットの基本的構成と今後の発展の方向について概略を述べる．

1.1 ロボットの歴史

1.1.1 物語の世界

ロボットという言葉は，チェコ語の「働く人」からきている．1921 年，チェコスロバキアの劇作家 Karel Capek が，創作劇「R.U.R (Rossum's Universal Robots)」の中で初めて使用した．この劇は科学者であるロッサム氏が，人類を労働から解放するためにロボット製造工場を作るところから始まっている．最初は計画どおりうまくいっていたが，ロボットに兵隊の役割をさせるようになってから雲行きがおかしくなる．そして，一人の科学者がロボットに感情を与えたために，反抗の精神を発達させ，ついには人間をすべて殺すという悲劇を描いている．

このような流れに対して，1950年，Isaac AsimovのSF小説「わたしはロボット」の中ではAsimovのロボット三原則に従ってロボットが描かれている．

ロボット三原則 (three laws of robotics)

第1条　ロボットは，人間に危害を加えてはならず，また人間に危害が加えられるのを見過ごしてはならない．

第2条　ロボットは，第1条に反しないかぎり人間に服従しなければならない．

第3条　ロボットは，第1条と第2条の原則に反しないかぎり，自身の生命を守らなければならない．

さらには，手塚治虫の漫画「鉄腕アトム」やLucasの映画「スターウォーズ」の「R2-D2」などは，ロボットが人間の愛すべき友達，忠実な仲間として描かれている．

≫ 1.1.2　工学の世界

産業用ロボットは，人間の姿とは程遠いが人間の作業を代行している．産業用ロボットの概念は，1954年に米国のG.C. Devolが教示再生型の「Programmed Article Transfer」についての特許出願が最初とされている．その概念を具体化したものとして，1961年に米国のEngelbergerらによるユニメートとよばれる産業用ロボットの実用機が最初に発表された．このユニメートは，その動作をジョイスティックなどにより人間が操作し，その動作を記憶させて（教示），それを何度でも繰り返し実行する（再生）という点で反響をよんだ．

その後盛んに日米欧でロボットの研究が始まった．日本では1980年をロボット普及元年とよび，1983年には日本ロボット学会も発足し，日本製産業用ロボットが世界を雄飛しロボット王国とよばれるまでに至った．そして，ロボットが工場内などの整備された環境だけにとどまらず，建設現場，海底，農場，宇宙，病院などのさまざまな環境での利用が検討され，一部では実用化している．これにともない，ロボティクスという工学分野が形成されてきた．ロボットの研究は，当初のロボットマニピュレータの運動学や動力学の研究から，ロボット作業の自律計画，ロボットの適応機能，ロボットのスキルなどロボット固有の知能化に向けた課題に重点が移り，技術のすそ野が広がってきている．

1.2 ロボットの基本概念

≫ 1.2.1 ロボットとは

ロボットに対するイメージは一人一人異なっており，ロボット技術も急速に進歩しているため，一般に広く認められているロボットの定義はまだないといってよいだろう．

ここで産業用ロボットに限定すると，ISO（国際標準化機構）／TC 184（産業オートメーションシステム）／SC 2（工業用ロボット）では，マニピュレーティング・インダストリアル・ロボット (manipulating industrial robot) を

『自動制御された再プログラム可能な，多用途で，いくつかの自由度を有するマニピュレーション機能をもつ機械』

と定義している．産業用ロボットと他の専用自動機械とは，次の点において相違があるといえる．すなわち専用自動機械は大量生産に有効な手段として単一もしくは固定した作業をするものである．一方，産業用ロボットは中種中量生産や多品種少量生産に有効な手段として，対象物の種類の変化，設計変更，作業変更に対して再プログラムによって，もしくは自律的に多用途の作業をするものである．

非製造業で利用されるロボットでは，マニピュレーション機能より移動機能が求められるものや，再プログラム機能より遠隔操縦機能が求められることがあり，上記のインダストリアル・ロボットの定義では十分でないといえる．今後のロボット技術の進歩も考慮して，あえてロボットを定義すると，次のようなものとなる．

『生体の運動部の機能に類似した柔軟な動作をする運動機能と感覚，認識，判断，適応，学習等の知的機能を備え，人間の要求に応じて作業する機械』

人間の要求に応じて作業するには，単一の作業能力では実行できず，比較的汎用性のある作業能力をもつことが条件となる．

≫ 1.2.2 ロボットの基本構成

ロボット (robot) は多数の自由度をもつ機械であり，図 1.1 に示すように，機構部は主にマニピュレータ (manipulator) と移動機構 (locomobile) から構成される．マニピュレータは腕 (arm) と手 (hand) からなり，このマニピュレータが作業を実行する中心的な役割を果たす．通常，アームは 3 次元空間で任意の位置と姿勢をとれるように 6 自由度を用意するが，作業を限定して自由度を少なくする場合や，作業能力を増やすために冗長な自由度とする場合がある．ハンドは 2 本指の開閉機構から，人

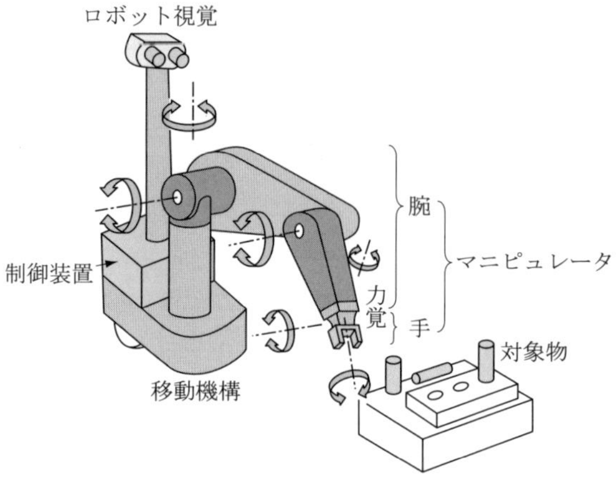

図 1.1 ロボットシステム

間の手のように複数の関節をもつ指を備えたものもある．溶接，塗装などの作業では，ハンドには溶接ガンや塗装用スプレーなどのエンド・エフェクタ (end-effector) あるいはツール (tool) とよばれる道具を装着して作業する．

マニピュレータや移動機構を動作させるには，アクチュエータ (actuator)，アクチュエータ駆動用増幅器，関節の角度や角速度を検出する各種のセンサを 1 自由度につき 1 個ずつ用意する．作業対象物の認識や力操作を行うときは，視覚センサや力センサが必要となる．多数の自由度をもつロボットに作業を実行させるために，これらの運動の自由度を適切に制御する制御装置 (controller) がある．図 1.2 に，ロボットシステムの基本構成を示す．制御装置の実態はコンピュータである．各種センサの信号を受信し，所定の動作となるようにアクチュエータ駆動信号を出力する．制御動作を決定するのは，コンピュータ内に格納されている制御プログラムとデータである．この制御プログラムとデータは，直接的に操作者が制御装置に入力するときと，ロボットに接続している通信ネットワークを介して外から転送されてくるときがある．制御装置の具体的構成例を図 1.3 に示す．cpu A ではロボット言語を解釈し，位置制御，力制御などの制御モードと目標値を cpu B に送り，また視覚処理装置や力覚処理装置に処理内容の指令を送る．cpu B では各関節ごとの目標軌道を生成する．cpu C_1～cpu C_n では目標軌道に追従するようにサーボ制御系が各駆動軸ごとに組まれている．サーボ制御の最も簡単なものは，位置と速度の定係数フィードバック制御である．視覚などの外界情報は cpu B にフィードバックされ，対象物の認識や目標軌道の修正に利用される．

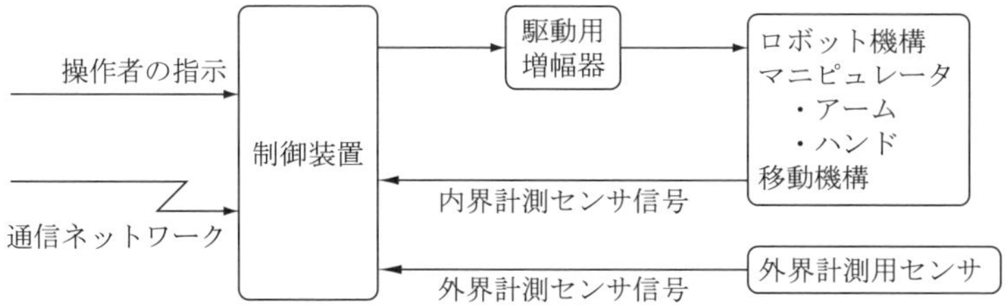

図 1.2 ロボットシステムの基本構成

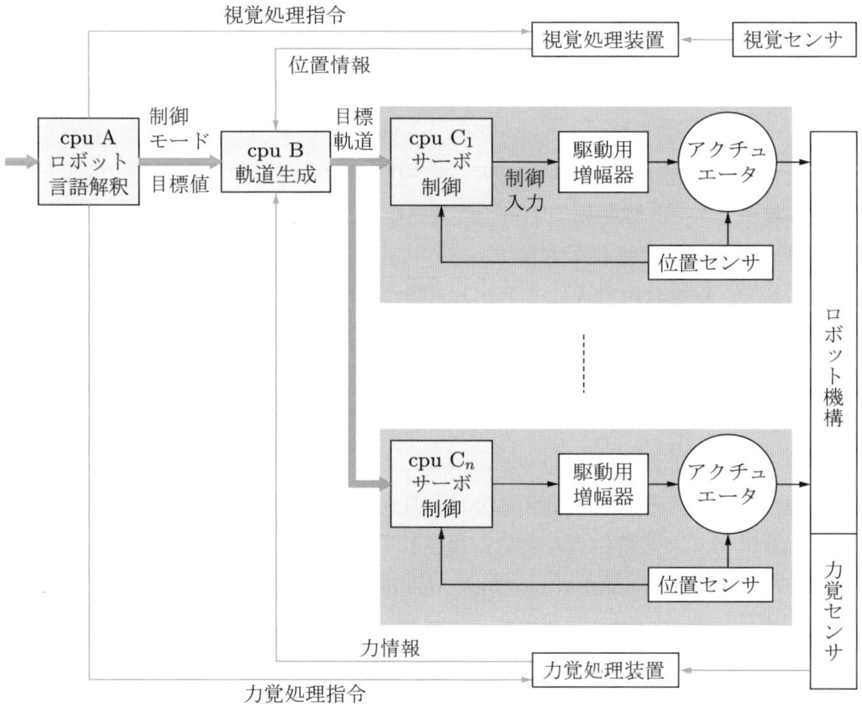

図 1.3 制御装置の構成例

≫ 1.2.3 ロボットへの作業の指示方法

産業用ロボットへの作業の指示方法として，現在でも主流をなしているのは，教示再生方式 (teaching playback) である．この方式は，ロボットに作業を行わせるためにその作業を実現する動作をなんらかの方法で教え込み（これを教示という），これを再生することにより目的とする作業を実現する方法である．その教示方法は，

- 作業の教示方法
  - オンライン教示方式
    - 直接教示方式
    - 間接教示方式
  - オフライン教示方式
    - 言語方式
    - 非言語方式

図 1.4　作業の教示方式の分類

図 1.4 に示すように，ロボットが置かれている生産ライン上で行われるという意味でのオンライン教示方式と，生産ラインからはずれた所で教示するという意味でのオフライン教示方式に大きく分けられる．

オンライン教示方法 (online teaching method) には，実際のロボットの先端部をオペレータが直接手に取って動かし，その時々の各関節角の位置や速度を記憶させる直接教示方式と，教示用のティーチングボックスを操作してロボットを動かし，運動軌跡を生成する間接教示方式がある．直接教示方式は塗装作業などの教示に用いられており，間接教示方式はスポット溶接作業などに用いられている．いずれも，教示装置が簡素であるという長所があるが，教示のたびに生産ラインを停止させるという短所がある．なおこの教示では，通過すべき要所の点のみの座標を記憶し，再生時においてもそれらの点への位置決めを行う PTP (point to point) 方式と，要所要所の点をとり，これらの点間を制御装置において補間して連続経路を作り，この経路に追従させる CP (continuous path) 方式がある．前者はスポット溶接作業などに，後者はアーク溶接作業などに利用される．

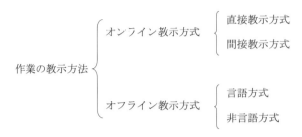

オフライン教示方法 (offline teaching method) は，実際のロボットとその作業環境を計算機上にモデル化し，このモデルに対して教示するもので，シミュレーションシステムと結合した教示装置となるのが一般的である．この方式は，教示装置が複雑となり，実際のロボットの動作条件とモデル内での動作条件の差異を吸収する能力がロボットに求められる．しかし，生産ラインを停止する必要がないという大きな長所がある．このオフライン教示方法には，ロボット言語により動作の手順を記述するロボット言語方式と，図面によってロボットの運動軌跡を指示したり，実環境や仮想空間で人間のデモンストレーションによりロボットの動作を指示する非言語方式がある．仮想空間での人間のデモンストレーションによる教示では，人間の全身の空間運動や 5 指ハンド操作の力と位置の計測から人間の動作意図に基づいた教示を可能とするため，多点での位置と力の教示が必要なヒューマノイドロボッ

トには有効となるであろう．

1.2.4 ロボット言語

ロボット言語 (robot language) とは，人間がロボットに目標とする動作や作業を指示するために用いるロボット用プログラミング言語である．JIS では産業用ロボット向けのプログラミング言語 SLIM が規格化されている．ロボット言語は，移動や作業の命令，整数，浮動小数などのデータタイプ，分岐や条件判断などのプログラム制御命令，加減乗除の数値演算命令，センサ入出力命令，タイマ命令や割り込み処理などの命令セットから構成される．

ロボット言語によるプログラミングには，タスクを記述する作業記述言語 (task-level language) と，個々の動作を記述する動作記述言語 (motion-level language) に分けられる．

作業のサブゴールを直接記述することによってプログラムする言語を，作業記述言語あるいはタスクレベル言語とよぶ．作業記述言語では，実行計画が自動的に立てられる．たとえば，“角棒を A 点で角穴に挿入” という命令に対して，システムでは，自動的にロボットが障害物を回避する軌道を計画し，角棒をつかむ位置を計算し，角棒をつかみ，A 点に運び，角穴に挿入し，角棒を離す．このように，作業記述言語では，人工知能の研究成果を使い，自動的に動作の生成や問題解決を行う．作業記述言語はロボットの知能のレベルに応じた記述のみが可能である．このため，現在のところ部分的な要素の開発が行われている状況である．ユーザとのインタラクティブな操作により，作業記述言語をプログラミングするシステムは一部に実用化されてきている．

ロボットあるいは対象物の動作を逐次的に記述する言語を，動作記述言語あるいはモーションレベル言語という．動作記述言語は，言語としての知的レベルによって三段階に分けられる．1 番目は，ロボットの関節の動きを記述する関節レベルである．初期のロボット言語として採用された．2 番目は，ワールド座標でロボットの手先の動きを記述する手先効果器レベルである．関節の動きは，言語システム内の逆運動学モデルで計算される．3 番目は，対象物の動きをワールド座標で記述する対象物レベルである．ロボットの手先位置は，言語システム内で対象物の幾何情報から計算される．現在の多くのロボット言語は手先効果器レベルである．ロボット言語のインテリジェンスが高いと，さらに障害物との干渉チェックや，軌道の計画を援用する機能が付加されてくる．

1.3 ロボットの世代論

ロボットの世代論を考えるときに，何をもって世代が交代しているかをみる視点が重要である．ロボットとは人間がなんらかの作業を行わせる機械であるから，なんらかの作業内容を教えること，すなわち教示が必須となる．動作条件，環境条件をロボットが自ら獲得できるときは，教示は厳密である必要はなく，人間にとって教示は楽な作業になるであろう．これは，どれだけロボットが自律的に行動できるかに依存している．したがって，ロボットの世代は，教示のしやすさ，もしくはロボットがどれだけ自律的であるかによって，論じることができる．以下では，JIS による産業用ロボットの分類を参考に世代を考察する．

産業用ロボットの JIS B 0134-1998 による分類を，表 1.1 に示す．この中で，シーケンスロボット，プレイバックロボット，数値制御ロボットに共通することは，あ

表 1.1 産業用ロボットの分類

用 語	意 味	英 語
シーケンスロボット	機械の動作状態が，設定した順序・条件に従って進み，一つの状態の終了が次の状態を生成するような制御システムをもつロボット．	sequenced robot
プレイバックロボット	教示プログラミングによって記憶したタスクプログラムを，繰り返し実行することができるロボット．	playback robot
数値制御ロボット	ロボットを動かすことなく順序・条件・位置・その他の情報を数値，言語などによって教示し，その情報に従って作業を行えるロボット．	numerically controlled (NC) robot
感覚制御ロボット	センサ情報を用いて動作の制御を行うロボット．	sensory controlled robot
適応制御ロボット	適応制御機能をもつロボット． 備考：適応制御機能とは環境の変化などに応じて制御等の特性を所要の条件を満たすように変化させる制御機能をいう．	adaptive robot
遠隔操縦ロボット	オペレータが遠隔の場所から操作することができるロボット．	teleoperated robot
学習制御ロボット	学習制御機能をもつロボット． 備考：学習制御機能とは作業経験などを反映させ，適切な作業を行う制御機能をいう．	learning controlled robot
知能ロボット	人工知能によって行動を決定できるロボット． 備考：人工知能とは認識能力・学習能力・抽象化思考能力・環境適応能力などを人工的に実現したものである．	intelligent robot

(JIS B 0134-1998)

らかじめ定められたとおりの動作をそのまま繰り返し行うことにある．これらのロボットはまったく自律的機能はなく，従来からの数値制御工作機械（NC 工作機械）の動作制御方式と基本的に同じといえる．この繰り返し型ロボットは「第 1 世代ロボット」とよばれる．現在，産業用に利用されているロボットは，この種のものが多い．

第 2 世代のロボットは，なんらかの感覚情報をもち，この感覚情報をもとに自己の行動をある程度修正する機能をもつもので，感覚制御ロボット，適応制御ロボットがこれに相当する．教示した動作条件・環境条件と実際の条件とに多少の差異が生じてもある程度は吸収できるため，第 2 世代のロボットの適用範囲はかなり広範囲なものとなっている．現在，産業界での開発の中心はこの世代のロボットといえる．

続く第 3 世代は，作業経験をなんらかの形で学習し行動に反映させる学習制御ロボット，あるいは JIS の分類にはないが複数のロボットが協調して作業する機能をもつ協調制御ロボット (cooperative control robot) があてはまるであろう．この世代のロボットは，世界各国で研究が盛んに行われており，部分的には産業用ロボットに導入されている．

第 4 世代となると，未知の領域であり，今後の社会のロボットに対する需要によりその性格は異なるであろうが，大きな方向としては，自らの行動を判断し決定する知能ロボットに向かっていくといえる．ただし，第 3 世代の学習機能も人工知能の重要な要素であるから，人工知能によって行動決定できる知能ロボットとは，第 3 世代以降の高度な機能をもつロボットの総称としてとらえるべきものと考える．そして，第 3，4 世代を実現していくには，図 1.5 に示すロボティクスの課題を着実に解決していかなくてはならない．

ロボットを人間に置き換えて考えると，頭脳で計画した運動を正確に実行する運動制御機能があってこそ知能が生きるといえる．この運動制御機能は条件反射レベルの運動から意識的な随意運動まであり，ロボットにこれらの機能を付与する基盤

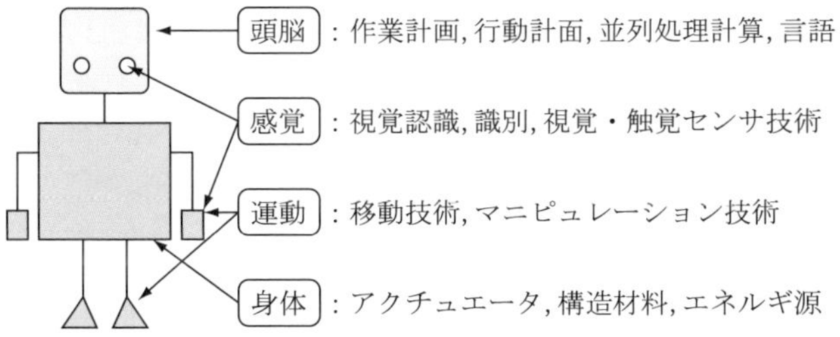

図 1.5　ロボティクスの課題

技術の開発が，人工知能技術と同様に重要であることはいうまでもない．

演習問題

1.1　ロボットと専用機械との差異を述べ，ロボットの利点を考察せよ．

1.2　人間の腕の自由度はいくつか述べよ．

1.3　期待するロボットの将来像を述べよ．

2 ロボットの感覚

ロボットの作業は，ロボットの腕・手の位置や対象物の位置を計測し，制御することで実現される．高度なロボットでは，作業対象物を識別し，環境の変化を認識することも求められる．本章では，ロボットの作業遂行に重要な役割を果たす感覚器の機能と代表的なセンサについて解説する．

2.1 感覚機能の役割

ロボットが人間と同等な作業を実行するには，人間と同様に感覚機能が必要である．人間の感覚には，視覚，触覚，聴覚，嗅覚，味覚，平衡感覚などがあり，それぞれ巧みなメカニズムで構成されている．これらすべてがロボットに必要というのではなく，その目的，作業環境等によって必要な感覚の種類とレベルは異なる．表 2.1 にロボットの主な感覚を示す．一般に，ロボットに最も密接にかかわりあうのは視覚と触覚であるといえる．視覚は対象物の識別や位置・姿勢などのマクロな状況を検出することに用いられる．一方，触覚は対象物が環境から受ける力や表面状態等のミクロな状況を検出することに用いられる．ロボットを動作させるには，こうした外部の状況をとらえる外界センサ (external state sensor) と，ロボット自身の内部

表 2.1　ロボットの主な感覚センサの分類

感覚		主な機能
内界センサ	内部状態センサ	・関節角度，関節角速度の計測 ・関節トルクの計測
	運動感覚	・姿勢，速度，加速度の計測
外界センサ	触覚センサ	・環境から受ける力，モーメントの計算（力覚） ・把持力（圧覚）の計測 ・対象物の微細な動きの計測（接触覚，滑り覚）
	視覚センサ	・対象の有無，特定物の識別 ・対象の検査，欠陥の識別 ・形状，位置，姿勢の計測（距離覚）

の状態，たとえば関節の角度，角速度，関節トルクを検出する内界センサ (internal state sensor) が必要である．このように感覚機能の役割は次の三つに大別される．

(1)　対象および環境の認識

(2)　対象および環境の位置，姿勢等の物理量の計測

(3)　ロボットの内部状態の計測

各センサの行う信号の処理には種々のレベルがある．図2.1はロボットセンサの情報処理過程を示したものである．ただし，すべてのセンサがこの全過程を実施するわけではない．視覚センサは④の段階まで処理するのが一般的であるが，関節角度センサでは①のレベルで十分なことがある．

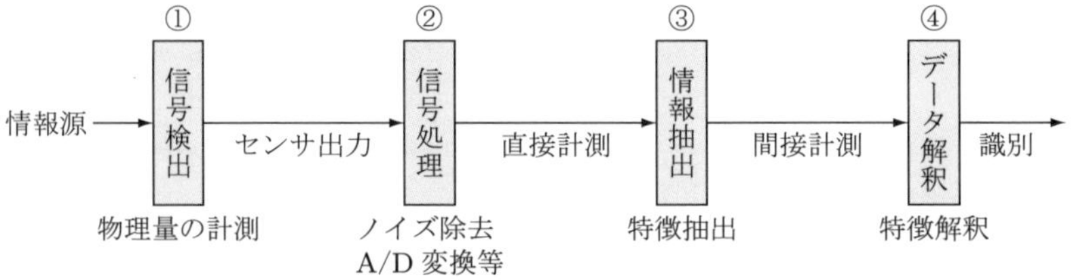

図2.1　ロボットセンサ信号の情報処理

ロボットの制御では，各センサの情報が図2.2に示すように階層に分けて利用される．作業計画 (task planning) は作業の手順を計画し，運動計画 (motion planning) は各作業の目標軌道の計画を行う．運動制御では運動計画から指示される目標軌道にロボットが追従するようサーボ制御 (servo control) を実施する．内界センサの情

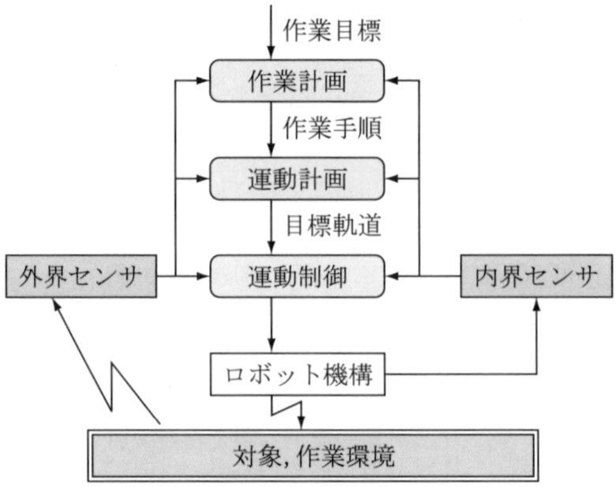

図2.2　ロボット制御の階層とセンサ

報は，10 μs～50 ms 程の短サイクルの運動制御で利用されるのに比し，外界センサの情報は 10 ms～5 s 程の長サイクルの運動計画や作業計画の段階で利用されるのが一般的である．穴にピンを挿入する作業を手首に力センサをもつロボットで行わせるとき，順調に作業が行われる間は力センサの出力は運動制御にフィードバックされる．しかし，異常な力を検出したときは運動計画の見直しあるいは作業そのものの見直しが必要となる．そのとき力センサの出力は単に物理量の計測の段階から，作業状況の判定にまで利用され，運動計画や作業計画にフィードバックされる．

以上，感覚機能について一般的に説明した．以下では，代表的なセンサについて解説する．

2.2 内界センサ

内界センサとしての関節角度センサ (joint angle sensor) は，必須のセンサであり，移動ロボット等には姿勢センサ (attitude sensor) も必要となる．これらについて，その概要を述べる．

2.2.1 関節角度センサ

ロボットの関節角度を検出するセンサは，絶対角度を検出するアブソリュート型と，相対角度を検出するインクリメンタル型に分類できる．検出する方法は表 2.2 に示すように多様である．ここでは，その代表的なセンサである光学的ロータリエンコーダ (rotary encoder) について説明する．

表 2.2 関節角度センサ

分 類	センサ名称	計測原理
アブソリュート型センサ	ポテンショメータ 絶対値エンコーダ	電気抵抗，磁気抵抗 光電式
インクリメンタル型センサ	シンクロ・レゾルバ パルスエンコーダ マグネスケール	電磁誘導 光電式，光波干渉 磁気式

インクリメンタル型の光学的ロータリエンコーダの原理構造図を，図 2.3 に示す．エンコーダはスリット付きの回転板と固定板，発光素子，受光素子などから構成される．回転軸が回転すると回転板と固定板のスリットを透過した光量は，図 2.4 に示すような 90° 位相のずれた A 相，B 相の正弦波信号に比例する．この正弦波信号を波形整形して A 相パルス，B 相パルスを作る．さらにパルス信号を微分し，その

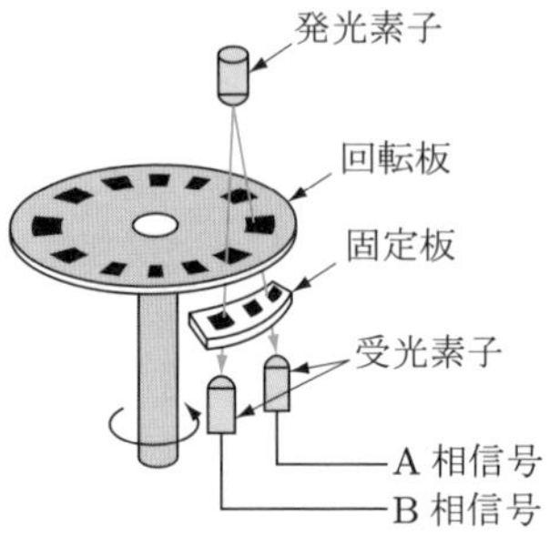

図 2.3　光学式ロータリエンコーダの原理

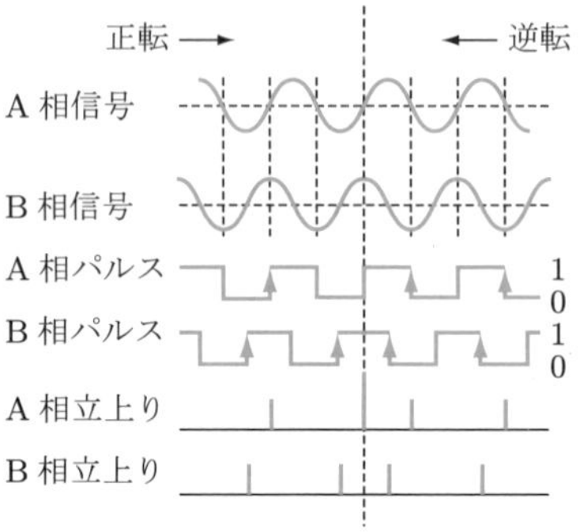

図 2.4　アップダウンパルスの生成

立上り信号と A 相，B 相の関係から正転，逆転の符号を判別する．すなわち，B 相パルス立上り時に A 相パルスが 0 のとき正転であり，1 のとき逆転である．もしくは A 相パルス立上り時に B 相パルスが 1 のとき正転であり，0 のとき逆転である．判別したパルス数を計数することにより，回転角が算出できる．一回転 100 万パルス以上の高分解能なエンコーダも製品化されている．

インクリメンタル型のセンサを採用しているロボットでは，電源投入時に現在の関節角度が不明なため，その原点出しが必要となり，別途に関節角度の原点を検出する角度センサがあるのが一般的である．そこで，この原点出しの操作を不要にするため，電源投入時に関節角度が検出できるアブソリュート型のエンコーダを採用する傾向にある．図 2.5 は，アブソリュート型エンコーダの回転板の例である．回転板のスリットパターンから現在の角度を検出する．

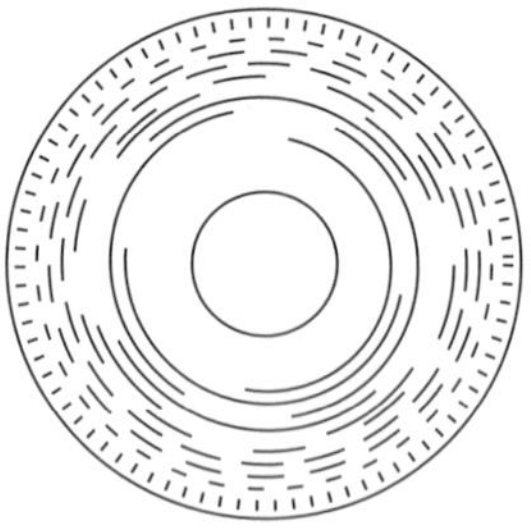

図 2.5　アブソリュート型ロータリエンコーダ

2.2.2　姿勢センサ

物体の角度や角速度を検出する計測器をジャイロスコープとよぶ．角速度を検出する方法は，力学的なコリオリの力を利用する振動ジャイロと，光学的な干渉を利用する光ジャイロが代表的である．ここでは，ロボットによく利用される振動ジャイロを示す．

振動ジャイロは，振動中の物体に回転速度が加わると，コリオリの力が物体に働く現象を利用して，回転速度を検出するものである．コリオリの力 $\boldsymbol{f}_c$ とは，図 2.6 (a) に示すように，速度 $\boldsymbol{v}$ で動作する質量 m の物体が角速度 $\boldsymbol{\omega}$ で回転したときに物体が受ける力のことであり

$$\boldsymbol{f}_c = 2m\boldsymbol{v} \times \boldsymbol{\omega} \tag{2.1}$$

である．ここで，$\times$ はベクトルの外積（付録 B 参照）を表す．コリオリの力は，速度と角速度の両者に直交する方向に作用する．ここで，図 2.6 (b) に示す音さ型振動子を例にとって，コリオリの力を利用した回転速度の検出原理を説明しよう．この図では，図 2.6 (a) に示したコリオリの力の説明図と同じ姿勢で座標系が設定されている．この状態で，音さの 2 本の振動子を互いに引き離す $\boldsymbol{y}$ 軸の方向に振動させると，$\boldsymbol{z}$ 軸周りでの回転速度に起因して，左側の振動子には $\boldsymbol{x}$ 軸 − 方向の，また右側の振動子には $\boldsymbol{x}$ 軸 + 方向のコリオリの力が発生する．これらの合力として音さの支持部に作用するモーメントを検出することで，角速度 $\boldsymbol{\omega}$ を検出できる．振動子を差動的に二つ設ける理由は，音さそのものに作用する加速度の影響をキャンセルするためである．3 軸の角速度を検出するには，音さを三つ直交するように配置すればよい．

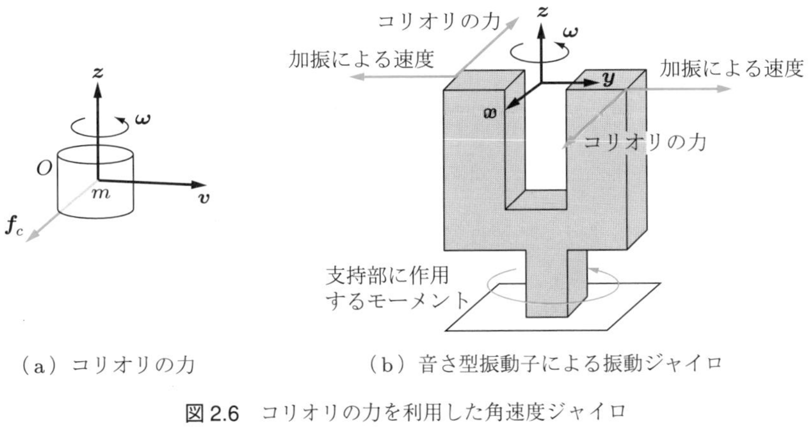

（a）コリオリの力　　（b）音さ型振動子による振動ジャイロ

図 2.6　コリオリの力を利用した角速度ジャイロ

≫ 2.2.3　加速度センサ

物体の加速度の計測法は，一般に機械式，光学式，半導体式の3方式に分類できる．どの方式においても加速による錘の位置変化をとらえることが基本原理である．

機械式の加速度センサは，一般に図2.7に示すようにコイルばねやダンパーによって加速度を計測する．同図では，質量m，ばね定数k，粘性減衰係数cからなる1自由度振動系が運動体に取り付けられている．運動体の変位をx，質量mの運動体に対する変位をyとすると，系の運動方程式は

$$m(\ddot{x}+\ddot{y}) = -ky - c\dot{y} \tag{2.2}$$

と表される．ここで，$\omega_0 = \sqrt{k/m}$，$\zeta = c/(2\omega_0 m)$とおき，yと$\ddot{x}$のラプラス変換後の記号をそれぞれ$Y(s)$と$A(s)$とすると

$$\frac{Y(s)}{A(s)} = \frac{-1}{s^2 + 2\zeta\omega_0 s + {\omega_0}^2} \tag{2.3}$$

を得る．この式は，2次遅れ要素の伝達特性を表しており，共振点角周波数がω_0，減衰特性がζであることを示している．$\omega \ll \omega_0$の範囲では加速度が計測できるが，その範囲以外では計測器として大きな誤差が生じる．一般に，機械式加速度センサは，慣性質量が大きくなる傾向があるため，高周波数域での計測には向かない．

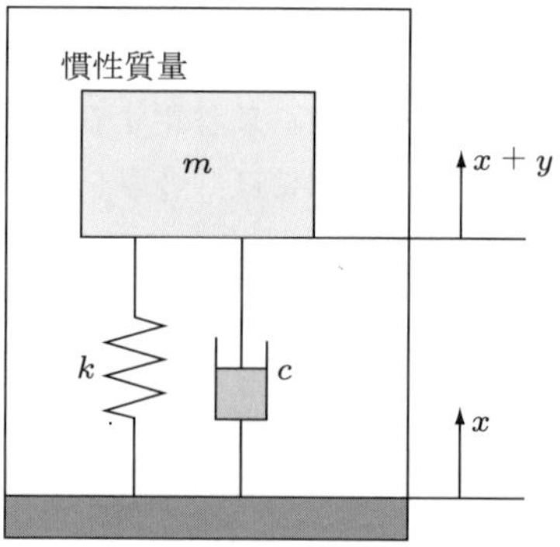

図2.7　機械式加速度センサの原理

光学式の加速度センサは，加速度によって生じる位置の変化を光学的に伝達するために使用され，光センサによって最終的には電気信号に変換される．その方式は各種あり，一例としてFBG (Fiber Bragg Grating) 光ファイバ式では，錘に掛かる加速度をFBG光ファイバへの張力とすることで，波長の変化を検出する．

半導体式は，MEMS (Micro Electro Mechanical Systems) 技術を使ったものであり，その利用は急速に広がっている．半導体型には，静電容量型，半導体ピエゾ

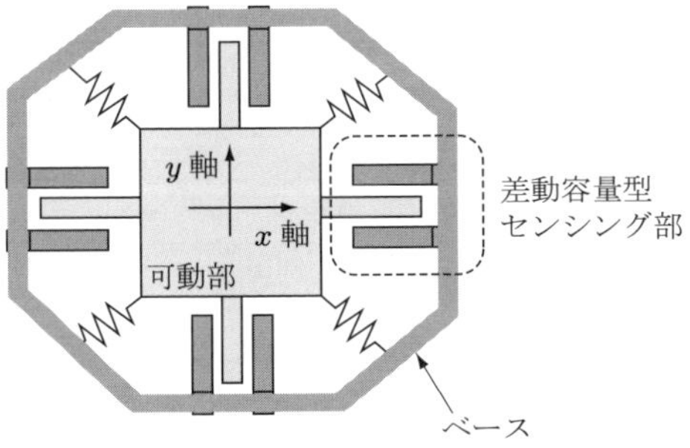

図 2.8 静電容量式加速度センサの原理

型，熱検知型などがある．静電容量型は，図 2.8 に示すように，弾性部材で支えられた微小な可動部のわずかな位置変化を静電容量の変化として検出し，電気回路によって増幅・計測する．同図では，ベース部分が外部から力を受けて加速度運動すると，弾性部材で保持された可動部と検出部の間隔が変化し，このためにこの部分の静電容量が変化する．静電容量は間隔の大きさに反比例するため，静電容量を計測することで加速度が計測できる．同図では，x 軸と y 軸の 2 軸方向の加速度を，それぞれ差動容量型センシング部で静電容量の変化により検出している．

2.3 外界センサ

2.3.1 触覚センサ

触覚センサ (tactile sensor) は，表 2.3 に示すように力覚 (force sense)，圧覚 (pressure sense)，接触覚 (touch sense)，滑り覚 (slip sense)，近接覚 (proximity sense) のセンサに分けられる．触覚センサは点情報，線情報，面情報と多様な形態があり，手指などに装着するため小型軽量，高感度，信頼性，安定性がとくに求められる．

(1) 力覚センサ

物体に作用する力は，ひずみゲージ (strain gauge) で検出することが多い．その計測原理は，図 2.9 に示すように，力の作用を受けると弾性部材にひずみが生じ，弾性部材に貼り付けたひずみゲージによりそのひずみ量を計測し，力に変換するものである．すなわち，力 F が剛性 G の弾性部材に作用すると生じるひずみ ε は

$$\varepsilon = \frac{F}{G} \tag{2.4}$$

表 2.3　触覚の分類と応用

種類	検出内容	応用目的	センサデバイス
力覚	手首，指先の受ける力，モーメント，トルク	力作業 柔軟操作 協調作業	ひずみゲージ ロードセル
圧覚	把持力 指面の圧力分布	把持力制御 遠隔操作	感圧半導体 導電性ゴム
接触覚	接触の有無，位置，接触パターン	安全対策，位置決め 形状識別	マイクロスイッチ フォトセンサ
滑り覚	把持物体の滑り	把持力調整 滑り防止	円筒状フォトセンサ マイクロスイッチ
近接覚	近接距離 対象面の傾き	位置，経路制御 ならい制御	フォトセンサ 超音波センサ

である．このとき，弾性部材に貼り付けたひずみゲージもそれに追随して変形し，その電気抵抗が R から $R + \Delta R$ に変化する．ひずみゲージの感度は単位ひずみあたりの抵抗変化率で表示され，ゲージ率 (gauge rate) K とよぶ．

$$K = \frac{\Delta R}{R\varepsilon} \tag{2.5}$$

ゲージ率 K の値が大きいほど感度が高い．金属抵抗体のひずみゲージの K は 2 前後であり，半導体のひずみゲージの K は 100 以上のものが多い．抵抗変化率はホイートストンブリッジ回路を用いて測定し，ひずみ量を求め，力が計測できる．

ひずみゲージを組み込んだホイートストンブリッジ回路 (Wheatstone bridge circuit) を，図 2.10 に示す．V_{out} は回路の出力電圧，V_{in} は回路の入力電圧である．同

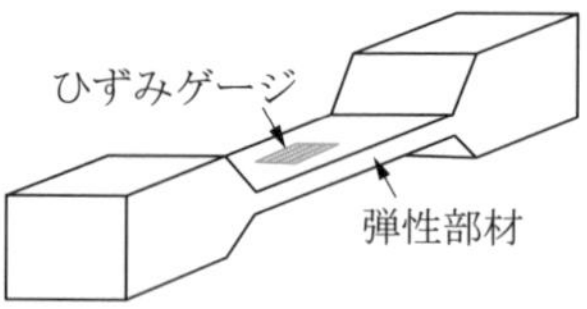

(a)

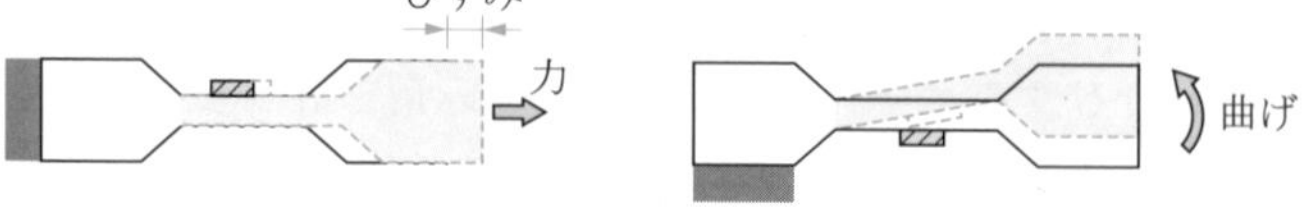

(b)　(c)

図 2.9　力の計測原理

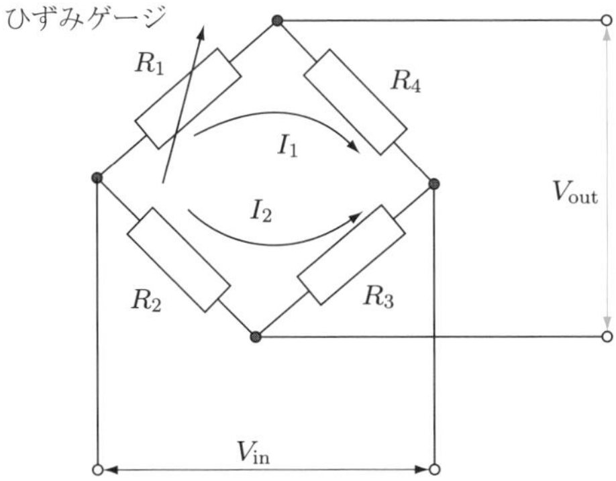

図 2.10 ホイートストンブリッジ回路

図において，キルヒホッフの電流の連続則から

$$V_{\rm out} = R_1 I_1 - R_2 I_2 \tag{2.6}$$

$$V_{\rm in} = (R_1 + R_4) I_1 = (R_2 + R_3) I_2 \tag{2.7}$$

となる．ここで，I_i $(i = 1,\ 2)$ は電流，R_i $(i = 1, \cdots, 4)$ は電気抵抗である．この 2 式から電流を消去して

$$V_{\rm out} = \frac{R_1 R_3 - R_2 R_4}{(R_1 + R_4)(R_2 + R_3)} V_{\rm in} \tag{2.8}$$

を得る．力の作用していない平衡状態において，すべての電気抵抗が R に等しいとすると，$V_{\rm out}$ はゼロとなる．力が作用して，ひずみ抵抗 R_1 が $R_1 = R$ から $R_1 = R + \Delta R$ に変化し，その他の抵抗は変化しないとすると，

$$V_{\rm out} = \frac{\Delta R}{2(2R + \Delta R)} V_{\rm in} \tag{2.9}$$

となり，さらに $R \gg \Delta R$ のときは次式で近似できる．

$$V_{\rm out} = \frac{\Delta R}{4R} V_{\rm in} = \frac{\varepsilon K}{4} V_{\rm in} \tag{2.10}$$

この式は，出力電圧がひずみに比例することを示している．

ひずみゲージの抵抗は力の作用のみならず温度によっても変化する．この対策として，温度補償用のひずみゲージを抵抗 R_4 に入れる．このとき，ひずみによる抵抗変化を ΔR，温度による抵抗変化を Δr とすると，R_1 は $R_1 = R$ から $R_1 = R + \Delta R + \Delta r$ に変化し，R_4 は $R_4 = R$ から $R_4 = R + \Delta r$ に変化する．このとき式 (2.8) から

$$V_{\rm out} = \frac{R\,\Delta R}{(2R + \Delta R + 2\Delta r)(2R)} V_{\rm in} \fallingdotseq \frac{\Delta R}{4R} V_{\rm in} \tag{2.11}$$

となり，温度の影響が消されている．ただし，温度補償用のひずみゲージは，検出

用のひずみゲージと同じ特性で，ひずみが生じないようにする必要がある．

多軸力覚センサは，この基本セットを空間的に組み合わせて構成する．図 2.11 に 6 軸の力センサ (force sensor) の構造例を示す．センサの出力 $\boldsymbol{f}_s = [f_{s1}, \cdots, f_{s6}]^T$ は $\boldsymbol{x}$，$\boldsymbol{y}$，$\boldsymbol{z}$ 軸方向の力と各軸まわりのモーメントである．このセンサに荷重 $\boldsymbol{f} = [f_1, \cdots, f_6]^T$ が加わったときのセンサの出力を考察する．荷重 f_j によるひずみセンサ S_i のひずみ量を c_{ij} とすると，f_{si} は

$$f_{si} = \sum_{j=1}^{6} c_{ij} f_j \tag{2.12}$$

で表される．したがってセンサの出力は次式で表せる．

$$\boldsymbol{f}_s = \boldsymbol{C}\boldsymbol{f} \tag{2.13}$$

ここで，

$$\boldsymbol{C} = \{c_{ij}\} \tag{2.14}$$

である．この行列 $\boldsymbol{C}$ をセンサのひずみコンプライアンス行列 (strain compliance matrix) とよぶ．センサ出力から荷重を求めるには，$\boldsymbol{C}$ の逆行列 $\boldsymbol{S} = \boldsymbol{C}^{-1}$ を用いて

$$\boldsymbol{f} = \boldsymbol{S}\boldsymbol{f}_s \tag{2.15}$$

で求める．この $\boldsymbol{S}$ をセンサのひずみ剛性行列 (strain stiffness matrix) とよぶ．この力センサはロボットの手首部に装着して，組立てにおけるはめ合い作業，協調作業等に利用される．

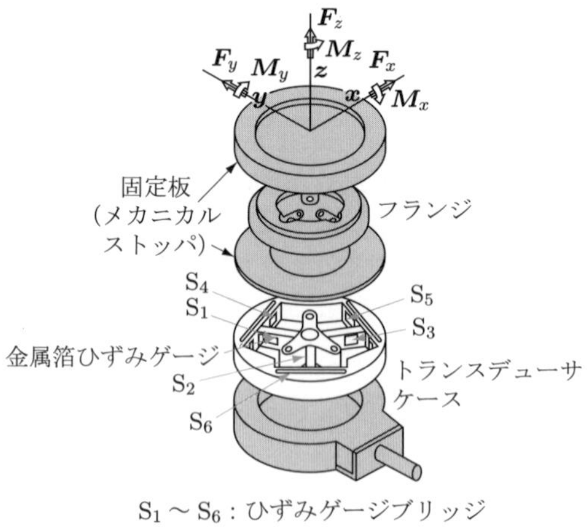

$S_1 \sim S_6$：ひずみゲージブリッジ

図 2.11　6 軸力センサの構造例（オムロン社製）
（高野慶二，日野聡：M & E, 1990 年 8 月号，工業調査会より引用）

(2) 圧覚センサ

分布型圧覚センサとしては，図 2.12 に示すように，圧力にほぼ反比例して電気抵抗が減少する導電性インクを行と列にそれぞれ基盤シートに印刷し，それを張り合わせ，行と列の交点での圧力を電気抵抗の変化として読み取る分布型圧力センサがある．シートの厚さは 0.1 mm と薄く，行と列のピッチは 4～6 mm ほどのものがあり，ロボットハンドによる物体把持における圧力分布のセンシングに利用されている．

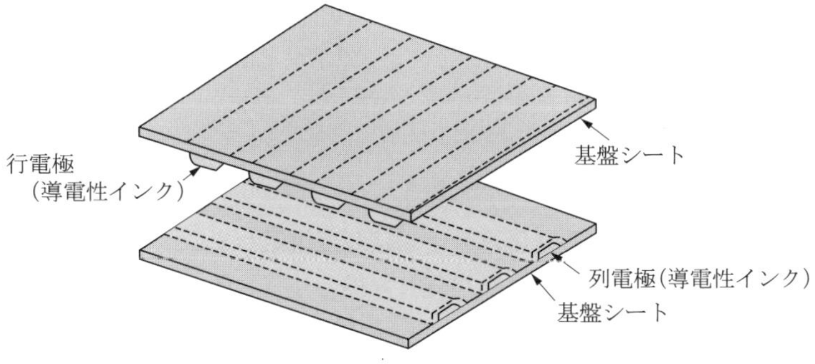

図 2.12　分布型圧力センサの構成例

≫ 2.3.2　視覚センサ

視覚センサ (visual sensor) は，光を媒体としているので本質的に非接触センサであり，用いる光源により受動的方法と能動的方法に大別できる．受動的方法とは，環境に一様な照明をほどこす以外は特定の目的で光をあてない方法である．能動的方法とは，特定の照明パターンを対象にあてる方法である．いずれにおいても，センサの出力は線情報もしくは面情報となり，大量の情報のためセンサ信号処理の高速化が求められる．視覚センサの代表的な利用方法は，対象までの距離を測定する距離計測と対象の特徴を抽出し識別するパターンマッチングである．

三角測量 (triangulation) の原理を用いた二つのカメラによる距離計測法を，図 2.13 に示す．三角形の一辺とその両端の角度が定まると，三角形は一義的に定められる．この原理を利用して，異なる 2 点に配置された観測面上での像の位置 $\mathrm{P}_a(x_a, y_a)$，$\mathrm{P}_b(x_b, y_b)$ から，注目点 P の 3 次元位置 (x, y, z) を

$$x = \frac{x_a L}{x_a - x_b}, \quad y = \frac{fL}{x_a - x_b}, \quad z = \frac{y_a L}{x_a - x_b} \tag{2.16}$$

で求める．ここで，$y_a = y_b$ であり，L はカメラ間距離，f はレンズの焦点距離で

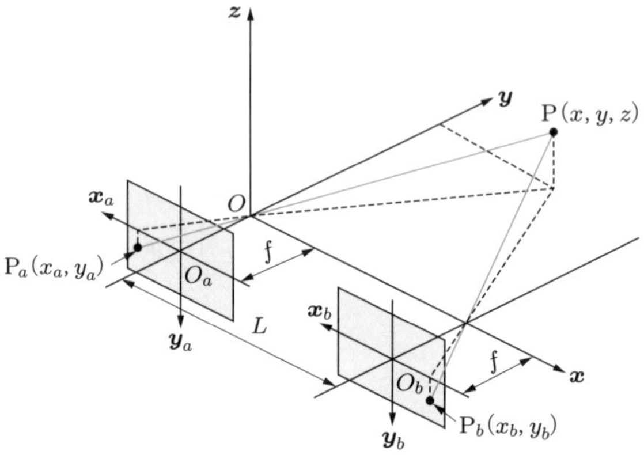

図 2.13　三角測量の原理

ある．

人間は左右の眼で見た像の対応点を一瞬にして決定しているが，機械にとっては簡単ではなく，左画像で適当な点を指定した場合に右画像からその対応点をみつけることが課題となる．図 2.14 に示す点 P_a の対応点をみつけるには，P_a 近傍領域（ウィンドウとよぶ）W_a を設定し，右画像に対応点の候補を水平線上にいくつか決めておく．各候補点を中心としたウィンドウと W_a を比較して，最も近いものを対応点とする．図では W_a と W_{b1} の画像は似ているが，W_a と W_{b2} の画像は異なっているので，W_{b2} は対応点でないことがわかる．

こうした対応点処理を不要とする方法として，図 2.15 に示す光切断法 (optical cutting method) がある．光切断法は，三角測量の配置で一方をカメラとし，他方を投光系として対象物にスリット光を投射し，三角測量の原理に基づき輝線に沿っ

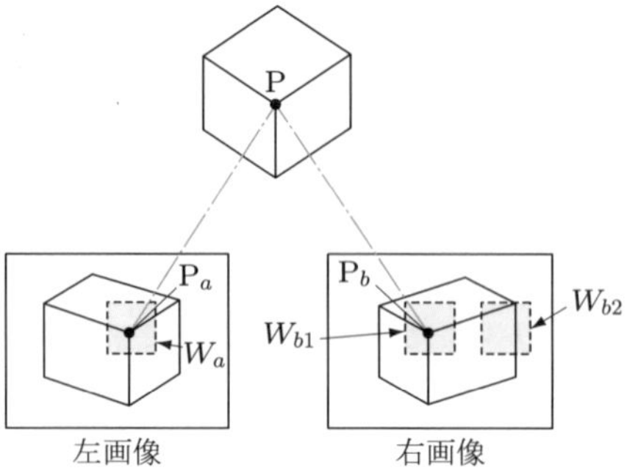

図 2.14　両眼立体視による像

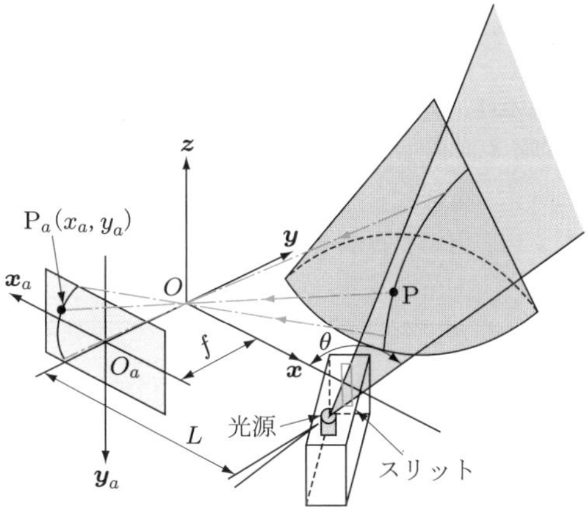

図 2.15 光切断法

た 3 次元情報を得る．観測面上での像の位置 $\mathrm{P}_a(x_a, y_a)$ とスリット光の投光角度 θ から，注目点 P の 3 次元位置 (x, y, z) が

$$x = \frac{x_a L}{x_a + f \tan\theta}, \quad y = \frac{fL}{x_a + f \tan\theta}, \quad z = \frac{y_a L}{x_a + f \tan\theta} \tag{2.17}$$

で求められる．ただし，f はレンズの焦点距離，L はカメラと光源との距離である．したがって，画像の位置と光源の投光角度から 3 次元位置は一意に決定できる．

物体の識別法として画像データを用いて対象の特徴量を算出し，前もって記憶させておいた対象の画像モデルの特徴量との比較を行い識別するパターンマッチング (pattern matching) がある．この方法は物体の画像を 2 値化し，2 値画像から特徴量として，対象物の主軸方向，面積，周囲長，最長径，最短径，穴の数などを抽出する．抽出した特徴量の組合せにより対象を識別する．抽出したパラメータ p_i $(i = 1, \cdots, m)$ に対し，あらかじめ記憶させておいた j 番目の物体の i 番目のパラメータの平均値 p_{ij} と標準偏差 σ_{ij} から，距離 D_j をたとえば

$$D_j = \sqrt{\sum_{i=1}^{m} w_i \left(\frac{p_i - p_{ij}}{\sigma_{ij}} \right)^2} \tag{2.18}$$

で求め，$\min D_j$ を与える j を対象物体とする．ここで，w_i はパラメータに対する重みを表す係数である．上述以外のパターンマッチング法も多種あり，近年は機械学習のひとつである深層学習による物体認識が大きく進歩している．詳細は他の参考書を参照されたい．

演習問題

2.1　インクリメンタル型のロータリエンコーダで，角度分解能を 0.1° 以上としたいとき，1 回転何パルス必要かを求めよ．

2.2　触覚センサの役割を例を用いて説明せよ．

2.3　光切断法による距離計測が式 (2.17) で求められることを示せ．

3 ロボットのアクチュエータ

ロボットは，頭脳に相当するコンピュータ，五感に相当する感覚器，身体に相当する機構および筋肉に相当するアクチュエータ (actuator) の四つの基本要素から構成される．このなかで，コンピュータと感覚器は情報のみを扱い，機構とアクチュエータはエネルギをも扱う．とくに，アクチュエータはエネルギを能動的に扱う要素であり，与えられたパワー源からエネルギを供給されると，これを運動エネルギに変換する機能をもつ．アクチュエータのうち，同一エネルギの内部構成比（例：力／速度，電圧／電流）を変換するものをコンバータ (converter) とよび，異種のエネルギ変換するものをモータ (motor) とよぶ．ロボットの駆動には，油圧式，電気式，空圧式のモータが利用されるが，近年では制御特性が優れ取扱いが容易な電気式が主流になってきている．本章では，電気式モータを中心にその原理，制御法などを述べる．

3.1 電気式モータ

電気式モータ (electric motor) には直流サーボモータ (DC servo motor)，交流サーボモータ (AC servo motor)，パルスモータ (pulse motor) 等がある．表 3.1 に各モータの特徴を示す．ブラシとは回転する電機子に電流を供給する接触子のことである．ブラシは，常に電機子と接触しているため回転により摩耗する．このため，ブラシがないモータは，信頼性が高く，ブラシ交換の必要がないため保守性も優れている．フィードバックのないパルスモータは，負荷の変動に弱いが制御回路の規模は小さく経済的といえる．ロボットのアクチュエータとしては，かつては負荷変

表 3.1　電気式モータの特徴

種　類	トルク発生原理	ブラシの有無	フィードバックの有無	制御回路部の規模
パルスモータ	磁極間の磁気吸引力	無	無	小
直流サーボモータ	電気子巻線に作用する力（フレミングの左手則）	有	有	中
交流サーボモータ	同　上	無	有	大

動に対処できるように制御性のよい直流サーボモータが利用されていたが，近年は制御性と保守性のよい交流サーボモータが主流となっている．

3.2 直流サーボモータ

3.2.1 直流サーボモータの動作原理

直流サーボモータ (DC servo motor) の内部構造例を図3.1に示す．ステータ（固定側）が永久磁石で，ロータ（回転側）がコイルを巻線した電機子である．電機子にはブラシと整流子の作用により，電流が入力端子から供給される．電機子に電流が流れると，図3.2に示すようにフレミングの左手の法則 (Fleming's left hand rule) による力がコイルに作用する．力の大きさは

$$F(t) = BLI_M(t) \tag{3.1}$$

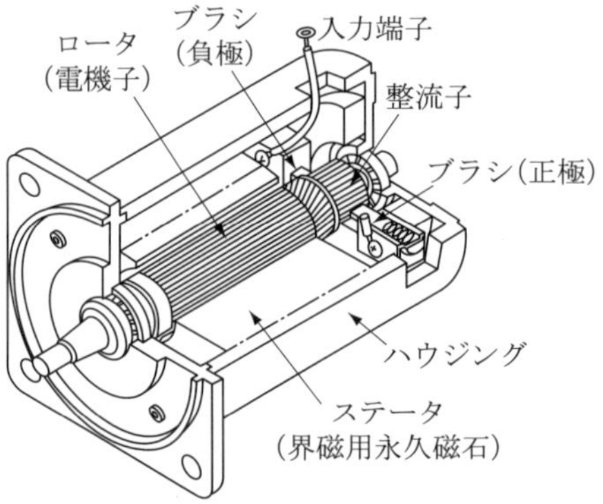

図3.1　サーボモータの内部構造例
（見城尚志，永守重信：メカトロニクスのためのDCサーボモータ，総合電子出版より引用）

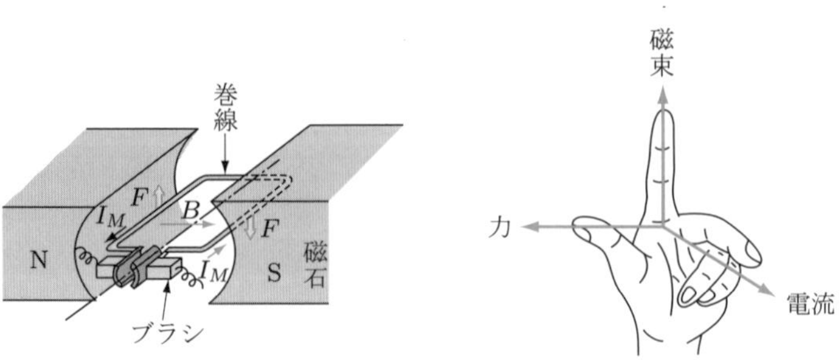

図3.2　直流サーボモータの発生トルク

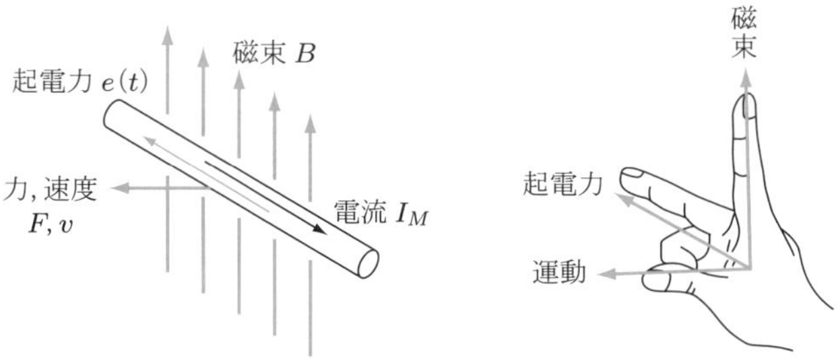

図 3.3 フレミングの右手の法則

ただし，F：力（単位 N ［ニュートン］）
B：磁束密度（単位 T ［テスラ］）
L：コイルの有効長（単位 m ［メートル］）
I_M：電流（単位 A ［アンペア］）

である．トルクは力 F と回転半径 r との積であるから，発生するトルク τ は電流に比例する．すなわち

$$\tau(t) = rF(t) = K_T I_M(t) \tag{3.2}$$

となる．ここで，$K_T = rBL$（単位 $\mathrm{NmA^{-1}}$）であり，これをトルク定数 (torque constant) とよぶ．この磁界と電流の作用により，コイルが磁界と垂直方向に速度 v で運動する．このとき，コイルが磁界を切るために起電力 e がコイルに発生する．その大きさは

$$e(t) = BLv(t) \tag{3.3}$$

である．その向きは，電流を減らそうとする方向で，図 3.3 に示すフレミングの右手の法則 (Fleming's right hand rule) に従う．ここで，電機子の回転速度 $\dot{\theta}(t)$ は $\dot{\theta}(t) = v(t)/r$ であるから，起電力は

$$e(t) = K_e\dot{\theta}(t) \tag{3.4}$$

と表せる．ただし，$K_e = rBL$（単位 V s/rad）であり，これを逆起電力定数 (back EMF constant) とよぶ．トルク定数と逆起電力定数は，単位の表示は異なるが全く同一のものであることに注意されたい．モータの入力端子に電圧 E_M をかけると，電気回路に関する方程式は

$$E_M(t) = R_M I_M(t) + K_e\dot{\theta}(t) + L_M\frac{dI_M(t)}{dt} \tag{3.5}$$

で表される．ただし，R_M は電機子抵抗（単位 Ω ［オーム］），L_M はインダクタンス（単位 H ［ヘンリー］）である．一般に，L_M はかなり小さい値であるため，式 (3.5)

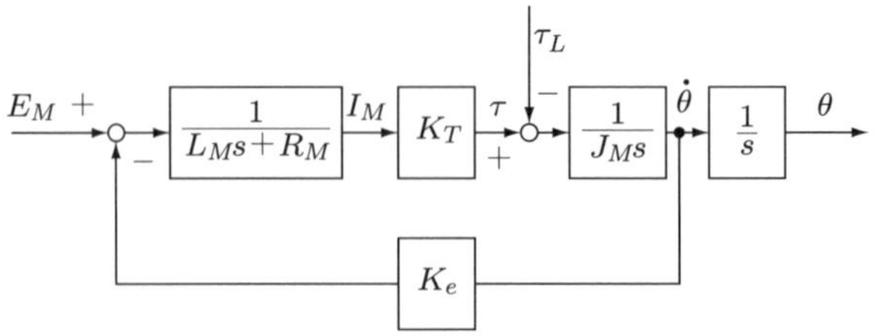

図 3.4 サーボモータのブロック線図

の右辺第 3 項は無視できることが多い．

モータが発生するトルクは，電機子の回転を加速する．すなわち，電機子慣性モーメントを J_M とすると，次のトルク式を得る．

$$\tau(t) = J_M \ddot{\theta}(t) + \tau_L \tag{3.6}$$

ここで，τ_L は負荷トルク (load torque) である．式 (3.2)，(3.5)，(3.6) の関係をブロック線図で表したものを，図 3.4 に示す．

負荷トルク τ_L がゼロでモータ単体で動作する場合，モータ角度とモータ電圧との関係は，式 (3.2)，(3.5)，(3.6) から I_M と τ を消去すると

$$E_M(t) = \left(\frac{L_M J_M}{K_e K_T} \dddot{\theta}(t) + \frac{R_M J_M}{K_e K_T} \ddot{\theta}(t) + \dot{\theta}(t) \right) K_e \tag{3.7}$$

を得る．ここで，

$$T_m = \frac{R_M J_M}{K_e K_T} \tag{3.8}$$

$$T_e = \frac{L_M}{R_M} \tag{3.9}$$

とおき，$\dot{\theta}(t)$，$E_M(t)$ のラプラス変換を $\dot{\theta}(s)$，$E_M(s)$ とすると

$$\begin{aligned} \frac{\dot{\theta}(s)}{E_M(s)} &= \frac{1/K_e}{(T_m T_e s^2 + T_m s + 1)} \\ &\fallingdotseq \frac{1/K_e}{(T_m s + 1)(T_e s + 1)} \end{aligned} \tag{3.10}$$

が導ける．なお，T_m をモータの機械的時定数 (mechanical time constant)，T_e をモータの電気的時定数 (electrical time constant) とよぶ．式 (3.10) の近似式は $T_m \gg T_e$ のときに成立する．通常，T_e は T_m の数分の 1 以下となる場合が多く，この近似式が成り立つ．以下では，関数 $f(t)$ のラプラス変換は $f(s)$ で表すことにする．

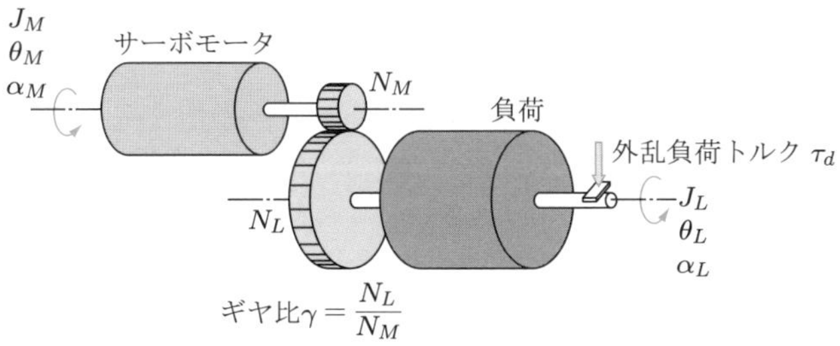

図 3.5 サーボ機構

3.2.2 直流サーボモータの選定

サーボモータの選定は，モータの性能，外径寸法，重量，冷却方式，保守，価格等を考慮して行う．ここでは，最も重要なモータの性能からみた選定方法を述べる．図 3.5 に示すように，モータ慣性モーメント J_M のサーボモータにギヤ比 γ の減速機構を介して，慣性モーメント J_L の負荷を駆動するサーボ機構を考える．なお，摩擦などの外乱負荷トルク τ_d が加わるとする．負荷軸を角加速度 α_L で加速したい場合，モータ軸側での角加速度 α_M は

$$\alpha_M = \gamma\alpha_L \tag{3.11}$$

であるから，モータが出力するトルクは

$$\tau \geqq J_M\gamma\alpha_L + \frac{J_L\alpha_L + \tau_d}{\gamma} \tag{3.12}$$

を満たさなければならない．上式の右辺の第 1 項はモータ側の負荷を駆動するのに必要なトルクであり，第 2 項は負荷側の負荷を駆動するのに必要なトルクである．τ を最小とするギヤ比 γ_o は，上式を γ で偏微分し $\partial\tau/\partial\gamma = 0$ とすることにより

$$\gamma_o = \sqrt{\frac{J_L\alpha_L + \tau_d}{J_M\alpha_L}} \tag{3.13}$$

として求められる．これを，最適ギヤ比 (optimal gear ratio) とよぶ．式 (3.13) を式 (3.12) に代入すると

$$\frac{\tau^2}{J_M} \geqq 4(J_L\alpha_L + \tau_d)\alpha_L \tag{3.14}$$

を得る．式 (3.14) の右辺は負荷の駆動条件のみで決まる値であり，左辺はモータ固有の値である．この τ^2/J_M をパワーレート（power rate，単位 W/s）とよび，モータの性能を表す指標である．なお，最適ギヤ比のときには，式 (3.12) の右辺の第 1 項と第 2 項は等しくなり，モータ自身を駆動するのに必要なトルクと，負荷を駆動するのに必要なトルクとが等しくなる．なお，$\tau_d = 0$ のときは，最適ギヤ比が角加速度に関係なく

$$\gamma_o = \sqrt{\frac{J_L}{J_M}} \tag{3.15}$$

となる．ギヤ比 γ におけるモータ軸換算でのトータルの慣性モーメント J は

$$J = J_M + \frac{J_L}{\gamma^2} \tag{3.16}$$

であるから，$\gamma = \gamma_o$ のとき，負荷側慣性モーメントのモータ軸換算での慣性モーメント（式 (3.16) 右辺第 2 項）と，モータ慣性モーメントが等しくなる．このように，トルクが最小となるようにギヤ比を選び，負荷のモータ軸換算の慣性モーメントとモータ慣性モーメントを等しくすることを，イナーシャマッチング (inertia matching) という．

モータの選定においては，最大加速度に対応するトルクを求め，これがモータの最大トルク以下となるようにする．この最大トルク (maximum torque) とはモータが出力できる最大のトルクを意味し，瞬時的な性能指標である．また，連続運転時のモータの性能は，電機子の銅線に流れる電流によって生じる発熱により制約される．この発熱は電機子でのパワー損失 (power loss) に比例する．2 乗平均電流を $\bar{I}_M$ とすると，電機子でのパワー損失 P_H は

$$P_H = R_M \bar{I}_M{}^2 \tag{3.17}$$

である．式 (3.2) のトルクと電流の関係を代入すると，パワー損失は

$$P_H = \frac{R_M \bar{\tau}^2}{K_T{}^2} \tag{3.18}$$

と表される．ここで，$\bar{\tau}$ は 2 乗平均トルクであり，トルク $\tau(t)$ で周期 T の駆動パターンを繰り返すとき

$$\bar{\tau} = \sqrt{\frac{1}{T}\int_0^T \tau(t)^2 dt} \tag{3.19}$$

で計算できる．許容されるパワー損失に対応する 2 乗平均トルクが連続して出力できるトルクであり，これを定格トルク (rated torque) とよぶ．このことは，動作パターンから求められる 2 乗平均トルクが，定格トルク以下となるモータを選定しなければならないことを意味する．なお，一般に最大トルク，定格トルクの値はカタログに記載される．

例題 3.1 モータが図 3.6 に示す動作パターンを繰り返すときの最大トルクと定格トルクを求めてみよう．ただし，$t_1 = 1\,\mathrm{s}$，$t_2 = 2\,\mathrm{s}$，$t_3 = 0.5\,\mathrm{s}$，$t_4 = 1.2\,\mathrm{s}$，$t_5 = 1.6\,\mathrm{s}$，$\tau_1 = 1\,\mathrm{Nm}$，$\tau_2 = 0.5\,\mathrm{Nm}$ とする．1 サイクル間の 2 乗平均トルクは

$$\bar{\tau} = \sqrt{\frac{2t_1\tau_1{}^2 + 2t_4\tau_2{}^2}{2t_1 + t_2 + t_3 + 2t_4 + t_5}} \tag{3.20}$$

である．これより，定格トルク 0.553 Nm となる．最大トルクは τ_1 であるから，1 Nm である．

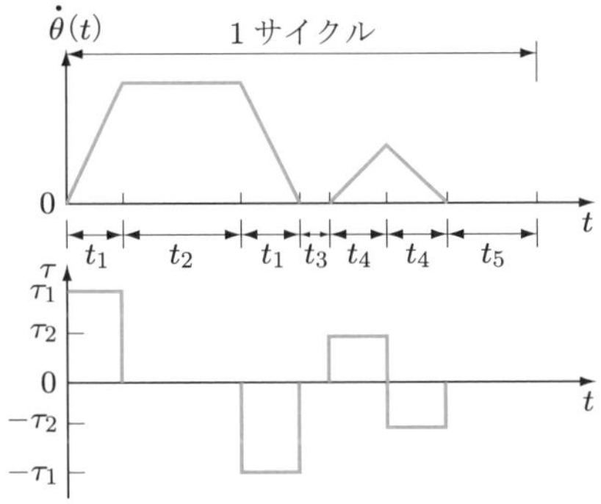

図 3.6 動作パターンとトルク

≫ 3.2.3 直流サーボモータによる位置制御

直流サーボモータを用いた位置サーボ制御系 (position servo control system) は，サーボアンプ，位置センサ，速度センサ，補償要素から構成される．その基本的な制御ブロック図を，図 3.7 に示す．同図において，K_p，K_v，K_c はそれぞれ位置，

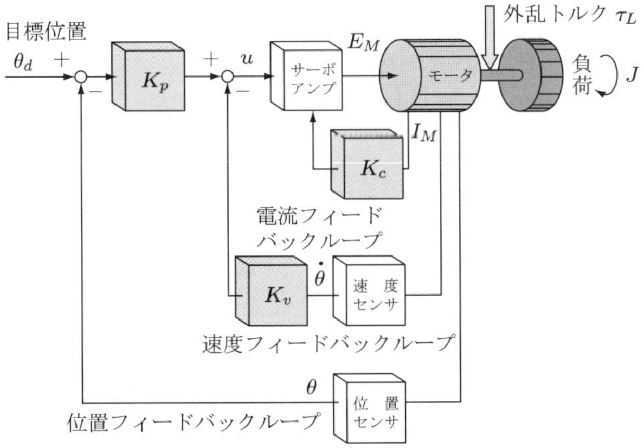

図 3.7 サーボ制御系のブロック図

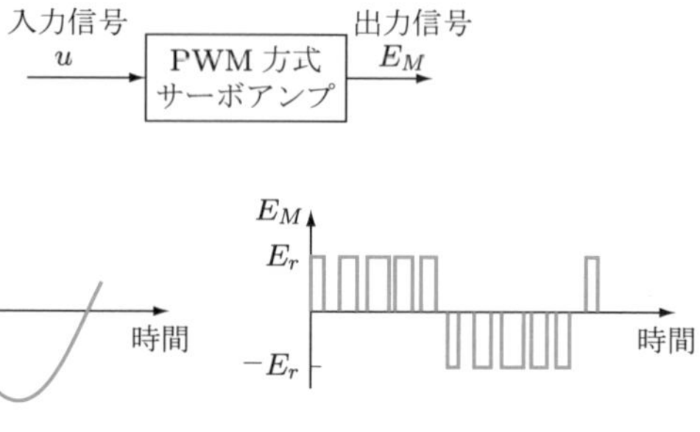

（a）入力信号　（b）出力信号

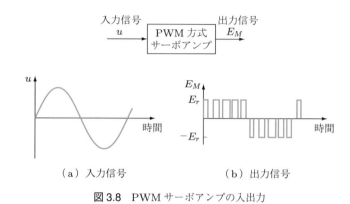

図 3.8　PWM サーボアンプの入出力

速度，電流の比例補償要素である．

(1)　サーボアンプ

サーボアンプ (servo amplifier) は，直流サーボモータが負荷を駆動するのに必要な電力を増幅する電力増幅器である．入力信号をアナログ的に増幅するリニアサーボアンプと，パルス幅変調の PWM (Pulse Width Modulation) サーボアンプとがある．最近は，効率のよい PWM サーボアンプが一般的に利用される．PWM サーボアンプは，図 3.8 (a) の入力信号を同図 (b) のように，正負の高さが E_r に等しく，幅が入力信号の大きさに比例した矩形パルス列に変換する．すなわち，矩形パルス列の一周期の時間平均値が入力信号の時間平均値に比例する性格のサーボアンプである．

サーボアンプには一般に，モータ系の電気的応答特性を改善する目的で電流フィードバックループが施されている．簡単化のため，サーボアンプの増幅率を 1 とすると，図 3.7 に示すサーボアンプの入力 u と出力 E_M との関係は

$$E_M(t) = u(t) - K_c I_M(t) \tag{3.21}$$

となる．この式を式 (3.5) に代入すると

$$u(t) = (R_M + K_c)I_M(t) + K_e\dot{\theta}(t) + L_M\frac{dI_M(t)}{dt} \tag{3.22}$$

を得る．式 (3.22) は，式 (3.5) において，E_M，R_M をそれぞれ u，$(R_M + K_c)$ に置き換えたものである．同様に，式 (3.7)〜(3.10) においても置き換えられる．このことは，サーボアンプとモータを一体としてとらえると，モータ抵抗が R_M から $(R_M + K_c)$ に増加したときと等価となる．これにより，機械的時定数は大きくなるが，電気的時定数は小さくなり，モータ系の電気的応答特性が改善されることになる．機械的応答特性の劣化は，速度フィードバックにより改善される．以下では，電流フィードバックを施した系をモータ系としてとらえることにする．この系では，

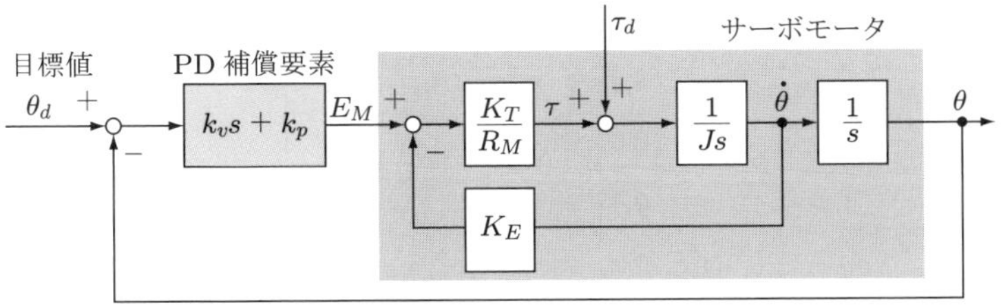

図 3.9 PD 制御

$T_m \gg T_e$ が成立する．

(2) PD 制御

サーボモータの位置制御 (position control) には，図 3.9 に示される PD (Proportional and Derivative) 制御が一般的に採用される．その特性は次のとおりである．なお，簡単化のため，モータインダクタンスは無視できるとする．

モータ角度 θ の目標角度を θ_d とすると，モータへ印加する入力電圧 E_M は

$$E_M = -k_p(\theta(t) - \theta_d(t)) - k_v\dot{\theta}(t) \tag{3.23}$$

で示される．ただし，k_p と k_v は閉ループ系の位置と速度のフィードバックゲイン (feedback gain) である．モータ軸換算での負荷の全慣性モーメントを J，静止摩擦等の外乱トルクを τ_d とすると，式 (3.6) のトルクの式は

$$J\ddot{\theta}(t) = \tau(t) + \tau_d(t) \tag{3.24}$$

に置き換えられる．インダクタンスは無視できるとして $L_M = 0$ とすると，式 (3.5), (3.23) より

$$I_M(t) = \frac{1}{R_M}(-k_p(\theta(t) - \theta_d(t)) - (k_v + K_e)\dot{\theta}(t)) \tag{3.25}$$

を導け，式 (3.24) に式 (3.2), (3.25) を順に代入すると

$$J\ddot{\theta}(t) = \frac{K_T}{R_M}(-k_p(\theta(t) - \theta_d(t)) - (k_v + K_e)\dot{\theta}(t)) + \tau_d(t) \tag{3.26}$$

を得る．初期値をゼロとして，上式の両辺をラプラス変換すると

$$\left(Js^2 + \frac{K_T(k_v + K_e)}{R_M}s + \frac{K_T k_p}{R_M}\right)\theta(s) = \frac{K_T k_p}{R_M}\theta_d(s) + \tau_d(s) \tag{3.27}$$

これより

$$\theta(s) = G(s)\theta_d(s) + a_0 G(s)\tau_d(s) \tag{3.28}$$

を得る．ここで，係数 a_0 は

$$a_0 = \frac{R_M}{k_p K_T} \tag{3.29}$$

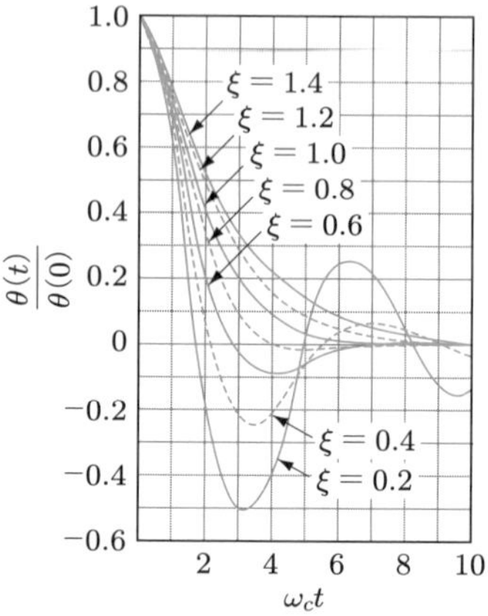

図 3.10　2 次系の過渡応答

であり，G(s) は $\tau_d = 0$ のときの θ_d から θ の伝達関数で

$$G(s) = \frac{a_1}{s^2 + a_2 s + a_1} = \frac{{\omega_c}^2}{s^2 + 2\xi\omega_c s + {\omega_c}^2} \tag{3.30}$$

ただし，

$$a_1 = \frac{k_p K_T}{R_M J}, \quad a_2 = \frac{K_T(k_v + K_e)}{R_M J}, \quad \omega_c = \sqrt{a_1}, \quad \xi = \frac{a_2}{2\sqrt{a_1}} \tag{3.31}$$

である．$\tau_d = 0$ の場合，伝達関数は標準的な 2 次系である．適当な応答波形となる ξ を選び，実現可能な範囲で速応性をよくする ω_c を選択すると，k_p と k_v の値が決められる．図 3.10 に 2 次系の過渡応答を示す．縦軸は初期値 $\theta(0)$ で無次元化し，横軸は ω_c で無次元化している．ξ はおおよそ 0.7〜1.0 が適当といえる．

次に一定の目標値 θ_d に対する PD 制御系の位置偏差を考察する．位置偏差 e_p を

$$e_p(t) = \theta_d - \theta(t) \tag{3.32}$$

とし，この関係を式 (3.26) に代入し，ラプラス変換すると

$$e_p(s) = -a_0 G(s)\tau_d(s) \tag{3.33}$$

を得る．τ_d が定常外乱のとき，定常位置偏差 $e_p(\infty)$ は最終値の定理より

$$\begin{aligned} e_p(\infty) &= \lim_{s\to 0}\left(-s a_0 G(s)\frac{\tau_d}{s}\right) \\ &= -a_0 \tau_d \end{aligned} \tag{3.34}$$

となる．このことは，$\tau_d \neq 0$ のときは k_p を大きくしても定常位置偏差が生じることを示している．偏差量は τ_d に比例し，k_p に反比例する．

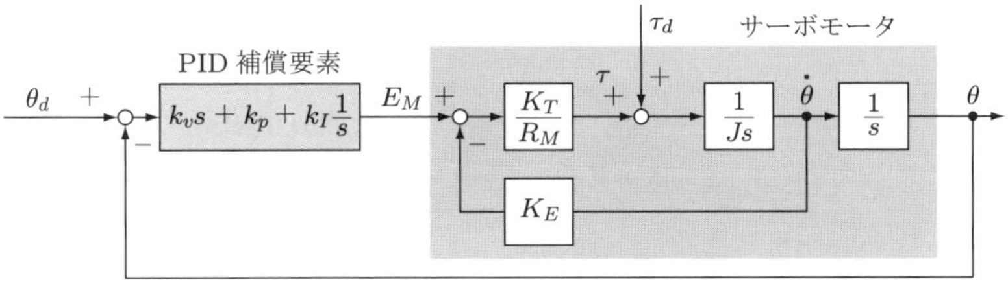

図 3.11 PID 制御

(3) PID 制御

定常外乱が存在するときに，一定の目標 θ_d に対する定常位置偏差をゼロにする制御法として，図 3.11 に示す PID (Proportional, Integral and Derivative) 制御がある．この制御系でのモータへ印加する入力電圧 E_M は

$$E_M = -k_p(\theta(t) - \theta_d) - k_v\dot{\theta}(t) - k_I \int_0^t (\theta(t) - \theta_d)dt \tag{3.35}$$

である．ただし，k_I は積分のフィードバックゲインである．このときの位置偏差のラプラス変換は

$$e_p(s) = \frac{-a_0 a_1 s}{s^3 + a_2 s^2 + a_1 s + a_1 \dfrac{k_I}{k_p}} \tau_d(s) \tag{3.36}$$

となる．定常位置偏差は最終値の定理より

$$e_p(\infty) = 0 \tag{3.37}$$

となる．したがって，定常外乱が作用しても PID 制御により定常位置偏差をゼロにできる．

3.3 交流サーボモータ

交流サーボモータ (AC servo motor) は，ブラシを用いないために耐久性，信頼性が優れている．反面，ブラシに代わる整流作用を電子回路的に構成する必要がある．図 3.12 に交流サーボモータの構造例を示す．ロータが永久磁石で，ステータが電磁石になっている．ロータの角位置をホール素子やロータリエンコーダで検出し，角位置に応じた電圧を入力する．図 3.13 に二相交流モータのサーボアンプのブロック図を示す．A 相（B 相）が占める間隔を表す磁極ピッチを π とし，モータの角位置 θ により A 相巻線と B 相巻線のトルク定数がそれぞれ

$$k_A = K_T \sin 2\theta \tag{3.38$_\mathrm{a}$}$$

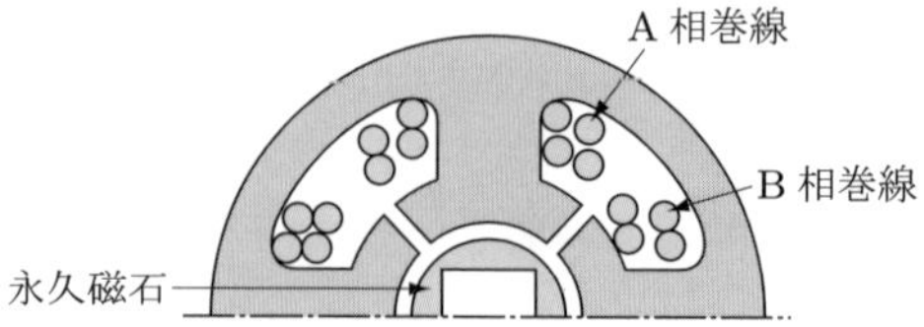

図 3.12　交流サーボモータの構造例

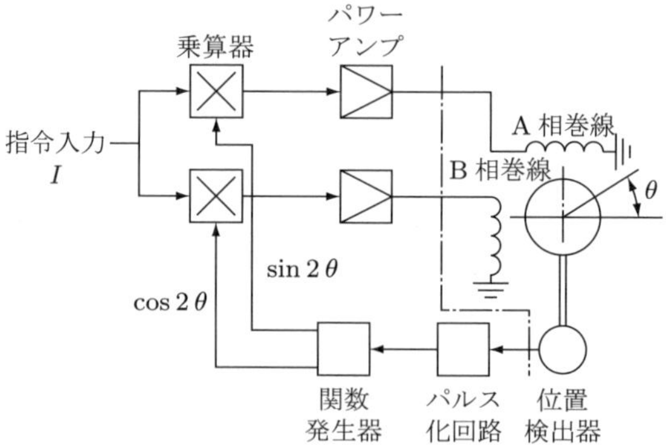

図 3.13　二相交流モータのサーボアンプのブロック図

$$k_B = K_T \cos 2\theta \tag{3.38$_\mathrm{b}$}$$

で表されるとする．ここで，A 相巻線，B 相巻線の電流指令をそれぞれ

$$I_A = I \sin 2\theta \tag{3.39$_\mathrm{a}$}$$

$$I_B = I \cos 2\theta \tag{3.39$_\mathrm{b}$}$$

とすると，モータの出力トルクは各相の発生するトルクの和となり

$$\tau = k_A I_A + k_B I_B = K_T I \tag{3.40}$$

となる．この関係式は，電流指令と発生トルクは比例しており，直流サーボモータの式 (3.2) と同一の関係である．直流モータがブラシと整流子によって回転子電流を制御する代わりに，交流モータは電子回路で置き換えているためブラシレス直流モータ (brushless DC motor) ともよばれる．機能はブラシ付き直流モータと同一で，モータの性能選定も同一方法となる．

3.4 圧電アクチュエータ

圧電素子を用いて微動機構を構成したものを圧電アクチュエータ (piezo actuator) とよぶ．圧電素子とは，電圧を加えるとひずみが生じる素子のことである．図 3.14 (a)

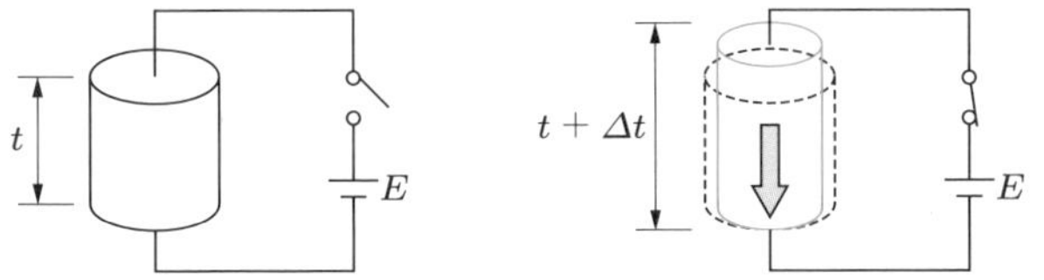

（a）電圧 0 V　　（b）正電圧で伸びる

図 3.14 圧電素子の動作原理

のように分極した圧電素子に，電圧 E をかけると同図 (b) のようにひずみが生じる．このひずみ s は，素子の厚さを t, 変位量を Δt, 圧電ひずみ定数を d_{33} とすると

$$s = \frac{\Delta t}{t} = d_{33}\frac{E}{t} \tag{3.41}$$

$$\Delta t = d_{33}E \tag{3.42}$$

となる．このような素子を変位方向に 2 枚はり合わせたものをバイモルフ型アクチュエータ (bimorph type actuator)（図 3.15 (a)）とよび，数百 μm の変位が得られる．また，変位方向に垂直に n 枚積層したものを積層型アクチュエータ (laminated actuator)（図 3.15 (b)）とよび，数 μm の変位が得られる．この積層型は，電気的には並列，機械的には直列な積層となり，両端をクランプすると

$$F = SY\frac{\Delta L}{L} \tag{3.43}$$

の力を生じる．ここで，F は力，S は断面積，Y はヤング率，L は積層アクチュエータの長さ，ΔL はクランプしないときの変位である．

積層アクチュエータを組み合わせて多自由度の微動機構が構成できる．図 3.16 は，圧電アクチュエータ六つで構成した 3 自由度平面アクチュエータである．図中，PZ は圧電素子，S は近接距離センサである．$\boldsymbol{x}$, $\boldsymbol{y}$ 方向の変位および回転は尺取り虫の

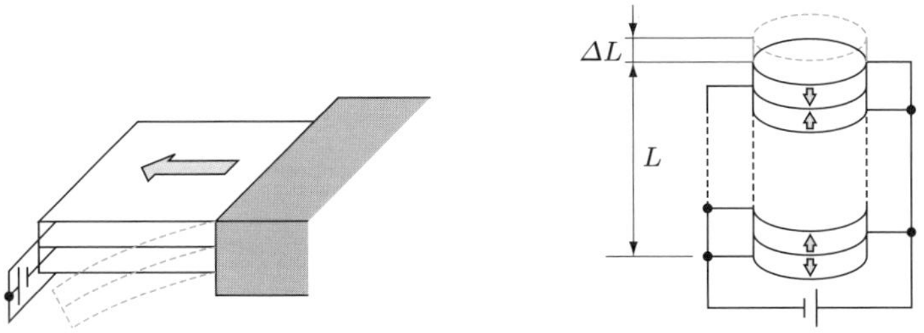

（a）バイモルフ型　　（b）積層型

図 3.15 圧電アクチュエータ

（a）外　観

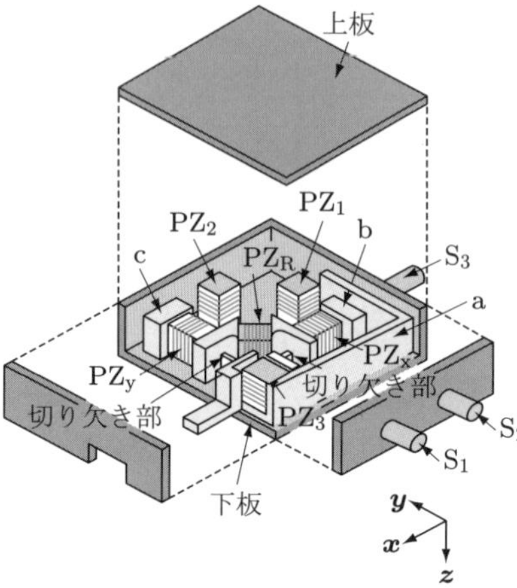

（b）構　造

図 3.16　3 自由度平面アクチュエータ

移動原理で変位する．一例として $\boldsymbol{x}$ 軸方向の 1 ステップ移動は次の手順で行われる．

1) 圧電素子 $\mathrm{PZ_1}$ のみ電界をかけ，可動部を固定部の上板と下板との間に強い力で挟み固定する．
2) その状態で圧電素子 $\mathrm{PZ_x}$ に電界をかけ，$\boldsymbol{x}$ 軸方向に 1 ステップ変位させる．
3) 2) の状態からさらに圧電素子 $\mathrm{PZ_3}$ に電界をかけ，この伸びにより可動部を保持する．
4) 3) の状態から圧電素子 $\mathrm{PZ_1}$ の電界をゼロとし，ついで圧電素子 $\mathrm{PZ_x}$ の電界をゼロとする．
5) 4) の状態から圧電素子 $\mathrm{PZ_1}$ に電界をかけ，ついで圧電素子 $\mathrm{PZ_3}$ の電界をゼロとし 1) の状態に戻る．

この圧電アクチュエータの移動範囲は 2 mm 角で，0.5 μm の変位分解能をもつ．圧電素子が発生する強い力と微小変位の長所を有効に利用したものである．

演習問題

3.1　電機子抵抗 $R_M = 2.66\,\Omega$，トルク定数 $K_T = 7.07 \times 10^{-2}\,\mathrm{NmA^{-1}}$，逆起電力定数 $K_e = 7.07 \times 10^{-2}\,\mathrm{V\,s/rad}$，電機子慣性モーメント $J_M = 1.51 \times 10^{-5}\,\mathrm{kgm^2}$，インダクタンス $L_M = 2.4\,\mathrm{mH}$，定格トルク $\tau = 0.17\,\mathrm{Nm}$ のとき，モータのパワーレート，機械的時定数および電気的時定数を求めよ．

3.2 サーボモータを用い，角度 θ_0 を $2t_1$ の周期で起動と停止を繰り返すとする．図 3.17 に示す速度パターンにおける最大トルクと定格トルクを求めよ．ただし，負荷の全慣性モーメントを J とする．

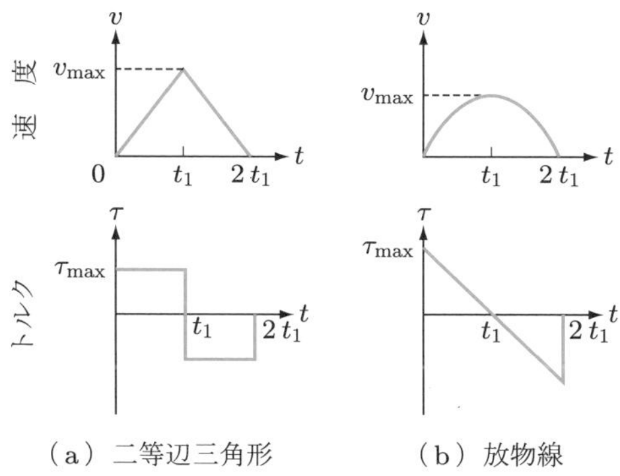

図 3.17　速度とトルクのパターン

3.3 外乱負荷トルクがゼロのサーボモータ駆動系において，負荷慣性モーメント J_L が電機子慣性モーメント J_M の 9 倍のときの最適ギヤ比を求めよ．

3.4 図 3.18 に示す速度サーボ制御系の伝達関数 $G(s) = \dot{\theta}(s)/\dot{\theta}_d(s)$ を求め，電流フィードバックと速度フィードバックの効果について述べよ．

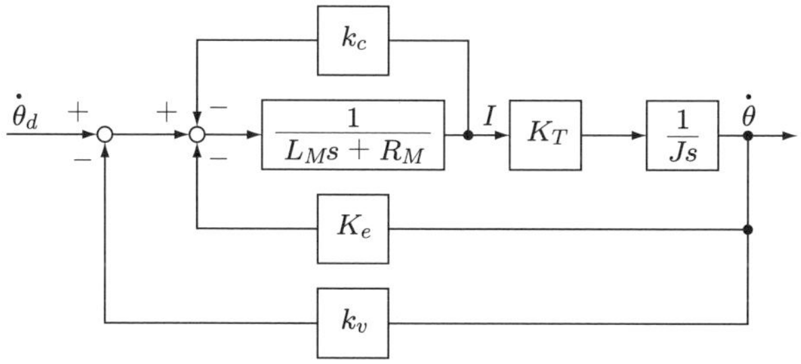

図 3.18　速度サーボ制御系

4 ロボットアームの機構と運動学

本章では，ロボットアームの機構を概説し，その運動学 (kinematics) を述べる．運動学とは，ロボットアームの各リンクや作業対象物の位置，速度などの関係を空間的な幾何学関係から論じるものである．このために，各リンクにはリンク座標系を設定し，隣合うリンクの幾何学関係を求め，ついでベースから手先までの幾何学関係を解析する．また，ロボットが出力する力と外部から作用する力とのつり合いの関係も述べる．本章は，ロボット機構解析の基礎をなすものである．

4.1 ロボットアームの機構

ロボットアーム (robot arm) は，一般に複数の節をもつリンク機構で構成され，その節と節の結合部を関節 (joint) とよぶ．ロボットアームに用いられる関節としては，1 自由度の回転関節 (revolute joint) と直動関節 (prismatic joint) が一般的である．ここで，自由度 (degree of freedom) とは機構の可動性を表す指数で，1 自由度とは動作が可能な軸方向が一つであることを意味する．1 自由度の関節は，図 4.1 に示す記号で表される．リンクの構成は，図 4.2 に示すように，先端が空間に解放された開リンク機構 (open link mechanism) と拘束された閉リンク機構 (closed link

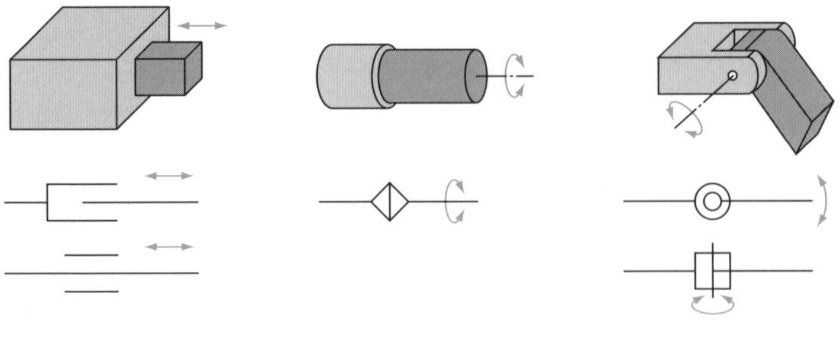

（a）直　動　　（b）回　転　　（c）回転(施回)

図 4.1　運動機能と記号

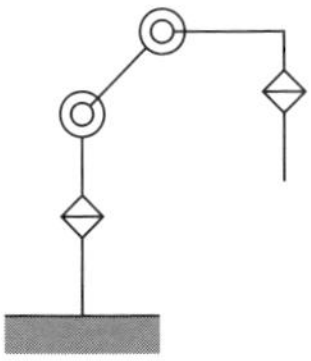

（a）開リンク機構

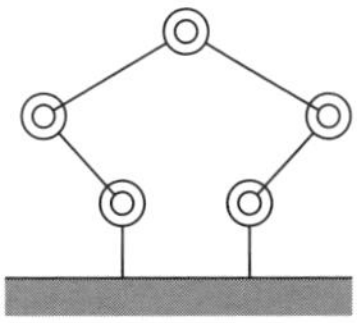

（b）閉リンク機構

図 4.2 リンク機構の形態

mechanism) とがある．多くのロボットは作業空間を広げるために開リンク機構の形をしている．リンク機構は，独立に動き得る関節の数が多いほど複雑で広範囲の運動が可能といえる．この独立に動きうる関節の総数をロボットの運動の自由度という．

リンク機構は，人間の腕，手首，手先と対比させて考えられる場合が多い．手先に 3 次元空間内の任意の位置で任意の姿勢を与えるには，位置決めに $\boldsymbol{x}$，$\boldsymbol{y}$，$\boldsymbol{z}$ 軸に沿った直動の 3 自由度，姿勢決めに $\boldsymbol{x}$，$\boldsymbol{y}$，$\boldsymbol{z}$ 軸まわりの回転の 3 自由度の合計 6 自由度が必要である．このために，腕に位置決め用の 3 自由度，手首に姿勢決め用の 3 自由度を装備することが多い．ただし，用途によっては，手先が限られた空間を動けばよいときがあり，このようなときには 6 自由度未満のリンク機構が採用される．また，逆に 7 自由度以上にして余分な自由度をもつことにより，障害物を回避しながら作業することが可能となる．たとえば，人間の腕と手首は 7 自由度であり，肩と把持した物体を動かさずにひじを上げ下げすることができる．

関節の空間配置によりさまざまなタイプのロボットアームが構成できる．しかし，腕の 3 自由度に着目し動作範囲の広い構造に限定すると，選択すべき関節の空間配置は限られる．図 4.3 に腕の代表的機構例を示す．同図 (a) の直交座標型 (cartesian coordinate type) ロボットは，3 関節が直動関節である．この型は，大きな剛性をもたせることができるため高精度な位置決めに向いているが，作業範囲の割には設置面積が大きくなる．同図 (b) の円筒座標型 (cylindrical coordinate type) ロボットは，ベースより回転関節，直動関節，直動関節の順に配置したものである．この型は，直交座標型ロボットより作業範囲に対する設置面積が小さくて済む．また，ロボットの円周に配置した対象物に対して作業を行うときに便利である．同図 (c) の極座標型 (polar coordinate type) ロボットは，ベースより回転，回転，直動の順に関節を配置したものであり，円筒座標型と同様な使い方のときに便利である．同図 (d) の垂直多関節型 (virtically multi-jointed type) ロボットはすべて回転関節で構成したもので，作業範囲に対する設置面積が最も小さい特徴がある．同図 (e)

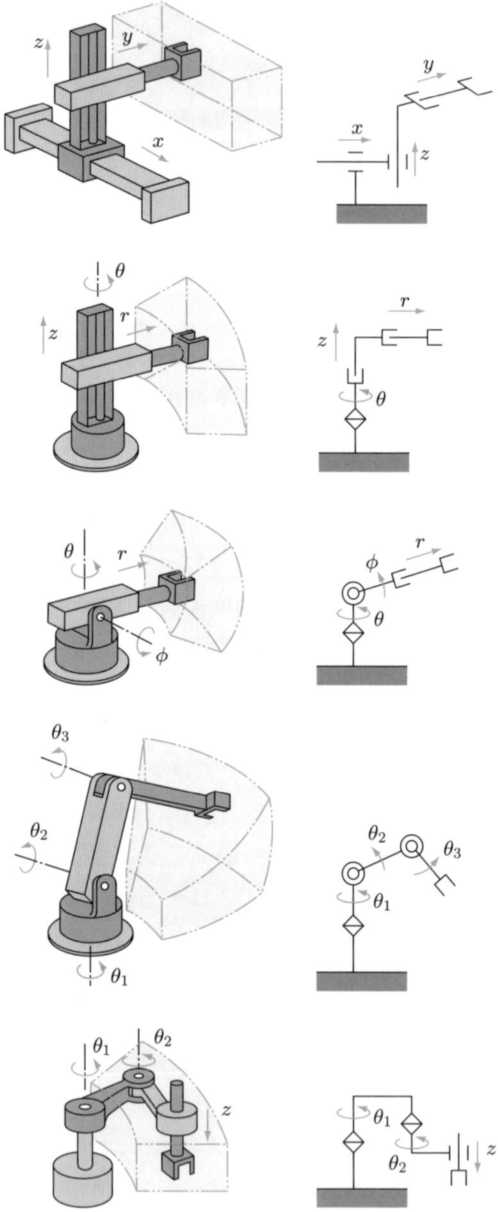

（a）直交座標型ロボット

（b）円筒座標型ロボット

（c）極座標型ロボット

（d）垂直多関節型ロボット

（e）水平多関節型ロボット

図 4.3　腕の機構例

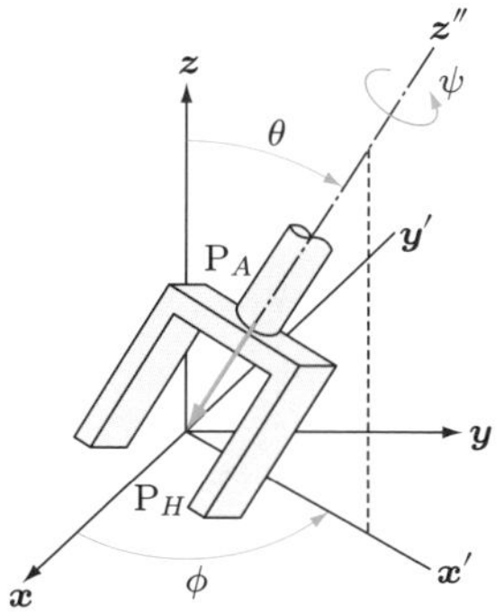

図 4.4 手先の位置姿勢

の水平多関節型 (horizontal articulated type) ロボットはベースより回転，回転，直動の順に関節を配置した構成である．この型は，水平面内における並進力に剛性が低く，モーメントに対しては剛性が高いため，選択的剛性構造を有することからスカラ型ロボット (SCARA: Selective Compliance Assembly Robot Arm) ともよばれる．

手首は，腕の先に装備され，主に手先の姿勢を決める役割をもつ．図 4.4 に示すように，手先の位置決め点 P_H を座標原点として考え，腕の先端 P_A から点 P_H へのベクトルで姿勢を表示すると，このベクトルは図中の ϕ，θ，ψ の三つの角度で規定できる．したがって，手先に任意の姿勢を与えるにはこの 3 自由度が必要となる．しかし，たとえばスポット溶接作業の溶接ガンのように，手先に方向性がないときは ψ は任意でよいことになり，手首は 2 自由度でよい場合がある．

4.2 座標変換

ロボットアームの運動は，図 4.5 に示すように，基準となる基準座標系 (referene coordinate system)，ロボットのベースに設定するベース座標系 (base coordinate system)，ロボットの手先に設定する手先座標系 (hand coordinate system)，力覚，視覚などのセンサに設定するセンサ座標系 (sensor coordinate system)，対象物や作業台に設定する作業座標系 (task coordinate system) を用いて解析される．これらは 3 次元直交座標系であり，その相対関係を表すのに座標変換 (coordinate transformation) の概念が用いられる．直交座標系を Σ で表し，座標の種別を Σ_A のように添字で示し，座標系 Σ_A の直交 3 軸の単位ベクトルを $\{\boldsymbol{x}_A, \boldsymbol{y}_A, \boldsymbol{z}_A\}$ と表

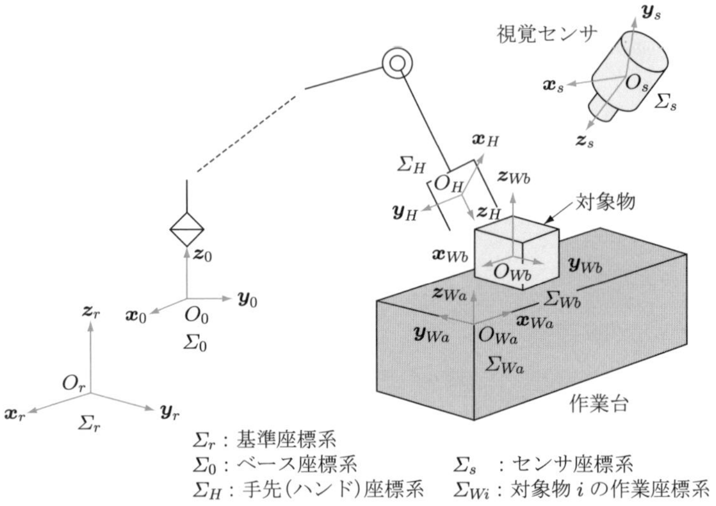

図 4.5　座標系

す．以下の解析では，式の簡単化のため基準座標系 Σ_r とベース座標系 Σ_0 は一致しているものとする．

≫ 4.2.1　平行移動

図 4.6 に示すように，基準座標系 Σ_0 の原点から座標系 Σ_A の原点へのベクトルを $\boldsymbol{p}_{A0}$ とし，Σ_0 を平行移動して Σ_A に重なる関係にあるとする．いま，空間内の一点 P を考え，Σ_0 で表した点 P の位置ベクトルを ${}^0\boldsymbol{p}_{P0}$，Σ_A で表した点 P の位置ベクトルを ${}^A\boldsymbol{p}_{PA}$ とすると，${}^A\boldsymbol{p}_{PA} = {}^0\boldsymbol{p}_{PA}$ であるから両者の間には次の関係がある．

$$ {}^0\boldsymbol{p}_{P0} = {}^0\boldsymbol{p}_{A0} + {}^0\boldsymbol{p}_{PA} \tag{4.1} $$

以下，ベクトルの左上添字は，そのベクトルが添字の示す座標系で表されているこ

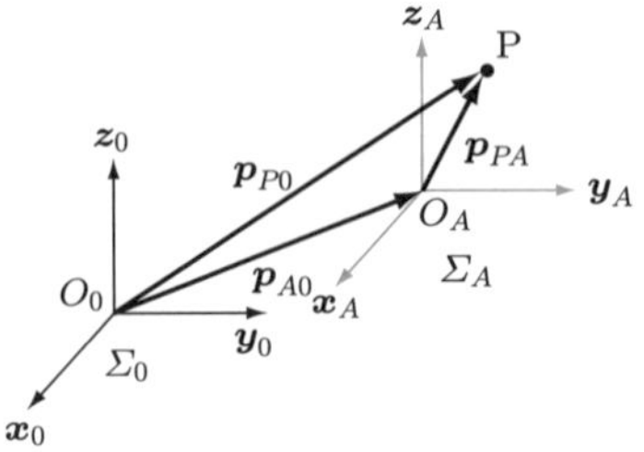

図 4.6　座標の平行移動

とを示し，簡略化のため左上添字のないベクトルは基準座標系で表されているとする．また，任意のベクトル ${}^{i}\boldsymbol{a}_j$ の要素は ${}^{i}\boldsymbol{a}_j = [{}^{i}\mathrm{a}_{jx},\ {}^{i}\mathrm{a}_{jy},\ {}^{i}\mathrm{a}_{jz}]^T$ で表す．

4.2.2 回転移動

図 4.7 (a) に示すように，基準座標系 Σ_0 の原点と座標系 Σ_A の原点は一致し，Σ_0 を $\boldsymbol{z}_0$ 軸のまわりに θ 回転すると Σ_A に重なる関係にあるとする．いま，空間内の一点 P を考え，原点から点 P へのベクトルを $\boldsymbol{p}$ とし，その長さをベクトルノルム (vector norm)† $\|\boldsymbol{p}\|$ で表すと，図 4.7 (b) に示すように

$$
{}^{A}\boldsymbol{p} = \begin{bmatrix} \|\boldsymbol{p}\|\cos\phi \\ \|\boldsymbol{p}\|\sin\phi \\ {}^{A}p_z \end{bmatrix} \tag{4.2}
$$

$$
{}^{0}\boldsymbol{p} = \begin{bmatrix} \|\boldsymbol{p}\|\cos(\phi+\theta) \\ \|\boldsymbol{p}\|\sin(\phi+\theta) \\ {}^{A}p_z \end{bmatrix} \tag{4.3}
$$

であるから，両者の関係は次式で与えられる．

$$
{}^{0}\boldsymbol{p} = {}^{0}\boldsymbol{R}_A\,{}^{A}\boldsymbol{p} \tag{4.4}
$$

ただし，${}^{0}\boldsymbol{R}_A$ は Σ_0 から Σ_A への回転の変換を表す行列で回転行列 (rotation matrix) とよび，

$$
{}^{0}\boldsymbol{R}_A = \begin{bmatrix} \cos\theta & -\sin\theta & 0 \\ \sin\theta & \cos\theta & 0 \\ 0 & 0 & 1 \end{bmatrix} \tag{4.5}
$$

である．同様に，$\boldsymbol{y}_0$ 軸のまわりに Σ_0 を θ 回転させたときの回転行列は

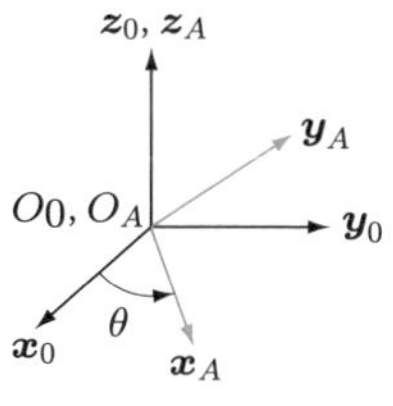

（a） $\boldsymbol{z}$ 軸回りの回転

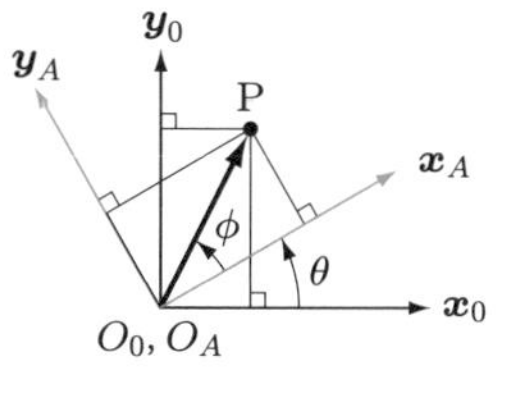

（b） $\boldsymbol{xy}$ 平面で表した $\boldsymbol{z}$ 軸回りの回転

図 4.7 $\boldsymbol{z}$ 軸回りの回転変換

† ベクトルノルム：ベクトル $\boldsymbol{x} = (x_1, x_2, \cdots, x_n)^T$ のノルム $\|\boldsymbol{x}\|$ は $\|\boldsymbol{x}\| = ({x_1}^2 + {x_2}^2 + \cdots + {x_n}^2)^{\frac{1}{2}}$ と定義する．

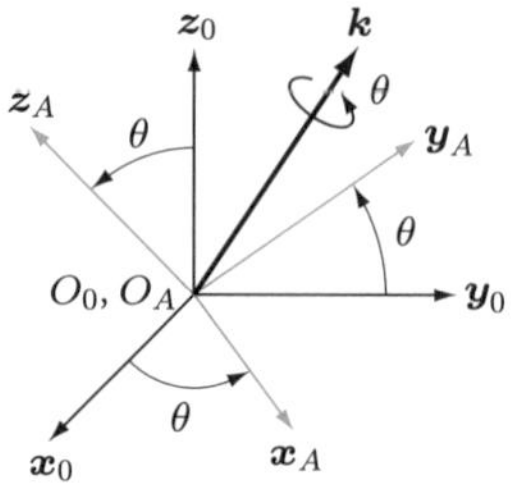

図 4.8　k 軸まわりの回転変換

$$
{}^0\boldsymbol{R}_A = \begin{bmatrix} \cos\theta & 0 & \sin\theta \\ 0 & 1 & 0 \\ -\sin\theta & 0 & \cos\theta \end{bmatrix} \tag{4.6}
$$

であり，$\boldsymbol{x}_0$ 軸まわりに Σ_0 を θ 回転させたときの回転行列は

$$
{}^0\boldsymbol{R}_A = \begin{bmatrix} 1 & 0 & 0 \\ 0 & \cos\theta & -\sin\theta \\ 0 & \sin\theta & \cos\theta \end{bmatrix} \tag{4.7}
$$

である．

ここで，図 4.8 に示すように任意の $\boldsymbol{k}$ 軸での回転を考え，そのときの回転行列 ${}^0\boldsymbol{R}_A$ の性質のいくつかを述べる．

(a)　$\Sigma_A = \{\boldsymbol{x}_A, \boldsymbol{y}_A, \boldsymbol{z}_A\}$ の直交単位ベクトルを用いると，回転行列は

$$
{}^0\boldsymbol{R}_A = \left[{}^0\boldsymbol{x}_A, {}^0\boldsymbol{y}_A, {}^0\boldsymbol{z}_A\right] = \begin{bmatrix} {}^0\boldsymbol{x}_0{}^{T\,0}\boldsymbol{x}_A & {}^0\boldsymbol{x}_0{}^{T\,0}\boldsymbol{y}_A & {}^0\boldsymbol{x}_0{}^{T\,0}\boldsymbol{z}_A \\ {}^0\boldsymbol{y}_0{}^{T\,0}\boldsymbol{x}_A & {}^0\boldsymbol{y}_0{}^{T\,0}\boldsymbol{y}_A & {}^0\boldsymbol{y}_0{}^{T\,0}\boldsymbol{z}_A \\ {}^0\boldsymbol{z}_0{}^{T\,0}\boldsymbol{x}_A & {}^0\boldsymbol{z}_0{}^{T\,0}\boldsymbol{y}_A & {}^0\boldsymbol{z}_0{}^{T\,0}\boldsymbol{z}_A \end{bmatrix} \tag{4.8}
$$

で表される．

(b)　${}^0\boldsymbol{R}_A$ は直交行列である．すなわち

$$
{}^0\boldsymbol{R}_A{}^{-1} = ({}^0\boldsymbol{R}_A)^T \tag{4.9}
$$

である．ただし，$\boldsymbol{R}^{-1}$ は $\boldsymbol{R}$ の逆行列，$\boldsymbol{R}^T$ は $\boldsymbol{R}$ の転置行列である．

(c)　Σ_A から Σ_0 への回転行列 ${}^A\boldsymbol{R}_0$ は次式の関係がある．

$$
{}^A\boldsymbol{R}_0 = {}^0\boldsymbol{R}_A{}^{-1} \tag{4.10}
$$

(d)　Σ_0，Σ_A と原点が一致している第 3 の座標系 Σ_B を考えると

$$
{}^0\boldsymbol{R}_B = {}^0\boldsymbol{R}_A{}^A\boldsymbol{R}_B \tag{4.11}
$$

である．ただし，${}^A\boldsymbol{R}_B$ は Σ_A から Σ_B への回転行列である．

(e)　$\boldsymbol{I}_3$ を 3×3 単位行列とすると

$$ {}^0\boldsymbol{R}_0 = \begin{bmatrix} 1 & 0 & 0 \\ 0 & 1 & 0 \\ 0 & 0 & 1 \end{bmatrix} = \boldsymbol{I}_3 \tag{4.12} $$

である.

証明を以下に示す.

(a) の証明：Σ_A で表した任意のベクトル ${}^A\boldsymbol{p} = \left[{}^Ap_x, {}^Ap_y, {}^Ap_z\right]^T$ は

$$ {}^A\boldsymbol{p} = {}^Ap_x\,{}^A\boldsymbol{x}_A + {}^Ap_y\,{}^A\boldsymbol{y}_A + {}^Ap_z\,{}^A\boldsymbol{z}_A \tag{4.13} $$

で表される．この式に左から ${}^0\boldsymbol{R}_A$ を掛けて Σ_0 で表すと

$$ {}^0\boldsymbol{p} = {}^Ap_x\,{}^0\boldsymbol{x}_A + {}^Ap_y\,{}^0\boldsymbol{y}_A + {}^Ap_z\,{}^0\boldsymbol{z}_A = \left[{}^0\boldsymbol{x}_A,\ {}^0\boldsymbol{y}_A,\ {}^0\boldsymbol{z}_A\right]{}^A\boldsymbol{p} \tag{4.14} $$

を得る．式 (4.4) の関係より式 (4.8) を得る.

(b) の証明：${}^0\boldsymbol{x}_A$，${}^0\boldsymbol{y}_A$，${}^0\boldsymbol{z}_A$ は定義より互いに直交する単位ベクトルであるから

$$ ({}^0\boldsymbol{x}_A)^T\,{}^0\boldsymbol{x}_A = ({}^0\boldsymbol{y}_A)^T\,{}^0\boldsymbol{y}_A = ({}^0\boldsymbol{z}_A)^T\,{}^0\boldsymbol{z}_A = 1 \tag{4.15$_\mathrm{a}$} $$

$$ ({}^0\boldsymbol{x}_A)^T\,{}^0\boldsymbol{y}_A = ({}^0\boldsymbol{y}_A)^T\,{}^0\boldsymbol{z}_A = ({}^0\boldsymbol{z}_A)^T\,{}^0\boldsymbol{x}_A = 0 \tag{4.15$_\mathrm{b}$} $$

の関係より

$$ ({}^0\boldsymbol{R}_A)^T\,{}^0\boldsymbol{R}_A = \boldsymbol{I}_3 \tag{4.16} $$

が成立する．これより式 (4.9) を得る．なお，${}^0\boldsymbol{R}_A$ の要素数は 9 個であるが，式 (4.15) の関係から，独立なパラメータは 3 個となる.

(c) の証明：Σ_0 から Σ_A へ回転し，再び Σ_0 へ戻す回転を考えると

$$ {}^0\boldsymbol{R}_A\,{}^A\boldsymbol{R}_0 = \boldsymbol{I}_3 \tag{4.17} $$

で表されるから，これより式 (4.10) を得る.

(d) の証明：点 P を Σ_B からみたとき ${}^B\boldsymbol{p}$ と表すと

$$ {}^0\boldsymbol{p} = {}^0\boldsymbol{R}_B\,{}^B\boldsymbol{p} \tag{4.18} $$

$$ {}^A\boldsymbol{p} = {}^A\boldsymbol{R}_B\,{}^B\boldsymbol{p} \tag{4.19} $$

であるから，式 (4.4) より

$$ {}^0\boldsymbol{p} = {}^0\boldsymbol{R}_A\,{}^A\boldsymbol{p} = {}^0\boldsymbol{R}_A\,{}^A\boldsymbol{R}_B\,{}^B\boldsymbol{p} \tag{4.20} $$

を導くことができる．式 (4.18) と式 (4.20) の関係より式 (4.11) を得る.

(e) の証明：(a) において座標系 Σ_A を Σ_0 に置き換えればよい.

≫ 4.2.3 同次変換

図 4.9 に示すように二つの座標系があり，Σ_0 原点から点 P への位置ベクトルを

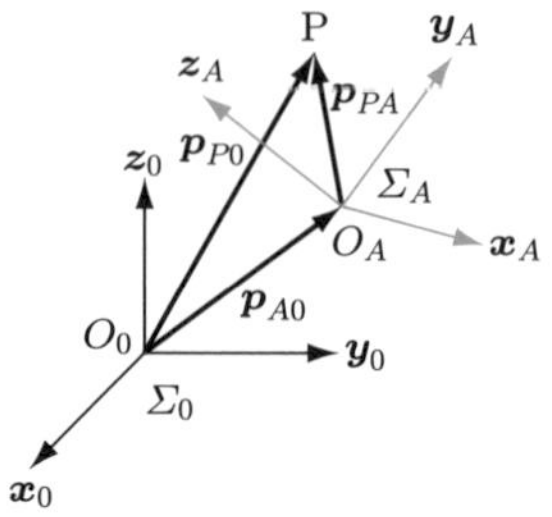

図 4.9　座標の平行移動と回転移動

$\boldsymbol{p}_{P0}$，Σ_A 原点から点 P への位置ベクトルを $\boldsymbol{p}_{PA}$，Σ_0 原点から Σ_A 原点への位置ベクトルを $\boldsymbol{p}_{A0}$，姿勢の回転行列を ${}^0\boldsymbol{R}_A$ とする．このとき，点 P を Σ_A と Σ_0 で表したベクトルには

$$ {}^0\boldsymbol{p}_{P0} = {}^0\boldsymbol{R}_A {}^A\boldsymbol{p}_{PA} + {}^0\boldsymbol{p}_{A0} \tag{4.21} $$

の関係がある．任意の 3×1 ベクトル $\boldsymbol{a}$ に対して $\mathbf{a} = [\boldsymbol{a}^T, 1]^T$ を定義すると，この関係は次のように表現できる．

$$ {}^0\mathbf{p}_{P0} = {}^0\boldsymbol{T}_A {}^A\mathbf{p}_{PA} \tag{4.22} $$

ただし，

$$ {}^0\boldsymbol{T}_A = \left[\begin{array}{c:c} {}^0\boldsymbol{R}_A & {}^0\boldsymbol{p}_{A0} \\ \hdashline 0\ 0\ 0 & 1 \end{array}\right] \tag{4.23} $$

である．${}^0\boldsymbol{T}_A$ を用いた変換を同次変換 (homogeneous transformation) といい，1 回の乗算により平行移動と回転移動が簡潔に表現できる．この 4×4 行列 ${}^0\boldsymbol{T}_A$ を同次変換行列 (homogeneous transformation matrix) という．なお，平行移動のみの同次変換行列を

$$ \left[\begin{array}{c:c} \boldsymbol{I}_3 & {}^0\boldsymbol{p}_{A0} \\ \hdashline 0\ 0\ 0 & 1 \end{array}\right] = \mathrm{Trans}({}^0\boldsymbol{p}_{A0}{}^T) \tag{4.24} $$

で表し，$\boldsymbol{k}$ 軸での回転角 θ による回転移動のみの同次変換行列を

$$ \left[\begin{array}{c:c} {}^0\boldsymbol{R}_A & 0 \\ \hdashline 0\ 0\ 0 & 1 \end{array}\right] = \mathrm{Rot}(\boldsymbol{k}, \theta) \tag{4.25} $$

と表すと，任意の同次変換行列は

$$ {}^0\boldsymbol{T}_A = \mathrm{Trans}({}^0\boldsymbol{p}_{A0}{}^T)\,\mathrm{Rot}(\boldsymbol{k}, \theta) \tag{4.26} $$

で表される．

三つの座標系 Σ_0，Σ_A，Σ_B があり，Σ_0 と Σ_A の関係が ${}^0\boldsymbol{T}_A$，Σ_A と Σ_B の関係が ${}^A\boldsymbol{T}_B$ で与えられているとき，Σ_0 と Σ_B の関係 ${}^0\boldsymbol{T}_B$ は

$$ {}^0\boldsymbol{T}_B = {}^0\boldsymbol{T}_A {}^A\boldsymbol{T}_B \tag{4.27} $$

で与えられる．また，${}^0\boldsymbol{T}_0$ は単位行列であり，${}^0\boldsymbol{T}_A$ の逆変換は

$$ {}^A\boldsymbol{T}_0 = {}^0\boldsymbol{T}_A{}^{-1} = \left[\begin{array}{c:c} {}^0\boldsymbol{R}_A{}^T & -{}^0\boldsymbol{R}_A{}^T\,{}^0\boldsymbol{p}_{A0} \\ \hdashline 0\ 0\ 0 & 1 \end{array}\right] \tag{4.28} $$

で与えられる．

例題 4.1 図 4.10 に示すように，基準座標系 Σ_0 から，平行移動の関係にある (1) のハンド座標系 Σ_H の状態，$\boldsymbol{x}_0$ 軸まわりに $\pi/2$ 回転した (2) の Σ_H の状態それぞれへの同次変換行列を求めてみよう．図より，(1) の状態のハンド座標系は基準座標系と平行移動の関係なので，その回転行列は単位行列である．(1) の状態の Σ_H 原点の座標は ${}^0\boldsymbol{p}_H = [0,\,0,\,-4]^T$ であるから，同次変換行列は

$$ {}^0\boldsymbol{T}_H = \begin{bmatrix} 1 & 0 & 0 & 0 \\ 0 & 1 & 0 & 0 \\ 0 & 0 & 1 & -4 \\ 0 & 0 & 0 & 1 \end{bmatrix} \tag{4.29} $$

となる．一方，(2) の状態におけるハンド座標系の単位ベクトルは

$$ {}^0\boldsymbol{x}_H = \begin{bmatrix} 1 \\ 0 \\ 0 \end{bmatrix}, \quad {}^0\boldsymbol{y}_H = \begin{bmatrix} 0 \\ 0 \\ 1 \end{bmatrix}, \quad {}^0\boldsymbol{z}_H = \begin{bmatrix} 0 \\ -1 \\ 0 \end{bmatrix} \tag{4.30} $$

である．これより回転行列は

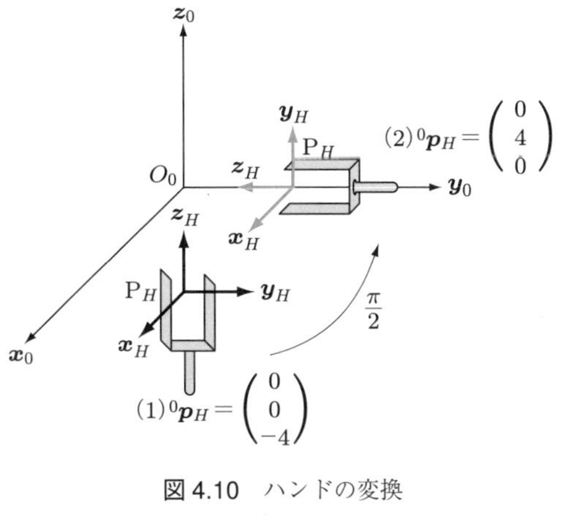

図 4.10 ハンドの変換

$$
{}^0\boldsymbol{R}_H = \begin{bmatrix} 1 & 0 & 0 \\ 0 & 0 & -1 \\ 0 & 1 & 0 \end{bmatrix} \tag{4.31}
$$

である．(2) の状態の Σ_H 原点の座標は ${}^0\boldsymbol{p}_H = [0,\ 4,\ 0]^T$ であるから，基準座標系から (2) のハンド座標系への同次変換行列は

$$
{}^0\boldsymbol{T}_H = \begin{bmatrix} 1 & 0 & 0 & 0 \\ 0 & 0 & -1 & 4 \\ 0 & 1 & 0 & 0 \\ 0 & 0 & 0 & 1 \end{bmatrix} \tag{4.32}
$$

となる．

4.2.4　姿勢表現

回転行列は物体の姿勢表現の一つであるが，3 次元空間での姿勢の自由度は 3 であるから，9 変数の回転行列による表現は冗長といえる．3 変数による姿勢表現としてオイラー角とロール・ピッチ・ヨウ角がよく知られている．

(1)　オイラー角

オイラー角 (Euler angles) は，任意の姿勢を三つの回転変数で表すものである．図 4.11 に示すように，基準座標系 Σ_0 に対する Σ_A の姿勢を次の三つの回転 ϕ，θ，ψ で表す．

1)　最初に $\boldsymbol{z}_0$ 軸まわりに角度 ϕ 回転したものを $\Sigma_0{}'$ とする（図 (a)）．
2)　次に $\boldsymbol{y}_0{}'$ 軸まわりに角度 θ 回転したものを $\Sigma_0{}''$ とする（図 (b)）．
3)　最後に $\boldsymbol{z}_0{}''$ 軸まわりに角度 ψ 回転したものを Σ_A とする（図 (c)）．

なお，回転方向は，回転軸の正方向に向かって時計方向を正とする．このとき，オ

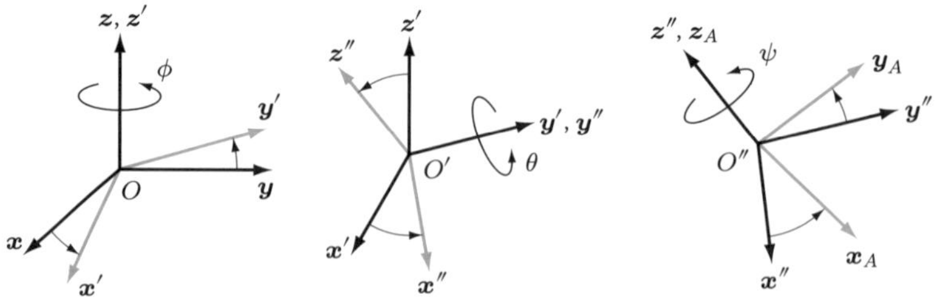

（a）$\boldsymbol{z}$ 軸での回転　（b）$\boldsymbol{y}'$ 軸での回転　（c）$\boldsymbol{z}''$ 軸での回転

図 4.11　z-y-z オイラー角

イラー角による回転行列は

$$
{}^{0}\boldsymbol{R}_{0'} = \begin{bmatrix} \mathrm{C}\phi & -\mathrm{S}\phi & 0 \\ \mathrm{S}\phi & \mathrm{C}\phi & 0 \\ 0 & 0 & 1 \end{bmatrix}, \quad {}^{0'}\boldsymbol{R}_{0''} = \begin{bmatrix} \mathrm{C}\theta & 0 & \mathrm{S}\theta \\ 0 & 1 & 0 \\ -\mathrm{S}\theta & 0 & \mathrm{C}\theta \end{bmatrix},
$$

$$
{}^{0''}\boldsymbol{R}_{A} = \begin{bmatrix} \mathrm{C}\psi & -\mathrm{S}\psi & 0 \\ \mathrm{S}\psi & \mathrm{C}\psi & 0 \\ 0 & 0 & 1 \end{bmatrix}
$$

であるから，${}^{0}\boldsymbol{R}_{A}$ は式 (4.11) の関係を利用して

$$
\begin{aligned}
{}^{0}\boldsymbol{R}_{A} &= {}^{0}\boldsymbol{R}_{0'}\,{}^{0'}\boldsymbol{R}_{0''}\,{}^{0''}\boldsymbol{R}_{A} \\
&= \begin{bmatrix} \mathrm{C}\phi\,\mathrm{C}\theta\,\mathrm{C}\psi - \mathrm{S}\phi\,\mathrm{S}\psi & -\mathrm{C}\phi\,\mathrm{C}\theta\,\mathrm{S}\psi - \mathrm{S}\phi\,\mathrm{C}\psi & \mathrm{C}\phi\,\mathrm{S}\theta \\ \mathrm{S}\phi\,\mathrm{C}\theta\,\mathrm{C}\psi + \mathrm{C}\phi\,\mathrm{S}\psi & -\mathrm{S}\phi\,\mathrm{C}\theta\,\mathrm{S}\psi + \mathrm{C}\phi\,\mathrm{C}\psi & \mathrm{S}\phi\,\mathrm{S}\theta \\ -\mathrm{S}\theta\,\mathrm{C}\psi & \mathrm{S}\theta\,\mathrm{S}\psi & \mathrm{C}\theta \end{bmatrix}
\end{aligned} \tag{4.33}
$$

で与えられる．ただし，$\mathrm{C}\phi = \cos\phi$，$\mathrm{S}\phi = \sin\phi$ という略記法を用いており，θ，ψ についても同様である．以下では，この記述方法を用いる．式 (4.33) はオイラー角が与えられたときに ${}^{0}\boldsymbol{R}_{A}$ が一意に求められることを示している．

次に ${}^{0}\boldsymbol{R}_{A}$ が与えられたときのオイラー角を求めてみよう．いま

$$
{}^{0}\boldsymbol{R}_{A} = \begin{bmatrix} R_{11} & R_{12} & R_{13} \\ R_{21} & R_{22} & R_{23} \\ R_{31} & R_{32} & R_{33} \end{bmatrix} \tag{4.34}
$$

が与えられたとき，式 (4.33) より

$$R_{11} = \mathrm{C}\phi\,\mathrm{C}\theta\,\mathrm{C}\psi - \mathrm{S}\phi\,\mathrm{S}\psi \tag{4.35$_\mathrm{a}$}$$

$$R_{12} = -\mathrm{C}\phi\,\mathrm{C}\theta\,\mathrm{S}\psi - \mathrm{S}\phi\,\mathrm{C}\psi \tag{4.35$_\mathrm{b}$}$$

$$R_{13} = \mathrm{C}\phi\,\mathrm{S}\theta \tag{4.35$_\mathrm{c}$}$$

$$R_{21} = \mathrm{S}\phi\,\mathrm{C}\theta\,\mathrm{C}\psi + \mathrm{C}\phi\,\mathrm{S}\psi \tag{4.35$_\mathrm{d}$}$$

$$R_{22} = -\mathrm{S}\phi\,\mathrm{C}\theta\,\mathrm{S}\psi + \mathrm{C}\phi\,\mathrm{C}\psi \tag{4.35$_\mathrm{e}$}$$

$$R_{23} = \mathrm{S}\phi\,\mathrm{S}\theta \tag{4.35$_\mathrm{f}$}$$

$$R_{31} = -\mathrm{S}\theta\,\mathrm{C}\psi \tag{4.35$_\mathrm{g}$}$$

$$R_{32} = \mathrm{S}\theta\,\mathrm{S}\psi \tag{4.35$_\mathrm{h}$}$$

$$R_{33} = \mathrm{C}\theta \tag{4.35$_\mathrm{i}$}$$

を得る．また，${}^{0}\boldsymbol{R}_{A}$ は直交行列であるから

$$\sum_{i=1}^{3} R_{ij}{}^2 = 1 \qquad (j = 1,\ 2,\ 3) \tag{4.36$_\mathrm{a}$}$$

$$\sum_{i=1}^{3} R_{ij} R_{ik} = 0 \qquad (j \neq k) \tag{4.36$_\mathrm{b}$}$$

の関係式を満たす．

はじめに，θ を求める．式 (4.35$_\mathrm{c}$)，(4.35$_\mathrm{f}$) より

$$\mathrm{S}\theta = \pm\sqrt{R_{13}{}^2 + R_{23}{}^2} \tag{4.37}$$

である．ここで，複素数 $b + ja$ の偏角を arg とし，スカラ関数

$$\mathrm{atan2}(a, b) = \arg(b + ja) \tag{4.38}$$

を定義すると，式 (4.35$_\mathrm{i}$) と式 (4.37) より

$$\theta = \arg(\mathrm{C}\theta + j\mathrm{S}\theta) = \mathrm{atan2}\bigl(\pm\sqrt{R_{13}{}^2 + R_{23}{}^2}, R_{33}\bigr) \tag{4.39}$$

を得る．なお，$\pm$ の符号は本節では複号同順である．

次に，ϕ，ψ を求める．関数 atan2( )[†]は正のスカラ k に対し $\mathrm{atan2}(a, b) = \mathrm{atan2}(ka, kb)$ が成立するから，もし $\mathrm{S}\theta \neq 0$ ならば，式 (4.35$_\mathrm{c}$)，(4.35$_\mathrm{f}$) より

$$\phi = \mathrm{atan2}(\pm R_{23}, \pm R_{13}) \tag{4.40}$$

を得る．また，式 (4.35$_\mathrm{g}$) と式 (4.35$_\mathrm{h}$) より

$$\psi = \mathrm{atan2}(\pm R_{32}, \mp R_{31}) \tag{4.41}$$

を得る．したがって，${}^0\boldsymbol{R}_A$ が与えられたときオイラー角は，式 (4.39)〜(4.41) で与えられ，2通り存在する．他方，$\mathrm{S}\theta = 0$ のときは，$R_{32} = R_{31} = 0$，R_{33} は1または-1となるから

$$\phi = 任意 \tag{4.42$_\mathrm{a}$}$$

$$\theta = \cos^{-1}(R_{33}) = (1 - R_{33})\pi/2 \tag{4.42$_\mathrm{b}$}$$

$$\psi = \mathrm{atan2}(R_{21}, R_{22}) - R_{33}\phi \tag{4.42$_\mathrm{c}$}$$

となる．したがって，θ が0もしくは π のときは，ψ と ϕ は無数の組合せが存在するので，その取扱いには注意を要する．

なお，オイラー角による回転行列は，回転の順序に依存し，他の回転順序によるオイラー角の表現がある．このため，この節で示したオイラー角は，回転順序を示すため z-y-z オイラー角とよぶことがある．図4.4に示す手先の位置姿勢はこの z-y-z オイラー角を表している．

---

† atan2：C言語の関数に2引数の逆正接関数 $\mathrm{atan2}(y, x)$ がある．xy 平面での実引数の符号により象限が決定され，範囲 $[-\pi, \pi]$ ラジアンの y/x の逆正接を返す．両引数が0のときは定義されない．

例題 4.2 例題 4.1 の (2) の状態におけるロボットの手先に設定したハンド座標系 Σ_H の姿勢をオイラー角で求めてみよう．(2) の状態における回転行列は式 (4.31) で求められているから，

$$\theta = \mathrm{atan2}(\pm 1, 0) = \pm\pi/2$$

$$\phi = \mathrm{atan2}(\mp 1, 0) = \mp\pi/2$$

$$\psi = \mathrm{atan2}(\pm 1, 0) = \pm\pi/2$$

を得る．これより

$$[\phi,\ \theta,\ \psi] = [-\pi/2,\ \pi/2,\ \pi/2]$$

または

$$[\phi,\ \theta,\ \psi] = [\pi/2,\ -\pi/2,\ -\pi/2]$$

となる．

(2) ロール・ピッチ・ヨウ角

物体の姿勢表現として，図 4.12 に示すロール・ピッチ・ヨウ角もよく使われる．回転の順序を $\boldsymbol{z}$ 軸回りの回転 (roll)，$\boldsymbol{y}$ 軸回りの回転 (pitch)，$\boldsymbol{x}$ 軸回りの回転 (yaw) とすると同次変換行列は

$$^0\boldsymbol{T}_A = \mathrm{Rot}(\boldsymbol{z}, \phi)\,\mathrm{Rot}(\boldsymbol{y}, \theta)\,\mathrm{Rot}(\boldsymbol{x}, \psi)$$

となる．これを展開すると回転行列は

$$^0\boldsymbol{R}_A = \begin{bmatrix} \mathrm{C}\phi\,\mathrm{C}\theta & \mathrm{C}\phi\,\mathrm{S}\theta\,\mathrm{S}\psi - \mathrm{S}\phi\,\mathrm{C}\psi & \mathrm{C}\phi\,\mathrm{S}\theta\,\mathrm{C}\psi + \mathrm{S}\phi\,\mathrm{S}\psi \\ \mathrm{S}\phi\,\mathrm{C}\theta & \mathrm{S}\phi\,\mathrm{S}\theta\,\mathrm{S}\psi + \mathrm{C}\phi\,\mathrm{C}\psi & \mathrm{S}\phi\,\mathrm{S}\theta\,\mathrm{C}\psi - \mathrm{C}\phi\,\mathrm{S}\psi \\ -\mathrm{S}\theta & \mathrm{C}\theta\,\mathrm{S}\psi & \mathrm{C}\theta\,\mathrm{C}\psi \end{bmatrix} \tag{4.43}$$

を得る．$^0\boldsymbol{R}_A$ が与えられたときのロール・ピッチ・ヨウの計算は，オイラー角のときと同様な計算手順となる．このため，これを z-y-x オイラー角とよぶことがある．

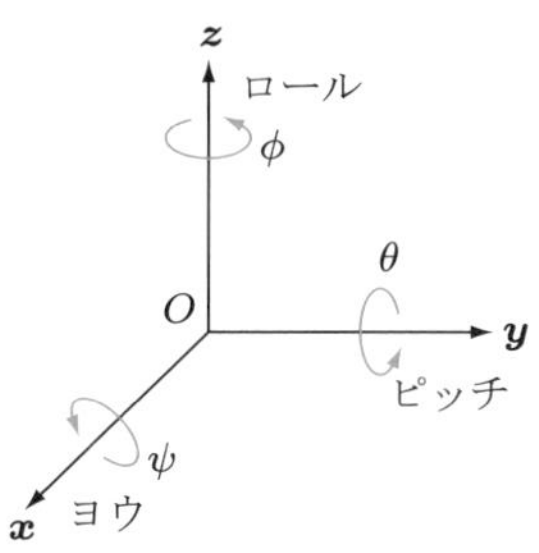

図 4.12 ロール・ピッチ・ヨウ角

姿勢の定義では回転順序が重要で，順序が異なると各軸の回転角が同一であっても，結果として生じる座標系の姿勢は異なる．したがって，オイラー角やロール・ピッチ・ヨウ角の3要素を並べて，ベクトル形式で

$$\boldsymbol{\eta} = [\phi,\ \theta,\ \psi]^T$$

と表しても，$\boldsymbol{\eta}$ はベクトルの公理を満たさない．このことから，$\boldsymbol{\eta}$ は疑似ベクトル (pseudo vector) とよばれることがある．

4.3 手先の位置姿勢

4.3.1 リンク座標系

ロボットの手先位置と姿勢を求めるには，手先に設定する座標系のみでは十分でなく，各リンクにそれぞれリンク座標系 (link coordinate system) を設定する．座標系の設定法はいろいろあるが，現在では Denaviet-Hartenberg の記法（D-H 法）がよく用いられている．ここでは，後々の動的計算に適した，修正した D-H 法を説明する．

n 個のリンクが直列に連なり，各リンクの関節が 1 自由度の回転関節もしくは直動関節からなるロボットアームを考える．図 4.13 に示すように，ベースをリンク 0 とし，手先に向かって順にリンク 1，リンク 2，…，リンク n と番号を付け，リン

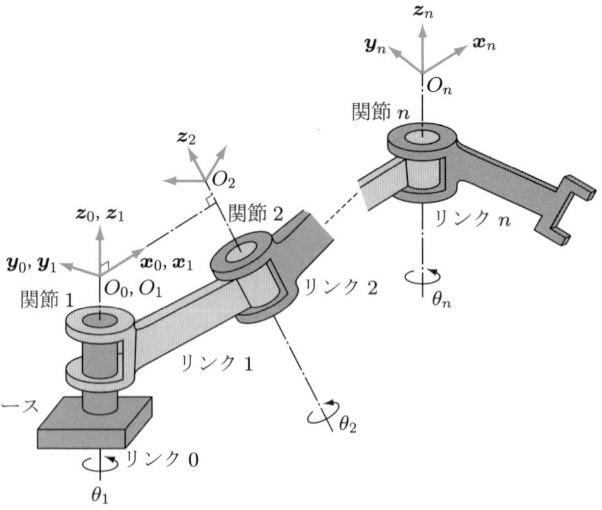

図 4.13　リンクとリンク座標の関係

ク $i-1$ とリンク i との連結部を関節 i とする．関節 i が回転関節のときは回転軸を，直動関節のときは直動方向に平行な任意の直線を関節軸 i とする．以上の準備をもとに，リンク座標 $\Sigma_i = \{\boldsymbol{x}_i, \boldsymbol{y}_i, \boldsymbol{z}_i\}$ $(0 \leqq i \leqq n)$ を以下の手順で設定する．

1) リンク i に関節軸 i を $\boldsymbol{z}_i$ 軸とする座標系 Σ_i を設定する．

2) $\boldsymbol{x}_i$ 軸は $\boldsymbol{z}_i$ 軸と $\boldsymbol{z}_{i+1}$ 軸との共通垂線とし，その方向は $\boldsymbol{z}_i$ 軸から $\boldsymbol{z}_{i+1}$ 軸へ向かう方向とする．共通垂線と $\boldsymbol{z}_i$ 軸との交点が Σ_i の座標原点 O_i である．

3) $\boldsymbol{y}_i$ 軸は右手座標系をなすように設定する．

ここで，$\boldsymbol{z}_i$ 軸と $\boldsymbol{z}_{i+1}$ 軸が平行でその共通垂線が任意に定められるときは，$\boldsymbol{x}_i$ 軸が一意に定まらない．このときは，$\boldsymbol{x}_{i-1}$ 軸と $\boldsymbol{z}_i$ 軸との交点または Σ_{i+1} の座標原点を通るように共通垂線を定めると，後述のリンクパラメータ d_i または d_{i+1} がゼロとなり，後の解析を容易にし計算量を減らすことができる．同様に，直動関節 i では関節軸が任意に定められ，物理的に直動する軸を関節軸 i としてもよいが，Σ_{i-1} の座標原点または Σ_{i+1} の座標原点を通るように関節軸 i を定めると，後述のパラメータ a_{i-1} または a_i がゼロとなる．また，リンク n に設定する Σ_n の $\boldsymbol{x}_n$ 軸は任意でよいが，後の計算を少なくするように，関節 n が基準の角度のときに $\boldsymbol{x}_{n-1}$ 軸と同じ方向にとるのがよい．さらに，リンク 0 に設定する Σ_0 は，関節 1 を適当な角度にした基準状態の Σ_1 と一致させる．Σ_0 はロボットのベース座標である．

リンク座標系が定められると，図 4.14 に示すように Σ_i と Σ_{i-1} の関係は次の四つのパラメータで表すことができる．

$\theta_i = \boldsymbol{z}_i$ 軸まわりに右ねじ方向に測った $\boldsymbol{x}_{i-1}$ 軸から $\boldsymbol{x}_i$ 軸への角度

$d_i = \boldsymbol{z}_i$ 軸の正方向に沿って測った $\boldsymbol{x}_{i-1}$ 軸から $\boldsymbol{x}_i$ 軸への距離

$\alpha_i = \boldsymbol{x}_{i-1}$ 軸まわりに右ねじ方向に測った $\boldsymbol{z}_{i-1}$ 軸から $\boldsymbol{z}_i$ 軸への角度

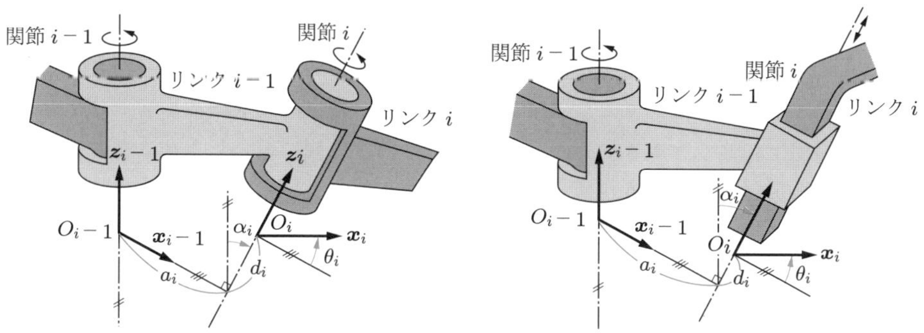

(a) 関節 i が回転関節のとき　　(b) 関節 i が直動関節のとき

図 4.14 リンク座標系とリンクパラメータ

$a_i = \boldsymbol{x}_{i-1}$ 軸の正方向に沿って測った $\boldsymbol{z}_{i-1}$ 軸から $\boldsymbol{z}_i$ 軸への距離

ここで，θ_i はリンク間角度，d_i はリンク間距離，α_i はリンクのねじれ角，a_i をリンク長さとよぶ．この四つのパラメータをリンクパラメータ (link parameters) または運動学パラメータ (kinematic parameters) とよぶ．運動学パラメータを用いると，Σ_{i-1} に次の交換を順に行うことにより Σ_i を得る．

1) $\boldsymbol{x}_{i-1}$ 軸に沿って a_i の並進（並進後の $\boldsymbol{z}_{i-1}$ は $\boldsymbol{z}_i$ と交差する）
2) $\boldsymbol{x}_{i-1}$ 軸まわりに α_i の回転（回転後の $\boldsymbol{z}_{i-1}$ は $\boldsymbol{z}_i$ と重なる）
3) 回転後の $\boldsymbol{z}_{i-1}$ 軸に沿って d_i の並進（並進後の O_{i-1} は O_i に重なる）
4) 並進後の $\boldsymbol{z}_{i-1}$ 軸のまわりに θ_i の回転（回転後の Σ_{i-1} は Σ_i と一致）

これより，Σ_{i-1} から Σ_i への同次変換行列 ${}^{i-1}\boldsymbol{T}_i$ は

$$
\begin{aligned}
{}^{i-1}\boldsymbol{T}_i &= \mathrm{Trans}(a_i, 0, 0)\,\mathrm{Rot}(\boldsymbol{x}_{i-1}, \alpha_i)\,\mathrm{Trans}(0, 0, d_i)\,\mathrm{Rot}(\boldsymbol{z}_{i-1}, \theta_i) \\
&= \begin{bmatrix} 1 & 0 & 0 & a_i \\ 0 & 1 & 0 & 0 \\ 0 & 0 & 1 & 0 \\ 0 & 0 & 0 & 1 \end{bmatrix}
\begin{bmatrix} 1 & 0 & 0 & 0 \\ 0 & \mathrm{C}\alpha_i & -\mathrm{S}\alpha_i & 0 \\ 0 & \mathrm{S}\alpha_i & \mathrm{C}\alpha_i & 0 \\ 0 & 0 & 0 & 1 \end{bmatrix}
\begin{bmatrix} 1 & 0 & 0 & 0 \\ 0 & 1 & 0 & 0 \\ 0 & 0 & 1 & d_i \\ 0 & 0 & 0 & 1 \end{bmatrix}
\begin{bmatrix} \mathrm{C}\theta_i & -\mathrm{S}\theta_i & 0 & 0 \\ \mathrm{S}\theta_i & \mathrm{C}\theta_i & 0 & 0 \\ 0 & 0 & 1 & 0 \\ 0 & 0 & 0 & 1 \end{bmatrix} \\
&= \begin{bmatrix} \mathrm{C}\theta_i & -\mathrm{S}\theta_i & 0 & a_i \\ \mathrm{C}\alpha_i\,\mathrm{S}\theta_i & \mathrm{C}\alpha_i\,\mathrm{C}\theta_i & -\mathrm{S}\alpha_i & -d_i\,\mathrm{S}\alpha_i \\ \mathrm{S}\alpha_i\,\mathrm{S}\theta_i & \mathrm{S}\alpha_i\,\mathrm{C}\theta_i & \mathrm{C}\alpha_i & d_i\,\mathrm{C}\alpha_i \\ 0 & 0 & 0 & 1 \end{bmatrix}
\end{aligned}
\tag{4.44}
$$

となる．関節 i が回転関節のときは，θ_i が変数となり他の三つのパラメータは機構によって定まる定数である．関節 i が直動関節のときは，d_i が変数となり他の三つのパラメータは機構によって定まる定数である．以下では，関節変位を q_i とし，関節 i が回転関節のとき $q_i = \theta_i$，直動関節のとき $q_i = d_i$ とする．

以上のリンク座標系の設定は，リンクのベース側関節上に原点をもち，$\boldsymbol{z}$ 軸がリンク運動をもたらす関節軸となっている．これとは異なる設定法として，リンクの手先側関節上に原点を置き，その $\boldsymbol{z}$ 軸をリンクの手先側に結合したリンクの運動をもたらす関節軸となるように設定する方法もある．また，本書でのリンク i のパラメータ $(a_i, \alpha_i, d_i, \theta_i)$ は，原著論文の D-H 法[26] において $(a_{i-1}, \alpha_{i-1}, d_i, \theta_i)$ に対応している．いずれの方法でも，ロボットアームの解析はできるが，本書では上述の方法に従うものとし，これを D-H 法とよぶことにする．

例題 4.3 PUMA 型ロボットに図 4.15 に示すリンク座標系を設定したとき，リンクパラメータと同次変換行列を求めてみよう．リンクパラメータは，表 4.1 で与えられ，同次変換行列は次のようになる．

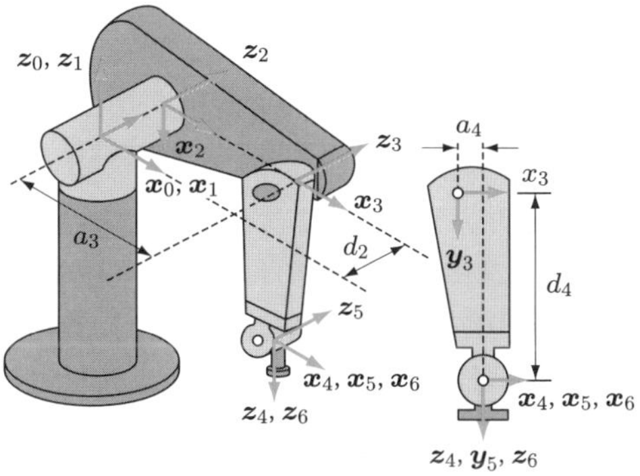

図 4.15 PUMA 型ロボット

表 4.1 PUMA 型ロボットのリンクパラメータ

i	a_i	α_i	d_i	θ_i
1	0	0°	0	θ_1
2	0	−90°	d_2	θ_2
3	a_3	0°	0	θ_3
4	a_4	−90°	d_4	θ_4
5	0	90°	0	θ_5
6	0	−90°	0	θ_6

$$
{}^0\boldsymbol{T}_1 = \begin{bmatrix} \mathrm{C}\theta_1 & -\mathrm{S}\theta_1 & 0 & 0 \\ \mathrm{S}\theta_1 & \mathrm{C}\theta_1 & 0 & 0 \\ 0 & 0 & 1 & 0 \\ 0 & 0 & 0 & 1 \end{bmatrix} \qquad
{}^1\boldsymbol{T}_2 = \begin{bmatrix} \mathrm{C}\theta_2 & -\mathrm{S}\theta_2 & 0 & 0 \\ 0 & 0 & 1 & d_2 \\ -\mathrm{S}\theta_2 & -\mathrm{C}\theta_2 & 0 & 0 \\ 0 & 0 & 0 & 1 \end{bmatrix}
$$

$$
{}^2\boldsymbol{T}_3 = \begin{bmatrix} \mathrm{C}\theta_3 & -\mathrm{S}\theta_3 & 0 & a_3 \\ \mathrm{S}\theta_3 & \mathrm{C}\theta_3 & 0 & 0 \\ 0 & 0 & 1 & 0 \\ 0 & 0 & 0 & 1 \end{bmatrix} \qquad
{}^3\boldsymbol{T}_4 = \begin{bmatrix} \mathrm{C}\theta_4 & -\mathrm{S}\theta_4 & 0 & a_4 \\ 0 & 0 & 1 & d_4 \\ -\mathrm{S}\theta_4 & -\mathrm{C}\theta_4 & 0 & 0 \\ 0 & 0 & 0 & 1 \end{bmatrix}
$$

$$
{}^4\boldsymbol{T}_5 = \begin{bmatrix} \mathrm{C}\theta_5 & -\mathrm{S}\theta_5 & 0 & 0 \\ 0 & 0 & -1 & 0 \\ \mathrm{S}\theta_5 & \mathrm{C}\theta_5 & 0 & 0 \\ 0 & 0 & 0 & 1 \end{bmatrix} \qquad
{}^5\boldsymbol{T}_6 = \begin{bmatrix} \mathrm{C}\theta_6 & -\mathrm{S}\theta_6 & 0 & 0 \\ 0 & 0 & 1 & 0 \\ -\mathrm{S}\theta_6 & -\mathrm{C}\theta_6 & 0 & 0 \\ 0 & 0 & 0 & 1 \end{bmatrix}
\tag{4.45}
$$

≫ 4.3.2 関節変数と手先位置姿勢の一般的関係

手先の位置と姿勢は，関節変位の値により変化する．関節変数ベクトル $\boldsymbol{q}$ を

$$
\boldsymbol{q} = [q_1, q_2, \cdots, q_n]^T \tag{4.46}
$$

で定義し，手先の位置姿勢を表すベクトル $\boldsymbol{r}$ を

$$\boldsymbol{r} = [r_1, r_2, \cdots, r_m]^T \tag{4.47}$$

とする．ここで，m を手先の位置姿勢の自由度とすると

$$m \leqq n \tag{4.48}$$

の関係がある．一般に，3 次元空間で任意の位置と姿勢を取りうるロボットの場合は $m=6$ であるが，2 次元平面で任意の位置と姿勢をとるロボットアームに限定したときは $m=3$ となる．

$\boldsymbol{q}$ と $\boldsymbol{r}$ の関係は，ロボットアームの機構構成により定まり，一般的には

$$\boldsymbol{r} = \boldsymbol{f}(\boldsymbol{q}) \tag{4.49}$$

によって表される．$\boldsymbol{q}$ が与えられたときに $\boldsymbol{r}$ を求める問題を順運動学 (forward kinematics) 問題とよぶ．順運動学問題は手先の位置姿勢を表す同次変換行列から解析的に解くことができ，その計算は比較的容易である．逆に，$\boldsymbol{r}$ が与えられたとき $\boldsymbol{q}$ を求める問題を逆運動学 (inverse kinematics) 問題とよぶ．逆運動学問題の解は，形式的には

$$\boldsymbol{q} = \boldsymbol{f}^{-1}(\boldsymbol{r}) \tag{4.50}$$

と表すことができるが，$\boldsymbol{f}$ が非線形の関数のために $\boldsymbol{q}$ が存在するとは限らず，また存在しても一意とは限らない．その解法は複雑となる．

例題 4.4　図 4.16 に示す xy 平面内を動く 3 関節ロボットアームについて，関節変位ベクトル $\boldsymbol{q} = [\theta_1, \theta_2, \theta_3]^T$ を与えたときの位置姿勢ベクトル $\boldsymbol{r} = [x, y, \theta]^T$ およびその逆の $\boldsymbol{r}$ を与えたときの $\boldsymbol{q}$ を求めてみよう．ただし，θ はリンク 3 と $\boldsymbol{x}$ 軸とのなす角度である．はじめに，式 (4.49) を求める．これは，図 4.16 より容易に

$$x = L_1 \cos\theta_1 + L_2 \cos(\theta_1+\theta_2) + L_3 \cos(\theta_1+\theta_2+\theta_3) \tag{4.51$_\mathrm{a}$}$$

$$y = L_1 \sin\theta_1 + L_2 \sin(\theta_1+\theta_2) + L_3 \sin(\theta_1+\theta_2+\theta_3) \tag{4.51$_\mathrm{b}$}$$

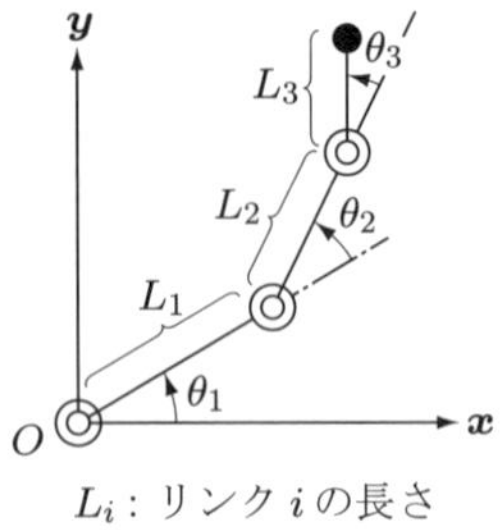

図 4.16　3 関節ロボットアーム

$$\theta = \theta_1 + \theta_2 + \theta_3 \tag{4.51$_\mathrm{c}$}$$

と求めることができる．次に，式 (4.50) の関係を求める．$L_2{}^2 = \{L_2 \sin(\theta_1 + \theta_2)\}^2 + \{L_2 \cos(\theta_1 + \theta_2)\}^2$ に式 (4.51) を代入し整理すると

$$\begin{aligned}&(y - L_3 \sin\theta)\sin\theta_1 + (x - L_3\cos\theta)\cos\theta_1 \\ &\quad = \{(y - L_3\sin\theta)^2 + (x - L_3\cos\theta)^2 + L_1{}^2 - L_2{}^2\}/(2L_1)\end{aligned}$$

を得る．ここで，

$$a\sin\sigma + b\cos\sigma = c \tag{4.52}$$

の関係式が成立するとき

$$\phi = \mathrm{atan2}(a, b) \tag{4.53}$$

とおくと，三角関数の合成則 (trigonometric composition formula) より

$$\cos(\phi - \sigma) = \frac{c}{\sqrt{(a^2 + b^2)}} \tag{4.54$_\mathrm{a}$}$$

$$\sin(\phi - \sigma) = \pm\sqrt{(a^2 + b^2 - c^2)/(a^2 + b^2)} \tag{4.54$_\mathrm{b}$}$$

となり，σ は

$$\sigma = \mathrm{atan2}(a, b) - \mathrm{atan2}\left(\pm\sqrt{a^2 + b^2 - c^2}, c\right) \tag{4.55}$$

と求められる．したがって，

$$a = y - L_3\sin\theta$$

$$b = x - L_3\cos\theta$$

$$c = \{(y - L_3\sin\theta)^2 + (x - L_3\cos\theta)^2 + L_1{}^2 - L_2{}^2\}/(2L_1)$$

$$\sigma = \theta_1$$

とおくことにより，式 (4.55) から θ_1 を得る．同様にして $L_1{}^2 = (L_1\sin\theta_1)^2 + (L_1\cos\theta_1)^2$ に式 (4.51) の関係を代入し整理すると

$$(y - L_3\sin\theta)\sin(\theta_1 + \theta_2) + (x - L_3\cos\theta)\cos(\theta_1 + \theta_2) = d$$

を得る．ただし，

$$d = \{(y - L_3\sin\theta)^2 + (x - L_3\cos\theta)^2 - L_1{}^2 + L_2{}^2\}/(2L_2)$$

である．これより

$$\theta_2 = \mathrm{atan2}\left(\pm\sqrt{a^2 + b^2 - c^2}, c\right) - \mathrm{atan2}\left(\mp\sqrt{a^2 + b^2 - d^2}, d\right)$$

を得る．θ_3 は $\theta_3 = \theta - \theta_2 - \theta_1$ で求める．複号は，図 4.17 の二つのアーム姿勢を表している．

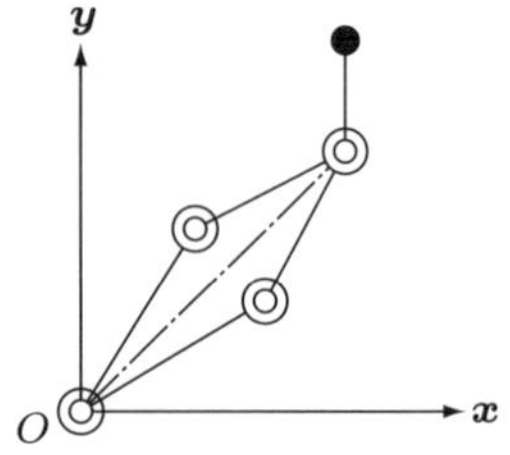

図 4.17　3 関節ロボットアームの逆運動学問題の解

このように，順運動学問題は比較的容易に解くことができるが，逆運動学問題は容易でない．さらにアームの自由度が増すと，この困難さは飛躍的に増大する．

≫ 4.3.3　順運動学問題

ロボットアームの最先端のリンク座標系 Σ_n と基準座標 Σ_0 との同次変換行列 ${}^0\boldsymbol{T}_n$ は，式 (4.27) の関係より

$$
{}^0\boldsymbol{T}_n = {}^0\boldsymbol{T}_1 {}^1\boldsymbol{T}_2 {}^2\boldsymbol{T}_3 \cdots {}^{n-1}\boldsymbol{T}_n \tag{4.56}
$$

となる．${}^0\boldsymbol{T}_n$ は $\boldsymbol{q}$ の関数である．図 4.18 に示すように，リンク $\boldsymbol{n}$ に手先の位置姿勢を表すための手先座標系 Σ_H を設定すると，Σ_H と Σ_0 との同次変換行列 ${}^0\boldsymbol{T}_H$ は

$$
{}^0\boldsymbol{T}_H = {}^0\boldsymbol{T}_n {}^n\boldsymbol{T}_H = \left[\begin{array}{c:c} {}^0\boldsymbol{R}_H & {}^0\boldsymbol{p}_H \\ \hdashline 0 & 1 \end{array}\right] \tag{4.57}
$$

で表される．ここで，${}^n\boldsymbol{T}_H$ はリンク $\boldsymbol{n}$ 座標系と手先座標系との同次変換行列，${}^0\boldsymbol{R}_H$ は Σ_0 から Σ_H への回転行列，${}^0\boldsymbol{p}_H$ は Σ_0 で表した手先の位置ベクトルである．式 (4.56) より，関節変位ベクトル $\boldsymbol{q}$ が与えられると基準座標に対する手先の同次変換行列が求められ，位置ベクトルと姿勢を表す回転行列が計算できる．回転行列が求められ

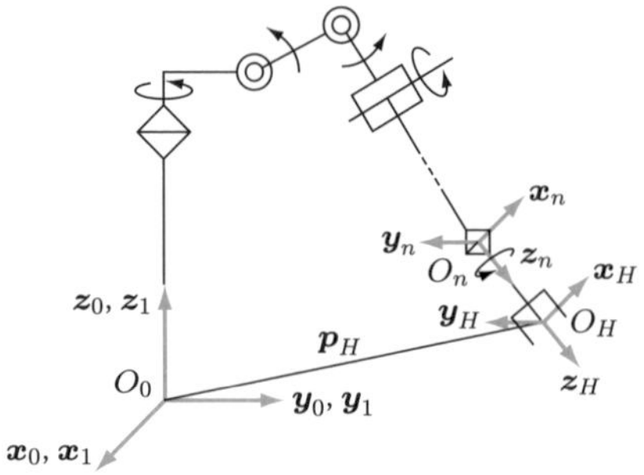

図 4.18　手先の位置と姿勢

ると，オイラー角が計算できる．これより，順運動学問題は基本的に解けたことになる．なお，Σ_n と Σ_H が平行移動の関係のときは，両者の姿勢は同じであるから Σ_H をあえて設定する必要もないといえる．以下では，簡素化のため Σ_n の姿勢で手先の姿勢を表すものとし，Σ_n と Σ_H は一致しているものとする．

例題 4.5 例題 4.3 の PUMA 型ロボットの ${}^0\boldsymbol{T}_6$ を求めてみよう．${}^0\boldsymbol{T}_6$ は

$$ {}^0\boldsymbol{T}_6 = {}^0\boldsymbol{T}_1 {}^1\boldsymbol{T}_2 {}^2\boldsymbol{T}_3 {}^3\boldsymbol{T}_4 {}^4\boldsymbol{T}_5 {}^5\boldsymbol{T}_6 \tag{4.58} $$

により求められる．ここで，

$$ {}^0\boldsymbol{T}_6 = \begin{bmatrix} R_{11} & R_{12} & R_{13} & p_x \\ R_{21} & R_{22} & R_{23} & p_y \\ R_{31} & R_{32} & R_{33} & p_z \\ 0 & 0 & 0 & 1 \end{bmatrix} \tag{4.59} $$

とおき，$\mathrm{C}_i = \cos\theta_i$，$\mathrm{S}_i = \sin\theta_i$，$\mathrm{C}_{ij} = \cos(\theta_i + \theta_j)$，$\mathrm{S}_{ij} = \sin(\theta_i + \theta_j)$ の略記法を用いると

$$ R_{11} = b_5\mathrm{C}_1 + b_3\mathrm{S}_1 \tag{4.60$_\mathrm{a}$} $$

$$ R_{12} = b_6\mathrm{C}_1 - b_4\mathrm{S}_1 \tag{4.60$_\mathrm{b}$} $$

$$ R_{13} = -b_7\mathrm{C}_1 - \mathrm{S}_1\mathrm{S}_4\mathrm{S}_5 \tag{4.60$_\mathrm{c}$} $$

$$ R_{21} = b_5\mathrm{S}_1 - b_3\mathrm{C}_1 \tag{4.60$_\mathrm{d}$} $$

$$ R_{22} = b_6\mathrm{S}_1 + b_4\mathrm{C}_1 \tag{4.60$_\mathrm{e}$} $$

$$ R_{23} = -b_7\mathrm{S}_1 + \mathrm{C}_1\mathrm{S}_4\mathrm{S}_5 \tag{4.60$_\mathrm{f}$} $$

$$ R_{31} = -b_1\mathrm{S}_{23} - \mathrm{C}_{23}\mathrm{S}_5\mathrm{C}_6 \tag{4.60$_\mathrm{g}$} $$

$$ R_{32} = b_2\mathrm{S}_{23} + \mathrm{C}_{23}\mathrm{S}_5\mathrm{S}_6 \tag{4.60$_\mathrm{h}$} $$

$$ R_{33} = \mathrm{S}_{23}\mathrm{C}_4\mathrm{S}_5 - \mathrm{C}_{23}\mathrm{C}_5 \tag{4.60$_\mathrm{i}$} $$

$$ p_x = b_8\mathrm{C}_1 - d_2\mathrm{S}_1 \tag{4.61$_\mathrm{a}$} $$

$$ p_y = b_8\mathrm{S}_1 + d_2\mathrm{C}_1 \tag{4.61$_\mathrm{b}$} $$

$$ p_z = -a_3\mathrm{S}_2 - a_4\mathrm{S}_{23} - d_4\mathrm{C}_{23} \tag{4.61$_\mathrm{c}$} $$

を得る．ただし，b_i $(1 \leqq i \leqq 8)$ は

$$ b_1 = \mathrm{C}_4\mathrm{C}_5\mathrm{C}_6 - \mathrm{S}_4\mathrm{S}_6 \tag{4.62$_\mathrm{a}$} $$

$$ b_2 = \mathrm{C}_4\mathrm{C}_5\mathrm{S}_6 + \mathrm{S}_4\mathrm{C}_6 \tag{4.62$_\mathrm{b}$} $$

$$ b_3 = \mathrm{S}_4\mathrm{C}_5\mathrm{C}_6 + \mathrm{C}_4\mathrm{S}_6 \tag{4.62$_\mathrm{c}$} $$

$$b_4 = S_4C_5S_6 - C_4C_6 \tag{4.62$_\mathrm{d}$}$$

$$b_5 = b_1C_{23} - S_{23}S_5C_6 \tag{4.62$_\mathrm{e}$}$$

$$b_6 = -b_2C_{23} + S_{23}S_5S_6 \tag{4.62$_\mathrm{f}$}$$

$$b_7 = C_{23}C_4S_5 + S_{23}C_5 \tag{4.62$_\mathrm{g}$}$$

$$b_8 = a_3C_2 + a_4C_{23} - d_4S_{23} \tag{4.62$_\mathrm{h}$}$$

である．したがって，θ_i $(i=1,\ 6)$ が与えられると式 (4.59) により ${}^0\boldsymbol{T}_6$ が計算できる．

4.3.4　逆運動学問題

手先の位置姿勢ベクトル $\boldsymbol{r}$ が与えられたとき，関節変位ベクトル $\boldsymbol{q}$ を求める逆運動学問題を考える．この問題は，基準座標で位置姿勢の目標値が与えられ，この目標値を目指して各関節を制御するときに生じる．逆運動学問題の解法は，次の2通りに大別できる．

1)　繰り返し計算アルゴリズムにより数値解を求める

2)　機構の特徴を利用し幾何学的考察もしくは代数的に解析解を求める

実時間でロボットを制御する場合には後者のほうが望ましいが，解析解が得られるロボットは限定される．前者はあらゆる形のロボットに適用できるが，一般に計算時間が大きくなる．ただし，産業用ロボットのほとんどは，解析解が得られる構造になっている．

(1)　数値解法

式 (4.50) の解の数値計算法として，ニュートン・ラフソン法 (Newton-Raphson method) がある．この方法は，基準座標で $\boldsymbol{r}$ が与えられたとき，式 (4.49) の右辺の関数のヤコビ行列 (Jacobian-matrix)

$$\boldsymbol{J} = \frac{\partial \boldsymbol{f}}{\partial \boldsymbol{q}^T} \tag{4.63$_\mathrm{a}$}$$

$$= \begin{bmatrix} \dfrac{\partial f_1}{\partial q_1} & \dfrac{\partial f_1}{\partial q_2} & \cdots & \dfrac{\partial f_1}{\partial q_n} \\ & \vdots & & \\ \dfrac{\partial f_m}{\partial q_1} & \dfrac{\partial f_m}{\partial q_2} & \cdots & \dfrac{\partial f_m}{\partial q_n} \end{bmatrix} \tag{4.63$_\mathrm{b}$}$$

を用いて，$m=n$ のときは

$$\boldsymbol{r}_i = \boldsymbol{f}(\boldsymbol{q}_i) \tag{4.64}$$

$$\boldsymbol{q}_{i+1} = \boldsymbol{q}_i + k\boldsymbol{J}^{-1}(\boldsymbol{r} - \boldsymbol{r}_i) \tag{4.65}$$

を繰り返し計算する．ある適当な $\boldsymbol{k}$ に対して式 (4.65) が発散することなく，$i \to \infty$ のときに $\boldsymbol{r}_i \to \boldsymbol{r}$ に収束し，繰り返し計算の極限値として $\boldsymbol{r} = \boldsymbol{f}(\boldsymbol{q}_n)$ を満足する解 $\boldsymbol{q}_n$ が求められる．こうした数値計算で問題となるのは，$\boldsymbol{q}_i$ の初期値 $\boldsymbol{q}_0$ の選び方である．式 (4.50) は，一般に多価関数であり，求められる解は $\boldsymbol{q}_0$ に依存する．なお，ヤコビ行列は，1 変数スカラ値関数における接線の傾きを，多変数ベクトル値関数に対して拡張，高次元化したものである．

(2) 解析解法

解析的に求められる 6 関節ロボットとして，手先の関節 4，関節 5，関節 6 の三つの関節軸が一点で交わる構造のタイプがある．この交点を手首位置とよぶことにする．図 4.15 に示した PUMA 型ロボットもこのタイプに属する．このタイプのロボットは手先の位置と手首位置は一致するので，ベース側の 3 関節で手首の位置を決め，手首側の 3 関節で手首の姿勢を決められる．その計算手順は，手先の位置 ${}^0\boldsymbol{p}_6$ と姿勢 ${}^0\boldsymbol{R}_6$ が与えられると，

i) 同次変換行列 ${}^0\boldsymbol{T}_3$ を求め，${}^0\boldsymbol{p}_3 = {}^0\boldsymbol{p}_6$ により手首位置を計算する．

ii) 手首位置となる関節変数 (q_1, q_2, q_3) を計算する．

iii) 手首の姿勢 ${}^0\boldsymbol{R}_3$ を計算する．

iv) ${}^3\boldsymbol{R}_6 = ({}^0\boldsymbol{R}_3)^{T\,0}\boldsymbol{R}_6$ を計算する．

v) 手先の姿勢となる関節変数 (q_4, q_5, q_6) を計算する．

により解析解が求められる．以下では，PUMA 型ロボットを例に，このタイプの解析解の導き方を示す．

a) θ_1，θ_2，θ_3 の解

同次変換行列 ${}^0\boldsymbol{T}_6$ の要素である ${}^0\boldsymbol{R}_6$ と ${}^0\boldsymbol{p}_6$ が与えられるとき，関節角度 θ_1，θ_2，θ_3 を求める問題を考える．ここで，

$${}^0\mathbf{p}_6 = \begin{bmatrix} {}^0\boldsymbol{p}_6 \\ 1 \end{bmatrix} = [p_x,\ p_y,\ p_z,\ 1]^T \tag{4.66}$$

とおくと，手先側の三つの関節軸の交点は Σ_4，Σ_5，Σ_6 の原点と一致するから，Σ_3 で表した Σ_6 の原点 ${}^3\mathbf{p}_6$ は，Σ_3 で表した Σ_4 の原点 ${}^3\mathbf{p}_4$ と等しい．これより ${}^3\mathbf{p}_6$ は，

$${}^3\mathbf{p}_6 = {}^3\boldsymbol{T}_4[0,\ 0,\ 0,\ 1]^T = [a_4,\ d_4,\ 0,\ 1]^T \tag{4.67}$$

であり，${}^0\mathbf{p}_6$ と ${}^3\mathbf{p}_6$ には

$${}^0\mathbf{p}_6 = {}^0\boldsymbol{T}_3{}^3\mathbf{p}_6 \tag{4.68}$$

が成立する．ここで，例題 4.3 で示した同次変換行列より ${}^0\boldsymbol{T}_3$ を求めると

$$
\begin{aligned}
{}^0\boldsymbol{T}_3 &= {}^0\boldsymbol{T}_1{}^1\boldsymbol{T}_2{}^2\boldsymbol{T}_3 \\
&= \begin{bmatrix} \mathrm{C}_1\mathrm{C}_{23} & -\mathrm{C}_1\mathrm{S}_{23} & -\mathrm{S}_1 & a_3\mathrm{C}_1\mathrm{C}_2 - d_2\mathrm{S}_1 \\ \mathrm{S}_1\mathrm{C}_{23} & -\mathrm{S}_1\mathrm{S}_{23} & \mathrm{C}_1 & a_3\mathrm{S}_1\mathrm{C}_2 + d_2\mathrm{C}_1 \\ -\mathrm{S}_{23} & -\mathrm{C}_{23} & 0 & -a_3\mathrm{S}_2 \\ 0 & 0 & 0 & 1 \end{bmatrix}
\end{aligned} \tag{4.69}
$$

と表せるから，式 (4.69)，(4.67) を式 (4.68) に代入して次の運動学方程式を得る．

$$p_x = \mathrm{C}_1(a_3\mathrm{C}_2 + a_4\mathrm{C}_{23} - d_4\mathrm{S}_{23}) - d_2\mathrm{S}_1 \tag{4.70$_\mathrm{a}$}$$

$$p_y = \mathrm{S}_1(a_3\mathrm{C}_2 + a_4\mathrm{C}_{23} - d_4\mathrm{S}_{23}) + d_2\mathrm{C}_1 \tag{4.70$_\mathrm{b}$}$$

$$p_z = -a_3\mathrm{S}_2 - a_4\mathrm{S}_{23} - d_4\mathrm{C}_{23} \tag{4.70$_\mathrm{c}$}$$

式 (4.70) は θ_1，θ_2，θ_3 が p_x，p_y，p_z によって定まることを示しているが，見通しのよい式ではない．そこで Σ_2 からみた手先

$$({}^0\boldsymbol{T}_2)^{-1}\,{}^0\mathbf{p}_6 = {}^2\boldsymbol{T}_3{}^3\mathbf{p}_6 \tag{4.71}$$

を考えると

$$p_x\mathrm{C}_1\mathrm{C}_2 + p_y\mathrm{S}_1\mathrm{C}_2 - p_z\mathrm{S}_2 = a_4\mathrm{C}_3 - d_4\mathrm{S}_3 + a_3 \tag{4.72$_\mathrm{a}$}$$

$$-p_x\mathrm{C}_1\mathrm{S}_2 - p_y\mathrm{S}_1\mathrm{S}_2 - p_z\mathrm{C}_2 = a_4\mathrm{S}_3 + d_4\mathrm{C}_3 \tag{4.72$_\mathrm{b}$}$$

$$-p_x\mathrm{S}_1 + p_y\mathrm{C}_1 - d_2 = 0 \tag{4.72$_\mathrm{c}$}$$

を得る．また，Σ_1 からみた手先

$$({}^0\boldsymbol{T}_1)^{-1}\,{}^0\mathbf{p}_6 = {}^1\boldsymbol{T}_3{}^3\mathbf{p}_6 \tag{4.73}$$

を考えると

$$p_x\mathrm{C}_1 + p_y\mathrm{S}_1 = a_3\mathrm{C}_2 + a_4\mathrm{C}_{23} - d_4\mathrm{S}_{23} \tag{4.74$_\mathrm{a}$}$$

$$-p_x\mathrm{S}_1 + p_y\mathrm{C}_1 = d_2 \tag{4.74$_\mathrm{b}$}$$

$$p_z = -a_3\mathrm{S}_2 - a_4\mathrm{S}_{23} - d_4\mathrm{C}_{23} \tag{4.74$_\mathrm{c}$}$$

が得られる．これらの関係式より θ_1，θ_2，θ_3 を求める．はじめに，式 (4.72$_\mathrm{c}$) もしくは式 (4.74$_\mathrm{b}$) より（式 (4.52) と式 (4.55) 参照のこと），θ_1 は

$$\theta_1 = \mathrm{atan2}(-p_x, p_y) - \mathrm{atan2}\left(\pm\sqrt{{p_x}^2 + {p_y}^2 - {d_2}^2}, d_2\right) \tag{4.75}$$

と求められる．次に，式 (4.74) それぞれの両辺を 2 乗し加算すると

$$-d_4\mathrm{S}_3 + a_4\mathrm{C}_3 = k \tag{4.76}$$

が得られ，θ_3 は

$$\theta_3 = \mathrm{atan2}(-d_4, a_4) - \mathrm{atan2}\left(\pm\sqrt{{d_4}^2 + {a_4}^2 - k^2}, k\right) \tag{4.77}$$

と求められる．ただし，

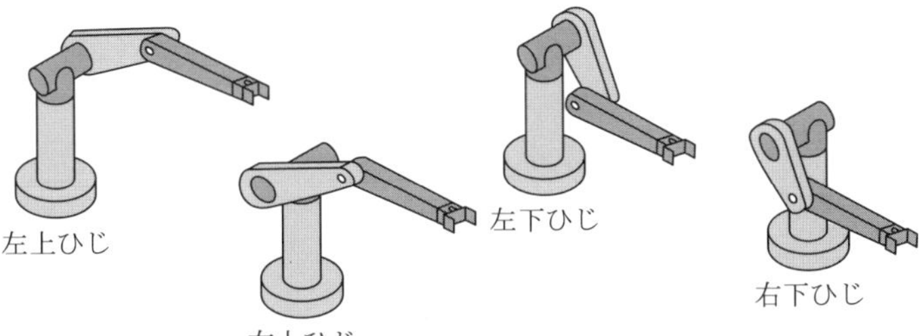

図 4.19 θ_1, θ_2, θ_3 によるロボットの姿勢

$$k = \frac{{p_x}^2 + {p_y}^2 + {p_z}^2 - {d_2}^2 - {d_4}^2 - {a_3}^2 - {a_4}^2}{2a_3} \tag{4.78}$$

である．θ_2 は式 $(4.72_\mathrm{a}) \cdot p_z +$ 式 $(4.72_\mathrm{b}) \cdot (p_x\mathrm{C}_1 + p_y\mathrm{S}_1)$ と式 $(4.72_\mathrm{a}) \cdot (p_x\mathrm{C}_1 + p_y\mathrm{S}_1) -$ 式 $(4.72_\mathrm{b}) \cdot p_z$ を求めると

$$\begin{aligned} -[{p_z}^2 + (p_x\mathrm{C}_1 + p_y\mathrm{S}_1)^2]\mathrm{S}_2 &= p_z(a_4\mathrm{C}_3 - d_4\mathrm{S}_3 + a_3) \\ &\quad + (p_x\mathrm{C}_1 + p_y\mathrm{S}_1)(a_4\mathrm{S}_3 + d_4\mathrm{C}_3) \\ [{p_z}^2 + (p_x\mathrm{C}_1 + p_y\mathrm{S}_1)^2]\mathrm{C}_2 &= -p_z(a_4\mathrm{S}_3 + d_4\mathrm{C}_3) \\ &\quad + (p_x\mathrm{C}_1 + p_y\mathrm{S}_1)(a_4\mathrm{C}_3 - d_4\mathrm{S}_3 + a_3) \end{aligned}$$

となるので

$$\begin{aligned} \theta_2 = \operatorname{atan2}(&-p_z(a_4\mathrm{C}_3 - d_4\mathrm{S}_3 + a_3) - (p_x\mathrm{C}_1 + p_y\mathrm{S}_1)(a_4\mathrm{S}_3 + d_4\mathrm{C}_3), \\ &-p_z(a_4\mathrm{S}_3 + d_4\mathrm{C}_3) + (p_x\mathrm{C}_1 + p_y\mathrm{S}_1)(a_4\mathrm{C}_3 - d_4\mathrm{S}_3 + a_3)) \end{aligned} \tag{4.79}$$

と求められる．2 通りの θ_1 に対してそれぞれ 2 通りの θ_3 が定まり，$(\theta_1, \theta_2, \theta_3)$ の組として合計 4 通りの解が存在する．図 4.19 は 4 通りのロボットの姿勢を示したものである．

b) θ_4, θ_5, θ_6 **の解**

Σ_3 から Σ_6 への同時変換行列 ${}^3\boldsymbol{T}_6$ は

$$({}^0\boldsymbol{T}_3)^{-1}\,{}^0\boldsymbol{T}_6 = {}^3\boldsymbol{T}_4\,{}^4\boldsymbol{T}_5\,{}^5\boldsymbol{T}_6 \tag{4.80}$$

と表すことができる．θ_1, θ_2, θ_3 の解が求められたとすると，上式の左辺が計算できる．上式の左辺の左上の 3×3 小行列の要素を $[R_{ij}]$ とおき，右辺を展開すると

$$\begin{bmatrix} R_{11} & R_{12} & R_{13} \\ R_{21} & R_{22} & R_{23} \\ R_{31} & R_{32} & R_{33} \end{bmatrix} = \begin{bmatrix} \mathrm{C}_4\mathrm{C}_5\mathrm{C}_6 - \mathrm{S}_4\mathrm{S}_6 & -\mathrm{C}_4\mathrm{C}_5\mathrm{S}_6 - \mathrm{S}_4\mathrm{C}_6 & -\mathrm{C}_4\mathrm{S}_5 \\ \mathrm{S}_5\mathrm{C}_6 & -\mathrm{S}_5\mathrm{S}_6 & \mathrm{C}_5 \\ -\mathrm{S}_4\mathrm{C}_5\mathrm{C}_6 - \mathrm{C}_4\mathrm{S}_6 & \mathrm{S}_4\mathrm{C}_5\mathrm{S}_6 - \mathrm{C}_4\mathrm{C}_6 & \mathrm{S}_4\mathrm{S}_5 \end{bmatrix} \tag{4.81}$$

を得る．これを満たす θ_4，θ_5，θ_6 は，θ_1，θ_2，θ_3 を求めたときと同様な手順で得られる．その結果，次のようになる．ただし，複号同順である．

${R_{13}}^2 + {R_{33}}^2 \neq 0$ のとき

$$\theta_4 = \mathrm{atan2}(\pm R_{33}, \mp R_{13}) \tag{4.82$_\mathrm{a}$}$$

$$\theta_5 = \mathrm{atan2}\left(\pm\sqrt{{R_{13}}^2 + {R_{33}}^2}, R_{23}\right) \tag{4.82$_\mathrm{b}$}$$

$$\theta_6 = \mathrm{atan2}(\mp R_{22}, \pm R_{21}) \tag{4.82$_\mathrm{c}$}$$

${R_{13}}^2 + {R_{33}}^2 = 0$ のとき

$$\theta_4 = 任意 \tag{4.83$_\mathrm{a}$}$$

$$\theta_5 = \frac{\pi}{2}(1 - R_{23}) \tag{4.83$_\mathrm{b}$}$$

$$\theta_6 = \mathrm{atan2}(-R_{31}, -R_{32}) - \theta_4 R_{23} \tag{4.83$_\mathrm{c}$}$$

この結果，$\{\theta_4, \theta_5, \theta_6\}$ の組合せの解は通常は 2 通りある．したがって，解の組合せは合計 8 通りとなる．一般に，ロボットアームの逆運動学問題は 8 通りの解が存在する場合が多く，解の選択に注意を払う必要がある．

逆運動学問題を上記のように同次変換行列を操作して求める方法の他に，幾何学的に求める方法があるが，本書では省略する．

4.4 ロボットの速度・加速度の解析

4.4.1 手先位置姿勢の速度と加速度

手先座標系の 3×1 位置ベクトルを $\boldsymbol{p}_H = [p_x,\ p_y,\ p_z]^T$ とし，オイラー角からなる 3×1 姿勢ベクトルを $\boldsymbol{\eta}_H = [\phi, \theta, \psi]^T$ とすると，手先座標系の位置姿勢ベクトル $\boldsymbol{r}$ は

$$\boldsymbol{r} = \begin{bmatrix} \boldsymbol{p}_H \\ \boldsymbol{\eta}_H \end{bmatrix} \tag{4.84}$$

で表される．手先座標系の位置と姿勢の移動速度は，この時間微分と考えると，

$$\dot{\boldsymbol{r}} = \begin{bmatrix} \dot{\boldsymbol{p}}_H \\ \dot{\boldsymbol{\eta}}_H \end{bmatrix} \tag{4.85}$$

で与えられる．この場合，$\dot{\boldsymbol{p}}_H$ は手先座標原点の位置の変化速度を表す．$\boldsymbol{\eta}_H$ を x-y-z オイラー角で表すと，ϕ，θ，ψ は図 4.4 に示す関係にある．このため $\boldsymbol{\eta}_H$ の微分 $\dot{\boldsymbol{\eta}}_H = [\dot{\phi}, \dot{\theta}, \dot{\psi}]^T$ は $\boldsymbol{\eta}_H$ の値に依存する斜交座標系 (non-orthogonal coordinate system) の軸まわりの回転速度の合成を表す．姿勢の変化速度はこの表現法の他に，瞬間回転

軸 (instantaneous axis of rotation) まわりの回転角速度ベクトルで表す方法がある．図 4.20 に示すように，基準座標系 Σ_0 に対し手先座標系 Σ_H の姿勢の変化は，瞬間回転軸方向を向き回転角速度に等しい大きさをもつベクトル $\boldsymbol{\omega}_H$ で表現できる．すなわち

$$\dot{\boldsymbol{r}}_\omega = \begin{bmatrix} \dot{\boldsymbol{p}}_H \\ \boldsymbol{\omega}_H \end{bmatrix} \tag{4.86}$$

と表されることがある．この $\boldsymbol{\omega}_H$ を角速度ベクトル (angular velocity vector) とよぶ．この $\boldsymbol{\omega}_H$ の積分は物理的に明確な意味をもたないことを指摘しておく．$\dot{\boldsymbol{\eta}}_H$ と $\boldsymbol{\omega}_H$ とには，斜交座標系で $\dot{\phi}$，$\dot{\theta}$，$\dot{\psi}$ の回転速度の合成から

$$\boldsymbol{\omega}_H = \boldsymbol{\Pi}\dot{\boldsymbol{\eta}}_H \tag{4.87}$$

の関係を導ける．ここで，

$$\boldsymbol{\Pi} = \begin{bmatrix} 0 & -\mathrm{S}\phi & \mathrm{C}\phi\,\mathrm{S}\theta \\ 0 & \mathrm{C}\phi & \mathrm{S}\phi\,\mathrm{S}\theta \\ 1 & 0 & \mathrm{C}\theta \end{bmatrix} \tag{4.88}$$

である．この関係は図 4.4 において，$\dot{\phi}$ は $\boldsymbol{z}$ 軸での回転であるから，$\boldsymbol{\omega}_H$ には

$$\begin{pmatrix} 0 \\ 0 \\ 1 \end{pmatrix} \dot{\phi}$$

として現れ，$\dot{\theta}$ は $\boldsymbol{z}\boldsymbol{x}'$ 平面に垂直な $\boldsymbol{y}'$ 軸での回転であるから，$\boldsymbol{\omega}_H$ には

$$\mathrm{Rot}(\boldsymbol{z}, \phi) \begin{pmatrix} 0 \\ 1 \\ 0 \end{pmatrix} \dot{\theta} = \begin{pmatrix} -\mathrm{S}\phi \\ \mathrm{C}\phi \\ 0 \end{pmatrix} \dot{\theta}$$

として現れ，$\dot{\psi}$ は $\boldsymbol{z}''$ 軸での回転であるから，$\boldsymbol{\omega}_H$ には

$$\mathrm{Rot}(\boldsymbol{z}, \phi)\,\mathrm{Rot}(\boldsymbol{y}, \theta) \begin{pmatrix} 0 \\ 0 \\ 1 \end{pmatrix} \dot{\psi} = \begin{pmatrix} \mathrm{C}\phi\,\mathrm{S}\theta \\ \mathrm{S}\phi\,\mathrm{S}\theta \\ \mathrm{C}\theta \end{pmatrix} \dot{\psi}$$

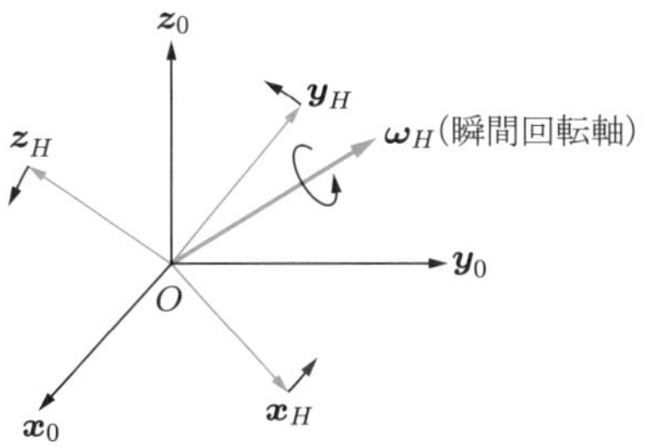

図 4.20 角速度ベクトル

として現れる．これより，式 (4.88) を導ける．なお，$S\theta = 0$ のときは $\boldsymbol{\Pi}$ の行列式がゼロとなるため，$\boldsymbol{\omega}_H$ で表現できても $\dot{\boldsymbol{\eta}}_H$ で表現できない．このような姿勢を $\dot{\boldsymbol{\eta}}_H$ による**表現上の特異姿勢** (singular configulation in expression) とよぶ．また，平面内の運動に限定 ($\theta = \dot{\theta} = \dot{\psi} = 0$) したときには，$\boldsymbol{\omega}_H$ と $\dot{\boldsymbol{\eta}}_H$ の表現する内容は一致する．

手先の位置姿勢の速度 $\dot{\boldsymbol{r}}$ と関節速度 $\dot{\boldsymbol{q}}$ との関係は，式 (4.49) を時間に関して微分すると，

$$\dot{\boldsymbol{r}} = \boldsymbol{J}(\boldsymbol{q})\dot{\boldsymbol{q}} \tag{4.89}$$

を得る．ここで，$\boldsymbol{J}$ は $\partial \boldsymbol{f}/\partial \boldsymbol{q}^T$（式 (4.63) 参照）で与えられる $m \times n$ ヤコビ行列であり，関節変位 $\boldsymbol{q}$ の関数となる．同様に，$\dot{\boldsymbol{r}}_\omega$ と $\dot{\boldsymbol{q}}$ の関係は

$$\dot{\boldsymbol{r}}_\omega = \boldsymbol{J}_\omega(\boldsymbol{q})\dot{\boldsymbol{q}} \tag{4.90}$$

で表すことができる．$\boldsymbol{J}_\omega$ は $\boldsymbol{\omega}$ が物理的意味をもたないために式 (4.63) で与えられないが，式 (4.89) の類似性からこれもヤコビ行列とよぶ．$\boldsymbol{J}_\omega$ と $\boldsymbol{J}$ の関係は，$S\theta \neq 0$ の条件では式 (4.87) より

$$\boldsymbol{J}_\omega \dot{\boldsymbol{q}} = \begin{bmatrix} \dot{\boldsymbol{p}}_H \\ \boldsymbol{\Pi}\dot{\boldsymbol{\eta}}_H \end{bmatrix} = \begin{bmatrix} \boldsymbol{I}_3 & \boldsymbol{0} \\ \boldsymbol{0} & \boldsymbol{\Pi} \end{bmatrix} \boldsymbol{J}\dot{\boldsymbol{q}} \tag{4.91}$$

の関係があり，これより

$$\boldsymbol{J}_\omega = \begin{bmatrix} \boldsymbol{I}_3 & \boldsymbol{0} \\ \boldsymbol{0} & \boldsymbol{\Pi} \end{bmatrix} \boldsymbol{J} \tag{4.92}$$

となる．

手先の位置姿勢の加速度と関節加速度との関係は，式 (4.89) を時間微分して

$$\ddot{\boldsymbol{r}} = \boldsymbol{J}\ddot{\boldsymbol{q}} + \dot{\boldsymbol{J}}\dot{\boldsymbol{q}} \tag{4.93}$$

で表される．同様にして式 (4.90) を時間微分して

$$\ddot{\boldsymbol{r}}_\omega = \boldsymbol{J}_\omega\ddot{\boldsymbol{q}} + \dot{\boldsymbol{J}}_\omega\dot{\boldsymbol{q}} \tag{4.94}$$

を得る．

例題 4.6　例題 4.4 で示した 3 関節ロボットアームのヤコビ行列を求めてみよう．

式 (4.51) を時間で微分すると

$$\dot{x} = -(L_1 S_1 + L_2 S_{12} + L_3 S_{123})\dot{\theta}_1 - (L_2 S_{12} + L_3 S_{123})\dot{\theta}_2 - L_3 S_{123}\dot{\theta}_3$$
$$\dot{y} = (L_1 C_1 + L_2 C_{12} + L_3 C_{123})\dot{\theta}_1 + (L_2 C_{12} + L_3 C_{123})\dot{\theta}_2 + L_3 C_{123}\dot{\theta}_3$$
$$\dot{\theta} = \dot{\theta}_1 + \dot{\theta}_2 + \dot{\theta}_3$$

と求めることができる．ただし, $C_{123} = \cos(\theta_1 + \theta_2 + \theta_3)$, $S_{123} = \sin(\theta_1 + \theta_2 + \theta_3)$

である．これより

$$J = \begin{bmatrix} -(L_1\mathrm{S}_1 + L_2\mathrm{S}_{12} + L_3\mathrm{S}_{123}) & -(L_2\mathrm{S}_{12} + L_3\mathrm{S}_{123}) & -L_3\mathrm{S}_{123} \\ L_1\mathrm{C}_1 + L_2\mathrm{C}_{12} + L_3\mathrm{C}_{123} & L_2\mathrm{C}_{12} + L_3\mathrm{C}_{123} & L_3\mathrm{C}_{123} \\ 1 & 1 & 1 \end{bmatrix}$$

を得る．

4.4.2 手先と関節の速度・加速度の関係

手先の $m \times 1$ 速度ベクトル $\dot{\boldsymbol{r}}$ が与えられたときに，その速度を実現する $n \times 1$ 関節速度ベクトル $\dot{\boldsymbol{q}}$ を求める問題を考える．これは広義の逆運動学問題である．

はじめに，$m = n$ でヤコビ行列が正則であるとする．このときは，式 (4.89) より

$$\dot{\boldsymbol{q}} = \boldsymbol{J}^{-1}\dot{\boldsymbol{r}} \tag{4.95}$$

で求められる．ただし，実際にはこのように逆行列を計算して関節速度を求めるよりは，式 (4.89) の連立代数方程式をガウスの消去法 (Gaussian elimination method) などで直接解くほうが計算量は少ない．

次に，ヤコビ行列 $(m \times n)$ が正則でなく，$n > m$ で $\mathrm{rank}\,\boldsymbol{J} = m$ であるとする [†1]．このときは $\boldsymbol{J}$ の疑似逆行列 (pseudo-inverse matrix) [†2]

$$\boldsymbol{J}^{+} = \boldsymbol{J}^{T}(\boldsymbol{J}\boldsymbol{J}^{T})^{-1} \tag{4.96}$$

を用いると，式 (4.89) の一般解が

$$\dot{\boldsymbol{q}} = \boldsymbol{J}^{+}\dot{\boldsymbol{r}} + (\boldsymbol{I} - \boldsymbol{J}^{+}\boldsymbol{J})\boldsymbol{w} \tag{4.97}$$

で与えられる．ただし，$\boldsymbol{w}$ は n 次元任意定数ベクトルである．式 (4.97) で与えられる $\dot{\boldsymbol{q}}$ が解であることは，式 (4.89) に代入することにより容易に確かめられる．$\boldsymbol{w}$ が任意であることは，解が無限個存在することを意味する．これは，手先の速度を決めるのにアームの関節数が多く冗長であるときに生じる．上記以外の条件，すなわち $\mathrm{rank}\,\boldsymbol{J} \leqq n < m$ のときは，手先の速度を実現する関節速度が存在しない．

次に，手先の加速度 $\ddot{\boldsymbol{r}}$ が与えられたとき，関節の加速度 $\ddot{\boldsymbol{q}}$ を求める問題を考える．ヤコビ行列が正則であるときには，式 (4.93) より

$$\ddot{\boldsymbol{q}} = \boldsymbol{J}^{-1}(\ddot{\boldsymbol{r}} - \dot{\boldsymbol{J}}\dot{\boldsymbol{q}}) \tag{4.98}$$

で与えられる．

---

†1 $\mathrm{rank}\,\boldsymbol{A}$: 行列 $\boldsymbol{A}$ の階数，行列 $\boldsymbol{A}$ の 1 次独立な列ベクトルの数と等価である．

†2 疑似逆行列：任意の $m \times n$ 実行列 $\boldsymbol{A}$ に対して，1) $\boldsymbol{A}\boldsymbol{A}^{+}\boldsymbol{A} = \boldsymbol{A}$，2) $\boldsymbol{A}^{+}\boldsymbol{A}\boldsymbol{A}^{+} = \boldsymbol{A}^{+}$，3) $(\boldsymbol{A}\boldsymbol{A}^{+})^{T} = \boldsymbol{A}\boldsymbol{A}^{+}$，4) $(\boldsymbol{A}^{+}\boldsymbol{A})^{T} = \boldsymbol{A}^{+}\boldsymbol{A}$ を満たす $n \times m$ 実行列 $\boldsymbol{A}^{+}$ がただ一つ存在し，この $\boldsymbol{A}^{+}$ を $\boldsymbol{A}$ の疑似逆行列とよぶ．疑似逆行列 $\boldsymbol{A}^{+}$ は，$\mathrm{rank}\,\boldsymbol{A} = m$ のとき $\boldsymbol{A}^{+} = \boldsymbol{A}^{T}(\boldsymbol{A}\boldsymbol{A}^{T})^{-1}$，$\mathrm{rank}\,\boldsymbol{A} = n$ のとき $\boldsymbol{A}^{+} = (\boldsymbol{A}^{T}\boldsymbol{A})^{-1}\boldsymbol{A}^{T}$ となる．

以上の関係は，$\dot{\boldsymbol{r}}$ を $\dot{\boldsymbol{r}}_\omega$，$\boldsymbol{J}$ を $\boldsymbol{J}_\omega$ に置き換えても成立する．すなわち，ヤコビ行列が正則なら

$$\dot{\boldsymbol{q}} = \boldsymbol{J}_\omega{}^{-1}\dot{\boldsymbol{r}}_\omega \tag{4.99}$$

$$\ddot{\boldsymbol{q}} = \boldsymbol{J}_\omega{}^{-1}(\ddot{\boldsymbol{r}}_\omega - \dot{\boldsymbol{J}}_\omega\dot{\boldsymbol{q}}) \tag{4.100}$$

である．

4.5 静力学

4.5.1 仮想仕事の原理

物体がつり合っているとき，その力の総和はゼロである．ここで，図 4.21 の床の上にある物体に作用する力のつり合いを考える．物体には，重力の作用による外力 $\boldsymbol{f}$ が作用し，その反作用として床からの垂直抗力 $\boldsymbol{s}$ が作用し，つり合っているので

$$\boldsymbol{f} + \boldsymbol{s} = 0 \tag{4.101}$$

である．$\boldsymbol{s}$ はつり合いを成立させるために現れる力であるので，これを束縛力あるいは拘束力という．このつり合いの状態から，系の束縛条件を破らない無限小の任意の仮想変位 $\delta\boldsymbol{r}$ を考える．このとき，すべての力の行う仕事 δW を仮想仕事 (virtual work) という．

$$\delta W = (\boldsymbol{f} + \boldsymbol{s})^T\delta\boldsymbol{r} \tag{4.102}$$

つり合い状態では式 (4.101) より

$$\delta W = 0 \tag{4.103}$$

を得る．このように，つり合っている系の力のなす仮想仕事はゼロである．これを仮想仕事の原理 (principle of virtual work) という．式 (4.102)，(4.103) から

$$\boldsymbol{f}^T\delta\boldsymbol{r} = -\boldsymbol{s}^T\delta\boldsymbol{r} \tag{4.104}$$

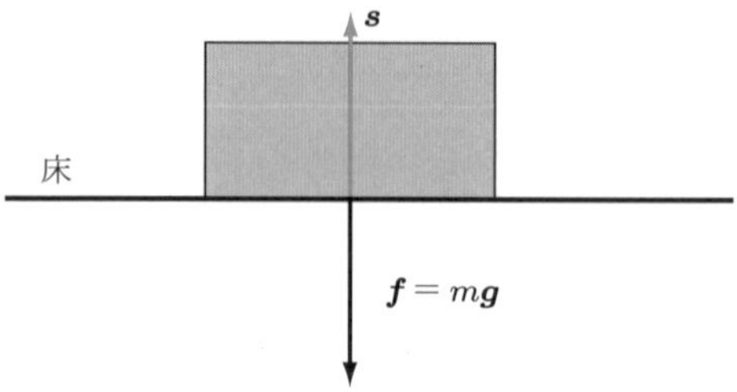

図 4.21　床上にある物体の力のつり合い

が成り立つ．なお，座標系により仮想変位の表現が異なるが，任意の仮想変位の表現に対して式 (4.104) が成立する．この場合，力は仮想変位に対応する座標系で表現する必要があることに注意されたい．

≫ 4.5.2 関節駆動力と手先の力との関係

手先座標系 Σ_H の原点 O_H に力 ${}^0\boldsymbol{f}_H$ とモーメント ${}^0\boldsymbol{n}_H$ が作用するとき，これにつり合う各関節の駆動力 $\boldsymbol{\tau}=[\tau_1,\tau_2,\cdots,\tau_n]^T$ を求める問題を考える．ここで，τ_i は関節 i が直動関節のときは力であり，回転関節のときはトルクを意味する．直交座標系で定義された手先の微小な仮想変位 $\boldsymbol{\delta r}$ と関節の仮想変位 $\boldsymbol{\delta q}$ との間には，式 (4.90) より

$$\delta\boldsymbol{r}=\boldsymbol{J}_\omega\delta\boldsymbol{q} \tag{4.105}$$

の関係がある．仮想仕事の原理より

$$\delta\boldsymbol{q}^T\boldsymbol{\tau}=\delta\boldsymbol{r}^T\begin{bmatrix}{}^0\boldsymbol{f}_H\\{}^0\boldsymbol{n}_H\end{bmatrix} \tag{4.106}$$

が成り立つ．式 (4.105) を式 (4.106) に代入すると

$$\delta\boldsymbol{q}^T\boldsymbol{\tau}=\delta\boldsymbol{q}^T\boldsymbol{J}_\omega{}^T\begin{bmatrix}{}^0\boldsymbol{f}_H\\{}^0\boldsymbol{n}_H\end{bmatrix}$$

を得る．この関係が任意の $\boldsymbol{\delta q}$ に対して成立するから

$$\boldsymbol{\tau}=\boldsymbol{J}_\omega{}^T\begin{bmatrix}{}^0\boldsymbol{f}_H\\{}^0\boldsymbol{n}_H\end{bmatrix} \tag{4.107}$$

が導ける．式 (4.107) に示されるように，ヤコビ行列の転置行列が関節駆動力と手先座標系の力とモーメントとを関係づけている．

≫ 4.5.3 手先座標系で表した力と等価なベース座標系の力

手先座標系 Σ_H の原点 O_H に Σ_H で表した力 ${}^H\boldsymbol{f}_H$ とモーメント ${}^H\boldsymbol{n}_H$ が作用するとき，これに等価な Σ_0 の原点に作用する力 ${}^0\boldsymbol{f}_0$ とモーメント ${}^0\boldsymbol{n}_0$ を求める問題を考える．

力のつり合いより，${}^H\boldsymbol{f}_H$ を Σ_0 の姿勢で表したものが ${}^0\boldsymbol{f}_0$ に等しくなるから

$${}^0\boldsymbol{f}_0={}^0\boldsymbol{R}_H{}^H\boldsymbol{f}_H \tag{4.108}$$

である．モーメントのつり合いより，${}^0\boldsymbol{R}_H{}^H\boldsymbol{f}_H$ により生じるモーメントと ${}^H\boldsymbol{n}_H$ を Σ_0 で表したモーメントの和が ${}^0\boldsymbol{n}_0$ に等しくなるから

$${}^0\boldsymbol{n}_0={}^0\boldsymbol{R}_H{}^H\boldsymbol{n}_H+{}^0\boldsymbol{p}_H\times({}^0\boldsymbol{R}_H{}^H\boldsymbol{f}_H) \tag{4.109}$$

である．ただし，${}^0\boldsymbol{p}_H$ は Σ_0 で表した Σ_H の原点の位置ベクトルである．× 記号はベ

クトルの外積 (vector cross product) を表す．任意のベクトル $\boldsymbol{a} = [a_x,\ a_y,\ a_z]^T$，$\boldsymbol{b} = [b_x,\ b_y,\ b_z]^T$ に対して，図 4.22 に示すように，$\boldsymbol{a} \times \boldsymbol{b}$ は $\boldsymbol{a}$ と $\boldsymbol{b}$ に直交し，その方向は $\boldsymbol{a}$ から $\boldsymbol{b}$ に右ねじの進む向きで，大きさは $\boldsymbol{a}$ と $\boldsymbol{b}$ で作る平行四辺形の面積に等しいと定義され，

$$\boldsymbol{a} \times \boldsymbol{b} = \begin{bmatrix} a_y b_z - a_z b_y \\ a_z b_x - a_x b_z \\ a_x b_y - a_y b_x \end{bmatrix} \tag{4.110}$$

で表される（付録 B 参照のこと）．ここで，

$$[\boldsymbol{a}\times] = \begin{bmatrix} 0 & -a_z & a_y \\ a_z & 0 & -a_x \\ -a_y & a_x & 0 \end{bmatrix} \tag{4.111}$$

を定義すると

$$[\boldsymbol{a}\times]\boldsymbol{b} = \boldsymbol{a} \times \boldsymbol{b} \tag{4.112}$$

が成り立つ．$[\boldsymbol{a}\times]$ は $[\boldsymbol{a}\times]^T = -[\boldsymbol{a}\times]$ が成り立つ．これより，式 (4.108)，(4.109) は

$$\begin{bmatrix} {}^0\boldsymbol{f}_0 \\ {}^0\boldsymbol{n}_0 \end{bmatrix} = \begin{bmatrix} {}^0\boldsymbol{R}_H & \boldsymbol{0} \\ [{}^0\boldsymbol{p}_H\times]\ {}^0\boldsymbol{R}_H & {}^0\boldsymbol{R}_H \end{bmatrix} \begin{bmatrix} {}^H\boldsymbol{f}_H \\ {}^H\boldsymbol{n}_H \end{bmatrix} \tag{4.113}$$

と表せる．さらにここで，

$${}^H\boldsymbol{\Gamma}_0 = \begin{bmatrix} {}^H\boldsymbol{R}_0 & -{}^H\boldsymbol{R}_0[{}^0\boldsymbol{p}_H\times] \\ \boldsymbol{0} & {}^H\boldsymbol{R}_0 \end{bmatrix} \tag{4.114}$$

を定義すると，式 (4.113) は

$$\begin{bmatrix} {}^0\boldsymbol{f}_0 \\ {}^0\boldsymbol{n}_0 \end{bmatrix} = {}^H\boldsymbol{\Gamma}_0{}^T \begin{bmatrix} {}^H\boldsymbol{f}_H \\ {}^H\boldsymbol{n}_H \end{bmatrix} \tag{4.115}$$

となる．なお，式 (4.86) で定義される速度ベクトルを Σ_0 と Σ_H で表したベクトル ${}^0\dot{\boldsymbol{r}}_\omega$ と ${}^H\dot{\boldsymbol{r}}_\omega$ との関係は，仮想仕事の原理より

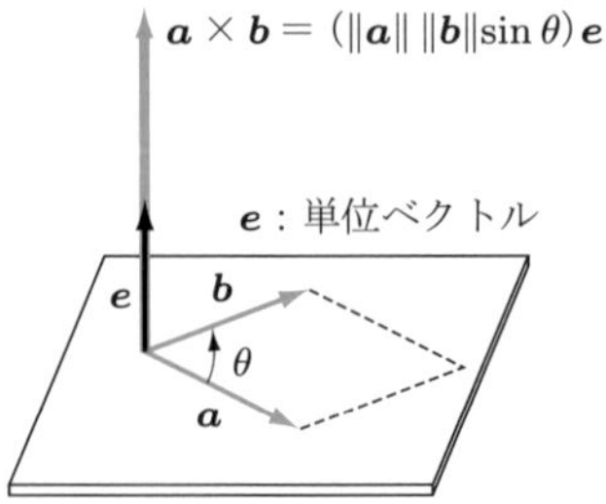

図 4.22 ベクトルの外積

$$^H\dot{\boldsymbol{r}}_\omega = {}^H\boldsymbol{\Gamma}_0 {}^0\dot{\boldsymbol{r}}_\omega \tag{4.116}$$

が導ける．

力 $^H\boldsymbol{f}_H$ とモーメント $^H\boldsymbol{n}_H$ と等価な関節駆動力は，$^0\boldsymbol{f}_H = {}^0\boldsymbol{R}_H {}^H\boldsymbol{f}_H$，$^0\boldsymbol{n}_H = {}^0\boldsymbol{R}_H {}^H\boldsymbol{n}_H$ の関係を式 (4.107) に代入して

$$\boldsymbol{\tau} = \boldsymbol{J}_\omega{}^T \begin{bmatrix} {}^0\boldsymbol{R}_H & \boldsymbol{0} \\ \boldsymbol{0} & {}^0\boldsymbol{R}_H \end{bmatrix} \begin{bmatrix} {}^H\boldsymbol{f}_H \\ {}^H\boldsymbol{n}_H \end{bmatrix} \tag{4.117}$$

となる．

例題 4.7 例題 4.4 の 3 関節アームの手先に，図 4.23 に示すように力 $^H\boldsymbol{f}_H = [1,\ 2,\ 0]^T$ N，モーメント $^H\boldsymbol{n}_H = [0,\ 0,\ 0.5]^T$ Nm が作用しているとする．この外力とつり合う関節トルク $\boldsymbol{\tau}$ と基準座標での力 $^0\boldsymbol{f}_0$ とモーメント $^0\boldsymbol{n}_0$ を求めよう．ただし $L_1 = L_2 = L_3 = 0.2$ m，$\theta_1 = \theta_2 = \theta_3 = 30°$ とする．

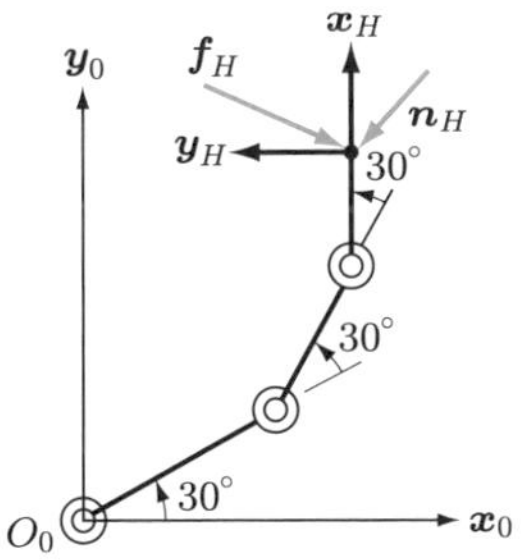

図 4.23 3 関節アームの手先に作用する力とモーメント

平面運動に限定されるから，力のつり合いは x，y 成分のみ対象とし，モーメントのつり合いは z 成分のみ対象とすればよい．手先の位置姿勢 $^0\boldsymbol{r}_H$ は式 (4.51) より

$$^0\boldsymbol{r}_H = [0.273,\ 0.473,\ 0,\ 0,\ 0,\ \pi/2]^T$$

であり，手先の姿勢行列 $^0\boldsymbol{R}_H$ は

$$^0\boldsymbol{R}_H = \begin{bmatrix} 0 & -1 & 0 \\ 1 & 0 & 0 \\ 0 & 0 & 1 \end{bmatrix}$$

である．ここで，

$$[{}^0\boldsymbol{p}_H\times] = \begin{bmatrix} 0 & 0 & 0.473 \\ 0 & 0 & -0.273 \\ -0.473 & 0.273 & 0 \end{bmatrix}$$

であるから，${}^H\boldsymbol{\Gamma}_0$ は式 (4.114) より

$${}^H\boldsymbol{\Gamma}_0 = \begin{bmatrix} 0 & 1 & 0 & 0 & 0 & 0.273 \\ -1 & 0 & 0 & 0 & 0 & 0.473 \\ 0 & 0 & 1 & 0.473 & -0.273 & 0 \\ 0 & 0 & 0 & 0 & 1 & 0 \\ 0 & 0 & 0 & -1 & 0 & 0 \\ 0 & 0 & 0 & 0 & 0 & 1 \end{bmatrix}$$

となり，基準座標での力とモーメントは式 (4.115) より

$$\begin{bmatrix} {}^0\boldsymbol{f}_0 \\ {}^0\boldsymbol{n}_0 \end{bmatrix} = {}^H\boldsymbol{\Gamma}_0{}^T[1,\ 2,\ 0,\ 0,\ 0,\ 0.5]^T$$
$$= [-2,\ 1,\ 0,\ 0,\ 0,\ 1.719]^T$$

である．ヤコビ行列は例題 4.6 の結果より

$$\boldsymbol{J}_\omega = \begin{bmatrix} -0.473 & -0.373 & -0.2 \\ 0.273 & 0.1 & 0.0 \\ 1.0 & 1.0 & 1.0 \end{bmatrix}$$

であり，関節トルクは ${}^H\boldsymbol{f}_H = [1,\ 2,\ 0]^T$ と ${}^H\boldsymbol{n}_H = [0,\ 0,\ 0.5]^T$ の関係から式 (4.107) を修正して，次式となる．

$$\boldsymbol{\tau} = \boldsymbol{J}_\omega{}^T[-2,\ 1,\ 0.5]^T = [1.72,\ 1.346,\ 0.9]^T\,\mathrm{Nm}$$

4.6 機構評価と特異点

4.6.1 特異点解析

ロボットの作業空間での自由度を m とすると，特異点 (singular point) とは

$$\mathrm{rank}\,\boldsymbol{J}_\omega < m \tag{4.118}$$

となる点である．特異点においては，式 (4.95) または式 (4.99) によって $\dot{\boldsymbol{q}}$ が計算できなくなり，目標とする手先の速度を実現できない，あるいは力の制御ができなくなるなど，作業性能が劣化する．特異点であるための必要十分条件は，式 (4.118) より

$$\det \boldsymbol{J}_\omega = 0 \tag{4.119}$$

である．ここで，$\det \boldsymbol{J}_\omega$ は $\boldsymbol{J}_\omega$ の行列式を意味する．

例題 4.8 例題 4.4 に示す 3 関節ロボットアームの特異点を求めよう．例題 4.6 で求めたヤコビ行列より行列式を求めると

$$\det \boldsymbol{J}_\omega = L_1 L_2 \mathrm{S}_2$$

を得る．特異点は，式 (4.119) の条件より

$$\theta_2 = 0,\ \pi$$

のときである．図 4.24 に特異点 $(\theta_2 = 0)$ のときのロボットの姿勢を示す．同図において，可動範囲であっても，先端の姿勢を $\boldsymbol{y}$ 軸に平行にし $\boldsymbol{y}$ 軸の値を保ちながら $\boldsymbol{x}$ 軸方向の移動はできないといえる．

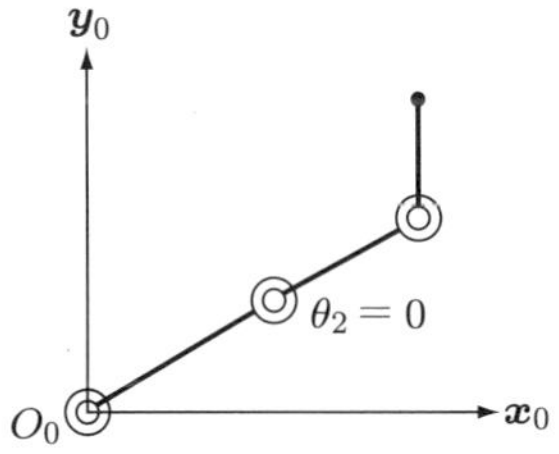

図 4.24 3 関節アームの特異点

4.6.2 ヤコビ行列による機構評価

ロボットの機構を評価するひとつの基準は，手先を空間内でいかに自由に動かせるかということと，作業対象に加える力とモーメントをいかに自由に操作できるかの 2 点である．この機構評価はヤコビ行列 $\boldsymbol{J}$ の特性の解析により行える．

関節速度 $\dot{\boldsymbol{q}}$ の大きさが $\|\dot{\boldsymbol{q}}\| \leqq 1$ のとき，手先の作業空間で速度 $\dot{\boldsymbol{r}}_\omega$ のとりうる領域は式 (4.90) より，m 次元の楕円体となる．この楕円体の形状が球体に近いほど，どの方向にも自由に動き，力やモーメントを操作できることを意味する．$\boldsymbol{J}_\omega$ の特異値 (singular value)（付録 A 参照）を

$$\sigma_1 \geqq \sigma_2 \geqq \cdots \geqq \sigma_m \geqq 0 \tag{4.120}$$

とすると，この楕円体の体積 V_m は，特異値の積に比例するといえる．すなわち

$$V_m = k\sigma_1\sigma_2 \cdots \sigma_m \tag{4.121}$$

である．ここで，k は比例定数である．特異値の性質より

$$\sigma_1\sigma_2 \cdots \sigma_m = \sqrt{\det(\boldsymbol{J}_\omega \boldsymbol{J}_\omega{}^T)} \tag{4.122}$$

である．$m=n$ のときは V_m は $\det \boldsymbol{J}_\omega$ に比例する．したがって，式 (4.122) もしくは $\det \boldsymbol{J}_\omega$ が，機構の作業性能を評価する指標となりうる．特異点では $\sigma_m=0$ であるから，$V_m=0$ となり作業性能はよくないといえる．この指標からみた合理的なアーム軌道の計画が可能である．

演習問題

4.1　式 (4.27) を証明せよ．

4.2　式 (4.28) を証明せよ．

4.3　回転行列 ${}^0\boldsymbol{R}_A=[R_{ij}]$ が与えられるとき，ロール，ピッチ，ヨウ角を求める計算式を導け．

4.4　図 4.25 に示す物体座標系 Σ_A の同次変換行列 ${}^0\boldsymbol{T}_A$ とオイラー角を求めよ．また，物体座標系 Σ_A で点が ${}^A\boldsymbol{p}=[1,\ 2,\ 3]^T$ で表されるとき，基準座標系 Σ_0 ではどのように表されるかを求めよ．

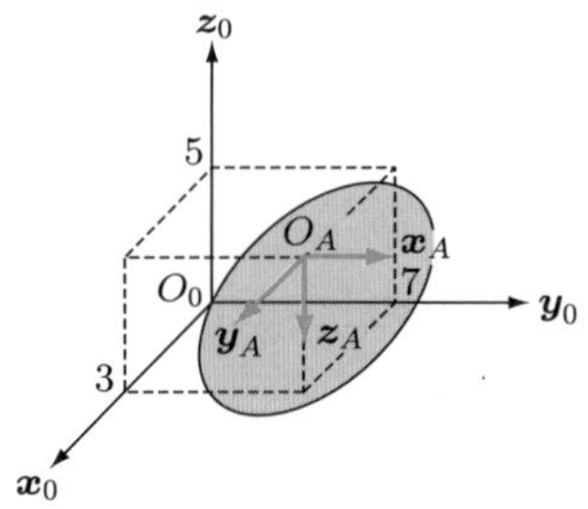

図 4.25　基準座標 Σ_0 と物体座標 Σ_A

4.5 図 4.26 に示す水平多関節型ロボットに対してリンク座標を設定し，${}^{0}\boldsymbol{T}_4$ を求めよ．

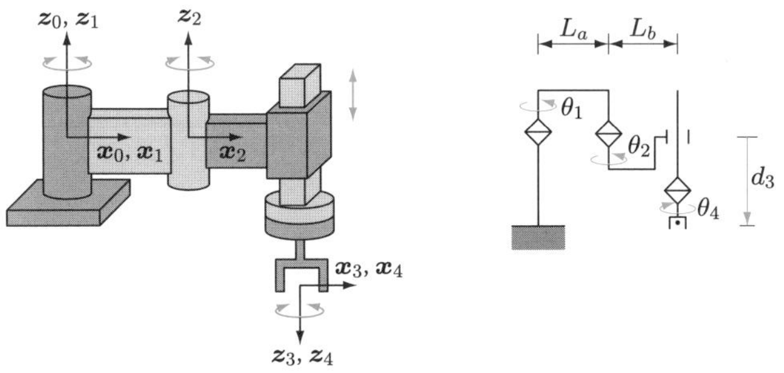

図 4.26　水平多関節型ロボット

4.6 図 4.26 に示す水平多関節型ロボットのヤコビ行列を求めよ．

4.7 $m \times n$ ヤコビ行列 $\boldsymbol{J}$ が $\mathrm{rank}\,\boldsymbol{J} = m$ $(m < n)$ のとき，手先の速度 $\dot{\boldsymbol{r}}$ が与えられると，式 (4.97) で関節速度 $\dot{\boldsymbol{q}}$ が求められることを示せ．

4.8 逆運動学問題で複数の解が得られるときには，どのような基準で解を選択すべきかを考察せよ．

5 ロボットアームの動力学

動力学 (dynamics) では，ロボットアームの関節駆動力と関節変位の初期条件を与え各リンクの変位，速度，加速度を求める通常の順動力学問題と，各リンクの変位，速度，加速度を与え関節駆動力を求める逆動力学問題とがある．前者は，アームの運動方程式の積分問題であり，主に計算機シミュレーションで必要となる．後者は，手先を計画軌道に沿って高速高精度に運動させる，あるいは動的な力制御のための制御入力設計に必要となる．このように，ロボットアームの動力学は解析や制御に重要な役割を果たす．本章では，動力学の基本的な事項について記述する．

5.1 動力学の概要

動力学モデル（運動方程式 (equation of motion)）の導出方法として，ラグランジュ法とニュートン・オイラー法が代表的である．

ラグランジュ法 (Lagrange method) は，リンク全体の運動エネルギとポテンシャルエネルギからラグランジュ関数を求め，ラグランジュ方程式に代入することにより機械的に運動方程式が導かれる．ロボットの運動方程式をラグランジュ法で最初に定式化したのは Uicker/Kahn であり，その後に逆動力学モデルの計算のために効率のよい漸化式が導かれた．この方法の主な特徴は，リンク相互の内部拘束力を考慮しなくてもよい反面，冗長な計算が多いことである．

ニュートン・オイラー法 (Newton-Euler method) は，リンク相互の拘束力や相対運動をベクトル量として取り扱い，力とモーメントのつり合いから運動方程式を導く．この方法の主な特徴は，3 次元空間での力とモーメントのつり合いを考慮する必要があるが，冗長な計算が少ないことである．とくに，Luh らにより導かれた漸化式は逆動力学モデルの計算効率のよい定式化である．Walker/Orin のアーム慣性行列の計算法と結合すると，順動力学モデルを使う計算機シミュレーションにおいても効率のよい方法であることが示されている．

5.2 ラグランジュ法による運動方程式

5.2.1 ロボットの運動方程式

アーム全体の運動エネルギを K, アーム全体のポテンシャルエネルギを P とすると，ラグランジュ関数 (Lagrange function) L は

$$L = K - P \tag{5.1}$$

で与えられる．一般化座標 (generalized coordinate) を関節変位 q_i とすると，q_i に対応する一般化力 (generalized force) は関節駆動力 τ_i となり，ラグランジュの運動方程式 (Lagrange's equation of motion) は

$$\tau_i = \frac{d}{dt}\left[\frac{\partial L}{\partial \dot{q}_i}\right] - \frac{\partial L}{\partial q_i} \qquad (i = 1,\, 2, \cdots, n) \tag{5.2}$$

となる（付録 E を参照のこと）．P は $\dot{q}$ に依存しないので，上式は次式となる．

$$\tau_i = \frac{d}{dt}\left[\frac{\partial K}{\partial \dot{q}_i}\right] - \frac{\partial K}{\partial q_i} + \frac{\partial P}{\partial q_i} \qquad (i = 1,\, 2, \cdots, n) \tag{5.3}$$

リンク i の運動エネルギを K_i とすると，n 個のリンクからなるアーム全体の運動エネルギ K は

$$K = \sum_{i=1}^{n} K_i \tag{5.4}$$

である．リンク i の運動エネルギは，図 5.1 に示す微小片 dm のもつ運動エネルギをリンク i 全体にわたって積分することで，

$$K_i = \frac{1}{2} m_i \dot{\boldsymbol{s}}_i{}^T \dot{\boldsymbol{s}}_i + \frac{1}{2} \boldsymbol{\omega}_i{}^T \hat{\boldsymbol{I}}_i \boldsymbol{\omega}_i \tag{5.5}$$

と表せる．ここで，m_i はリンク i の質量，$\hat{\boldsymbol{I}}_i$ は基準座標で表したリンク質量中心で

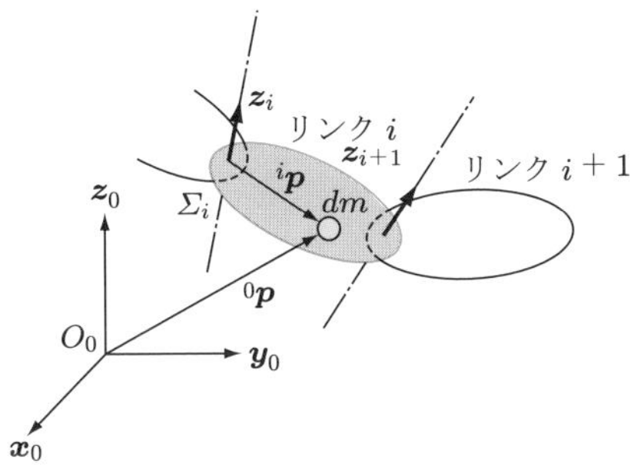

図 5.1 リンク i の運動エネルギ

の慣性テンソル (inertia tensor)，$\boldsymbol{s}_i$ は基準座標で表したリンク i の質量中心の位置ベクトル，$\boldsymbol{\omega}_i$ はリンク i の角速度ベクトルである．上式の右辺第1項は，質量 m_i の並進運動によって生じる運動エネルギ，第2項は質量中心まわりの回転によって生じる運動エネルギである．リンク i の質量中心の速度ベクトル $\dot{\boldsymbol{r}}_i = [\dot{\boldsymbol{s}}_i{}^T, \boldsymbol{\omega}_i{}^T]^T$ は，$\dot{\boldsymbol{q}} = [\dot{q}_1, \dot{q}_2, \cdots, \dot{q}_n]^T$ を定義すると，式 (4.89) と同様に次式で表せる．

$$\dot{\boldsymbol{s}}_i = \boldsymbol{J}_{P1}{}^{(i)}\dot{q}_1 + \cdots + \boldsymbol{J}_{Pi}{}^{(i)}\dot{q}_i = \boldsymbol{J}_P{}^{(i)}\dot{\boldsymbol{q}} \tag{5.6}$$

$$\boldsymbol{\omega}_i = \boldsymbol{J}_{O1}{}^{(i)}\dot{q}_1 + \cdots + \boldsymbol{J}_{Oi}{}^{(i)}\dot{q}_i = \boldsymbol{J}_O{}^{(i)}\dot{\boldsymbol{q}} \tag{5.7}$$

ここで，$\boldsymbol{J}_P{}^{(i)} \in R^{3\times n}$ はリンク i の位置に関するヤコビ行列，$\boldsymbol{J}_{Pj}{}^{(i)} \in R^3$ は $\boldsymbol{J}_P{}^{(i)}$ の第 j 列ベクトル，$\boldsymbol{J}_O{}^{(i)} \in R^{3\times n}$ はリンク i の姿勢に関するヤコビ行列，$\boldsymbol{J}_{Oj}{}^{(i)} \in R^3$ は $\boldsymbol{J}_O{}^{(i)}$ の第 j 列ベクトルである．リンク i の動きは関節1から関節 i のみに依存するため，$j > i$ では列ベクトル $\boldsymbol{J}_{Pj}{}^{(i)}$ と $\boldsymbol{J}_{Oj}{}^{(i)}$ がゼロベクトルとなる．これらの関係式からリンク i の運動エネルギ K_i は

$$K_i = \frac{1}{2}m_i\dot{\boldsymbol{q}}^T\boldsymbol{J}_P{}^{(i)T}\boldsymbol{J}_P{}^{(i)}\dot{\boldsymbol{q}} + \frac{1}{2}\dot{\boldsymbol{q}}^T\boldsymbol{J}_O{}^{(i)T}\hat{\boldsymbol{I}}_i\boldsymbol{J}_O{}^{(i)}\dot{\boldsymbol{q}} \tag{5.8}$$

と表され，全体の運動エネルギ K は

$$K = \frac{1}{2}\dot{\boldsymbol{q}}^T\boldsymbol{M}\dot{\boldsymbol{q}} \tag{5.9}$$

を得る．ここで，$\boldsymbol{M} \in R^{n\times n}$ はロボットアームの慣性行列 (inertia matrix) とよび，次式で与えられる．

$$\boldsymbol{M} = \sum_{i=1}^{n}\left(m_i\boldsymbol{J}_P{}^{(i)T}\boldsymbol{J}_P{}^{(i)} + \boldsymbol{J}_O{}^{(i)T}\hat{\boldsymbol{I}}_i\boldsymbol{J}_O{}^{(i)}\right) \tag{5.10}$$

アームの慣性行列は対称正定行列 (positive definite matrix) であり，手先の位置・姿勢とともに変化する．

全リンクのポテンシャルエネルギは，各リンクのポテンシャルエネルギを P_i とすると

$$P = \sum_{i=1}^{n} P_i \tag{5.11}$$

であり，P_i は

$$P_i = -m_i\boldsymbol{g}^T\boldsymbol{s}_i \tag{5.12}$$

と表される．ここで，$\boldsymbol{g}$ は重力加速度ベクトルである．

運動方程式は, 式 (5.9) と式 (5.11) を式 (5.3) に代入することで求められる．式 (5.3) はベクトルで表記すると

$$\frac{d}{dt}\left(\frac{\partial K}{\partial \dot{\boldsymbol{q}}}\right) - \frac{\partial K}{\partial \boldsymbol{q}} + \frac{\partial P}{\partial \boldsymbol{q}} = \boldsymbol{\tau} \tag{5.13}$$

と表せる．この式に式 (5.9)，(5.11) を代入して

$$\boldsymbol{M}(\boldsymbol{q})\ddot{\boldsymbol{q}} + \boldsymbol{h}(\boldsymbol{q}, \dot{\boldsymbol{q}}) + \boldsymbol{g}(\boldsymbol{q}) = \boldsymbol{\tau} \tag{5.14}$$

を得る．ここで

$$\boldsymbol{h}(\boldsymbol{q}, \dot{\boldsymbol{q}}) = \dot{\boldsymbol{M}}\dot{\boldsymbol{q}} - \frac{\partial K}{\partial \boldsymbol{q}} \tag{5.15}$$

$$\boldsymbol{g}(\boldsymbol{q}) = \frac{\partial P}{\partial \boldsymbol{q}} \tag{5.16}$$

である．式 (5.14) はロボットの運動方程式が関節変位の二階微分方程式であることを示す．左辺第 1 項は慣性項であり，$\boldsymbol{M} = \{M_{ij}\}$ とおくと，$M_{ii}\ddot{q}_i$ は関節 i の加速度による慣性項，$M_{ij}\ddot{q}_j$ $(i \neq j)$ は，関節 j の加速度による関節 i への干渉項を表す．第 2 項は速度 2 乗項で，遠心力 (centrifugal force) やコリオリ力 (Coriolis force) から構成される．第 3 項は重力の影響を表す項である．

例題 5.1　ラグランジュ法を用いて図 5.2 の運動方程式を求めよう．ただし，リンクの長さ，質量中心での慣性モーメントは図中に示した記号を用いる．

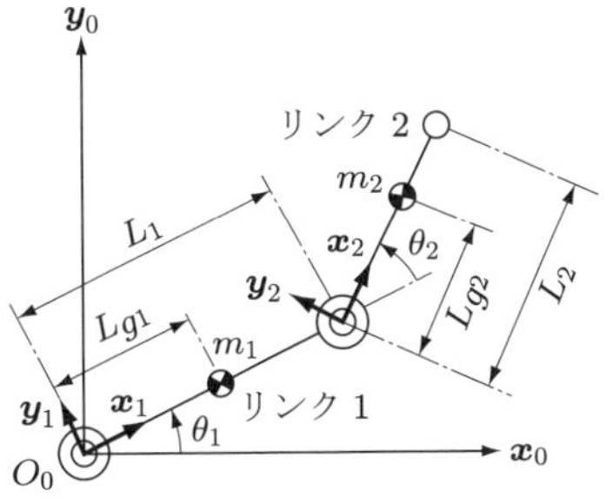

m_i : リンク i の質量
L_i : リンク i の長さ
Lg_i : Σ_i 原点からリンク i の質量中心までの距離
I_i : z_i 軸まわりのリンク i の慣性モーメント
$\boldsymbol{g} = (0, -g, 0)^T$: 重力ベクトル

図 5.2　2 関節アーム

運動が平面に限定されるので，平面運動として扱う．リンク 1，リンク 2 の質量中心は

$$\boldsymbol{s}_1 = \begin{pmatrix} L_{g1}\,\mathrm{C}\theta_1 \\ L_{g1}\,\mathrm{S}\theta_1 \end{pmatrix}, \quad \boldsymbol{s}_2 = \begin{pmatrix} L_1\,\mathrm{C}\theta_1 + L_{g2}\,\mathrm{C}\theta_{12} \\ L_1\,\mathrm{S}\theta_1 + L_{g2}\,\mathrm{S}\theta_{12} \end{pmatrix}$$

ここで，$\mathrm{C}\theta_{12} = \cos(\theta_1 + \theta_2)$，$\mathrm{S}\theta_{12} = \sin(\theta_1 + \theta_2)$ である．質量中心の速度は，上式を時間で微分して

$$\dot{\boldsymbol{s}}_1 = \begin{pmatrix} -L_{g1}\,\mathrm{S}\theta_1 \\ L_{g1}\,\mathrm{C}\theta_1 \end{pmatrix} \dot{\theta}_1$$

$$\dot{\boldsymbol{s}}_2 = \begin{pmatrix} -L_1\,\mathrm{S}\theta_1 - L_{g2}\,\mathrm{S}\theta_{12} \\ L_1\,\mathrm{C}\theta_1 + L_{g2}\,\mathrm{C}\theta_{12} \end{pmatrix} \dot{\theta}_1 + \begin{pmatrix} -L_{g2}\,\mathrm{S}\theta_{12} \\ L_{g2}\,\mathrm{C}\theta_{12} \end{pmatrix} \dot{\theta}_2$$

角速度は

$$\omega_1 = \dot{\theta}_1, \quad \omega_2 = \dot{\theta}_1 + \dot{\theta}_2$$

である．リンク 1 とリンク 2 の運動エネルギは，リンク i の質量中心での慣性モーメントを $\hat{I}_i$ ($i = 1,\ 2$) とおくと

$$K_1 = \frac{1}{2} m_1 \dot{\boldsymbol{s}}_1{}^T \dot{\boldsymbol{s}}_1 + \frac{1}{2} \hat{I}_1 \omega_1{}^2 = \frac{1}{2}\left(m_1 L_{g1}{}^2 \dot{\theta}_1{}^2 + \hat{I}_1 \dot{\theta}_1{}^2\right)$$

$$\begin{aligned} K_2 &= \frac{1}{2} m_2 \dot{\boldsymbol{s}}_2{}^T \dot{\boldsymbol{s}}_2 + \frac{1}{2} \hat{I}_2 \omega_2{}^2 \\ &= \frac{1}{2}\Big(m_2\big((L_1{}^2 + L_{g2}{}^2 + 2L_1 L_{g2}\mathrm{C}\theta_2)\dot{\theta}_1{}^2 + L_{g2}{}^2 \dot{\theta}_2{}^2 \\ &\qquad + 2(L_{g2}{}^2 + L_1 L_{g2}\mathrm{C}\theta_2)\dot{\theta}_1\dot{\theta}_2\big) + \hat{I}_2(\dot{\theta}_1 + \dot{\theta}_2)^2\Big) \end{aligned}$$

となる．各リンクのポテンシャルエネルギは

$$P_1 = m_1 L_{g1} \mathrm{S}\theta_1 g$$

$$P_2 = m_2 (L_1 \mathrm{S}\theta_1 + L_{g2} \mathrm{S}\theta_{12}) g$$

と表せる．全体の運動エネルギ $K = K_1 + K_2$，全体のポテンシャルエネルギ $P = P_1 + P_2$ およびラグランジュ関数 $L = K - P$ を求め，ラグランジュ方程式 (5.3) に代入して

$$\begin{aligned} \tau_1 &= \frac{d}{dt}\left(\frac{\partial K}{\partial \dot{q}_1}\right) - \frac{\partial K}{\partial q_1} + \frac{\partial P}{\partial q_1} \\ &= (\hat{I}_1 + \hat{I}_2 + 2m_2 L_1 L_{g2}\mathrm{C}\theta_2 + m_2 L_1{}^2 + m_1 L_{g1}{}^2 + m_2 L_{g2}{}^2)\ddot{\theta}_1 \\ &\quad + (\hat{I}_2 + m_2 L_1 L_{g2}\mathrm{C}\theta_2 + m_2 L_{g2}{}^2)\ddot{\theta}_2 \\ &\quad - m_2 L_1 L_{g2}\mathrm{S}\theta_2 (2\dot{\theta}_1\dot{\theta}_2 + \dot{\theta}_2{}^2) \\ &\quad + \Big\{(m_1 L_{g1} + m_2 L_1)\mathrm{C}\theta_1 + m_2 L_{g2}\mathrm{C}\theta_{12}\Big\} g \end{aligned}$$

$$\begin{aligned} \tau_2 &= \frac{d}{dt}\left(\frac{\partial K}{\partial \dot{q}_2}\right) - \frac{\partial K}{\partial q_2} + \frac{\partial P}{\partial q_2} \\ &= (\hat{I}_2 + m_2 L_1 L_{g2}\mathrm{C}\theta_2 + m_2 L_{g2}{}^2)\ddot{\theta}_1 + (\hat{I}_2 + m_2 L_{g2}{}^2)\ddot{\theta}_2 \\ &\quad + m_2 L_1 L_{g2}\mathrm{S}\theta_2\dot{\theta}_1{}^2 + m_2 L_{g2}\mathrm{C}\theta_{12} g \end{aligned}$$

を得る．ここで，リンク i の座標系原点での慣性モーメント I_1 は，平行軸の定理（付録 C 参照）より

$$I_1 = m_1 {L_{g1}}^2 + \hat{I}_1, \quad I_2 = m_2 {L_{g2}}^2 + \hat{I}_2$$

と表せる．これを用いて上式を整理すると，次式を得る．

$$\begin{bmatrix} \tau_1 \\ \tau_2 \end{bmatrix} = \begin{bmatrix} I_1 + I_2 + 2m_2 L_1 L_{g2} \mathrm{C}\theta_2 + m_2 {L_1}^2 & I_2 + m_2 L_1 L_{g2} \mathrm{C}\theta_2 \\ I_2 + m_2 L_1 L_{g2} \mathrm{C}\theta_2 & I_2 \end{bmatrix} \begin{bmatrix} \ddot{\theta}_1 \\ \ddot{\theta}_2 \end{bmatrix} + \begin{bmatrix} -m_2 L_1 L_{g2} \mathrm{S}\theta_2 (2\dot{\theta}_1 \dot{\theta}_2 + {\dot{\theta}_2}^2) \\ m_2 L_1 L_{g2} \mathrm{S}\theta_2 {\dot{\theta}_1}^2 \end{bmatrix} + \begin{bmatrix} (m_1 L_{g1} + m_2 L_1) \mathrm{C}\theta_1 + m_2 L_{g2} \mathrm{C}\theta_{12} \\ m_2 L_{g2} \mathrm{C}\theta_{12} \end{bmatrix} g$$

5.3 ニュートン・オイラー法による運動方程式

ロボットの運動方程式をニュートン・オイラー法で求める手順は，次のとおりである．

1) 関節の運動 $\boldsymbol{q}$，$\dot{\boldsymbol{q}}$，$\ddot{\boldsymbol{q}}$ を与え，このときリンク i の質量中心での回転速度 $\boldsymbol{\omega}_i$，回転加速度 $\dot{\boldsymbol{\omega}}_i$，並進速度 $\bar{\boldsymbol{v}}_i$ および並進加速度 $\dot{\bar{\boldsymbol{v}}}_i$ をベース側から手先に向かって順に計算する．
2) 各リンクが 1) で求めた運動をするために，質量中心に加えられる力 $\boldsymbol{F}_i$ とモーメント $\boldsymbol{N}_i$ を計算する．
3) 質量中心に作用する力とモーメントにつり合う関節 $(i+1)$ に作用する力 $\boldsymbol{f}_i$ とモーメント $\boldsymbol{n}_i$ を手先側からベースに向かって順に計算し，これをもとに，各関節に加えられるべき関節駆動力 $\boldsymbol{\tau}$ を計算する．

以下では，上記の計算に必要な関係式を導く．

≫ 5.3.1 位置ベクトルと回転行列の微分

ノルムが一定の回転する位置ベクトル $\boldsymbol{p}(t)$ の時間微分を考える．図 5.3 に示すように，位置ベクトル $\boldsymbol{p}(t)$ は回転により微小時間 Δt 後に $\boldsymbol{p}(t+\Delta t)$ へ移動するため，$\boldsymbol{p}(t)$ の時間微分は

$$\dot{\boldsymbol{p}}(t) = \lim_{\Delta t \to 0} \frac{\boldsymbol{p}(t+\Delta t) - \boldsymbol{p}(t)}{\Delta t} \tag{5.17}$$

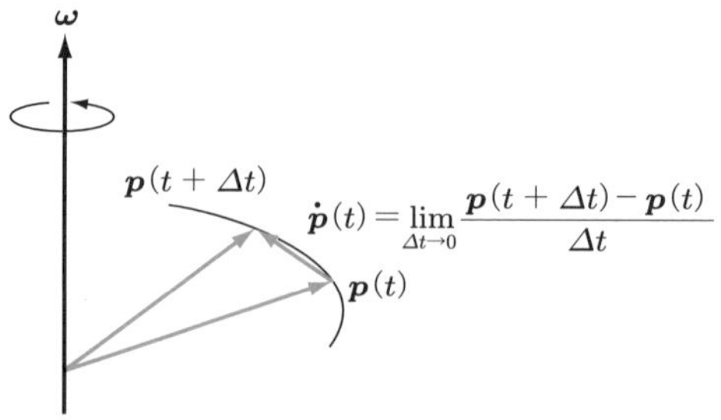

図 5.3 回転する位置ベクトルの微分

と定義される．この時間微分は，角速度ベクトル $\boldsymbol{\omega} = [\omega_x, \omega_y, \omega_z]^T$ と位置ベクトル $\boldsymbol{p}$ に直交し，それらの大きさに比例するので

$$\dot{\boldsymbol{p}}(t) = \boldsymbol{\omega} \times \boldsymbol{p}(t) \tag{5.18}$$

と表される．また, ベクトルの外積は行列とベクトルとの積として表現でき, 式 (4.112) より

$$\dot{\boldsymbol{p}}(t) = \boldsymbol{S}(\boldsymbol{\omega})\boldsymbol{p}(t) \tag{5.19}$$

と表記できる．ここで，$\boldsymbol{S}(\boldsymbol{\omega})$ は歪対称行列 (skew-symmetric matrix)[†]であり

$$\boldsymbol{S}(\boldsymbol{\omega}) = \begin{bmatrix} 0 & -\omega_z & \omega_y \\ \omega_z & 0 & -\omega_x \\ -\omega_y & \omega_x & 0 \end{bmatrix} \tag{5.20}$$

として与えられる．

次に，角速度 ${}^0\boldsymbol{\omega}_A$ で回転運動する物体 A について考察する．基準座標から物体に設定する座標系 $\Sigma_A = \{\boldsymbol{x}_A, \boldsymbol{y}_A, \boldsymbol{z}_A\}$ への回転行列は ${}^0\boldsymbol{R}_A = \left[{}^0\boldsymbol{x}_A, {}^0\boldsymbol{y}_A, {}^0\boldsymbol{z}_A\right]$ であるから，その微分は式 (5.18) の関係から

$$\begin{aligned} {}^0\dot{\boldsymbol{R}}_A &= \left[{}^0\dot{\boldsymbol{x}}_A, {}^0\dot{\boldsymbol{y}}_A, {}^0\dot{\boldsymbol{z}}_A\right] = \left[{}^0\boldsymbol{\omega}_A \times {}^0\boldsymbol{x}_A, {}^0\boldsymbol{\omega}_A \times {}^0\boldsymbol{y}_A, {}^0\boldsymbol{\omega}_A \times {}^0\boldsymbol{z}_A\right] \\ &= \boldsymbol{S}({}^0\boldsymbol{\omega}_A)\left[{}^0\boldsymbol{x}_A, {}^0\boldsymbol{y}_A, {}^0\boldsymbol{z}_A\right] \\ &= \boldsymbol{S}({}^0\boldsymbol{\omega}_A){}^0\boldsymbol{R}_A \end{aligned} \tag{5.21}$$

を得る．この式は，回転行列の時間微分が，角速度ベクトルから作られる歪対称行列による写影で求められることを示す．また，この式から，

$$\boldsymbol{S}({}^0\boldsymbol{\omega}_A) = {}^0\dot{\boldsymbol{R}}_A {}^0\boldsymbol{R}_A{}^T \tag{5.22}$$

を得る．ここで，任意の 3×1 ベクトル $\boldsymbol{a}$，$\boldsymbol{b}$ の外積 $\boldsymbol{a} \times \boldsymbol{b}$ に任意の回転行列 $\boldsymbol{R}$ を

† 歪対称行列：$n \times n$ 行列 $\boldsymbol{A}$ が $\boldsymbol{A} = -\boldsymbol{A}^T$ の条件を満たすとき，歪対称行列という．歪対称行列 $\boldsymbol{A} = \{a_{ij}\}$ の要素は $a_{ij} = -a_{ji}$ $(i \neq j)$，$a_{ii} = 0$ であるから，任意の n ベクトル $\boldsymbol{x}$ に対して $\boldsymbol{x}^T\boldsymbol{A}\boldsymbol{x} = 0$ となる．

作用させた $\boldsymbol{R}(\boldsymbol{a}\times\boldsymbol{b})$ は，ベクトル $\boldsymbol{a}$，$\boldsymbol{b}$ に回転行列 $\boldsymbol{R}$ を作用させた $\boldsymbol{Ra}$，$\boldsymbol{Rb}$ の外積に等しいことは幾何学的に明らかである．すなわち

$$\boldsymbol{R}(\boldsymbol{a}\times\boldsymbol{b}) = (\boldsymbol{Ra})\times(\boldsymbol{Rb}) \tag{5.23}$$

が成り立つ．また，${}^0\boldsymbol{R}_A{}^T = [{}^A\boldsymbol{x}_0\ \ {}^A\boldsymbol{y}_0\ \ {}^A\boldsymbol{z}_0]$ より

$$\begin{aligned}{}^0\boldsymbol{R}_A\boldsymbol{S}({}^0\boldsymbol{\omega}_A){}^0\boldsymbol{R}_A{}^T &= {}^0\boldsymbol{R}_A[{}^0\boldsymbol{\omega}_A\times{}^A\boldsymbol{x}_0\quad {}^0\boldsymbol{\omega}_A\times{}^A\boldsymbol{y}_0\quad {}^0\boldsymbol{\omega}_A\times{}^A\boldsymbol{z}_0]\\ &= [({}^0\boldsymbol{R}_A{}^0\boldsymbol{\omega}_A)\times{}^0\boldsymbol{x}_0\quad ({}^0\boldsymbol{R}_A{}^0\boldsymbol{\omega}_A)\times{}^0\boldsymbol{y}_0\quad ({}^0\boldsymbol{R}_A{}^0\boldsymbol{\omega}_A)\times{}^0\boldsymbol{z}_0]\\ &= \boldsymbol{S}({}^0\boldsymbol{R}_A{}^0\boldsymbol{\omega}_A)\end{aligned} \tag{5.24}$$

の関係が成り立つ．

5.3.2 並進／回転運動する座標系の関係

図 5.4 に示すように，基準座標系 $\Sigma_0=\{\boldsymbol{x}_0,\boldsymbol{y}_0,\boldsymbol{z}_0\}$ と並進／回転移動する座標系 $\Sigma_A=\{\boldsymbol{x}_A,\boldsymbol{y}_A,\boldsymbol{z}_A\}$ および座標系 Σ_B を考え，それらの速度と加速度の関係を考察する．

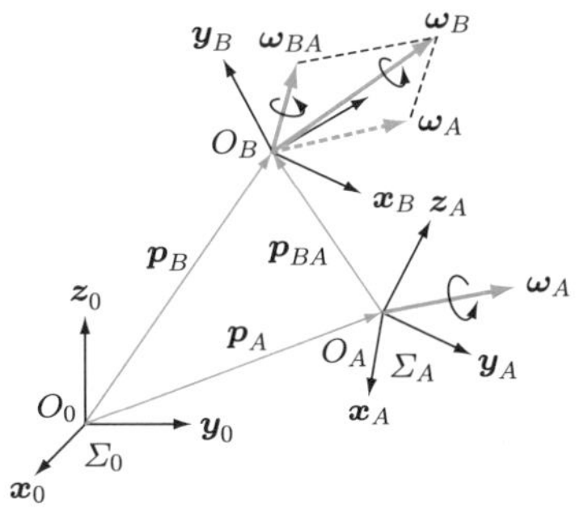

図 5.4 座標系間の相対速度

Σ_A 原点から Σ_B 原点への 3×1 ベクトル $\boldsymbol{p}_{BA}$ を Σ_0 で表した ${}^0\boldsymbol{p}_{BA}$ の時間微分は，式 (5.21) より

$$\begin{aligned}{}^0\dot{\boldsymbol{p}}_{BA} = \frac{d({}^0\boldsymbol{R}_A{}^A\boldsymbol{p}_{BA})}{dt} &= {}^0\boldsymbol{R}_A{}^A\dot{\boldsymbol{p}}_{BA} + {}^0\dot{\boldsymbol{R}}_A{}^A\boldsymbol{p}_{BA}\\ &= {}^0\boldsymbol{R}_A{}^A\dot{\boldsymbol{p}}_{BA} + \boldsymbol{S}({}^0\boldsymbol{\omega}_A){}^0\boldsymbol{R}_A{}^A\boldsymbol{p}_{BA}\\ &= {}^0\boldsymbol{R}_A{}^A\dot{\boldsymbol{p}}_{BA} + {}^0\boldsymbol{\omega}_A\times({}^0\boldsymbol{R}_A{}^A\boldsymbol{p}_{BA})\end{aligned} \tag{5.25}$$

となる．${}^A\dot{\boldsymbol{p}}_{BA}$ は Σ_A に対する Σ_B の相対的速度変化である．Σ_0 原点から Σ_A 原点と Σ_B 原点へのベクトルをそれぞれ $\boldsymbol{p}_A$，$\boldsymbol{p}_B$ とすると

$$ {}^{0}\boldsymbol{p}_B = {}^{0}\boldsymbol{p}_A + {}^{0}\boldsymbol{p}_{BA} \tag{5.26} $$

の関係がある．上式の両辺を微分し，式 (5.25) を代入すると

$$ {}^{0}\dot{\boldsymbol{p}}_B = {}^{0}\dot{\boldsymbol{p}}_A + {}^{0}\boldsymbol{R}_A {}^{A}\dot{\boldsymbol{p}}_{BA} + {}^{0}\boldsymbol{\omega}_A \times ({}^{0}\boldsymbol{R}_A {}^{A}\boldsymbol{p}_{BA}) \tag{5.27} $$

また，Σ_B の角速度を ${}^{0}\boldsymbol{\omega}_B$，$\Sigma_A$ に対する Σ_B の相対角速度を ${}^{0}\boldsymbol{\omega}_{BA}$ とすると，

$$ \begin{aligned} {}^{0}\boldsymbol{\omega}_B &= {}^{0}\boldsymbol{\omega}_A + {}^{0}\boldsymbol{\omega}_{BA} \\ &= {}^{0}\boldsymbol{\omega}_A + {}^{0}\boldsymbol{R}_A {}^{A}\boldsymbol{\omega}_{BA} \end{aligned} \tag{5.28} $$

が成り立つ．これは，角速度の加法を意味している．式 (5.27)，(5.28) によって，Σ_0 で表した Σ_A と Σ_B の角速度と並進速度の関係が与えられる．

並進加速度は式 (5.27) の両辺を微分して

$$ \begin{aligned} {}^{0}\ddot{\boldsymbol{p}}_B = {}^{0}\ddot{\boldsymbol{p}}_A &+ {}^{0}\boldsymbol{R}_A {}^{A}\ddot{\boldsymbol{p}}_{BA} + 2\,{}^{0}\boldsymbol{\omega}_A \times \left({}^{0}\boldsymbol{R}_A {}^{A}\dot{\boldsymbol{p}}_{BA}\right) \\ &+ {}^{0}\dot{\boldsymbol{\omega}}_A \times ({}^{0}\boldsymbol{R}_A {}^{A}\boldsymbol{p}_{BA}) + {}^{0}\boldsymbol{\omega}_A \times \left[{}^{0}\boldsymbol{\omega}_A \times ({}^{0}\boldsymbol{R}_A {}^{A}\boldsymbol{p}_{BA})\right] \end{aligned} \tag{5.29} $$

を得る．上式の右辺の第 3 項はコリオリの加速度 (Coriolis acceleration)，第 5 項は求心加速度 (centripetal acceleration) とよぶ．

角加速度は式 (5.28) の両辺を微分して

$$ {}^{0}\dot{\boldsymbol{\omega}}_B = {}^{0}\dot{\boldsymbol{\omega}}_A + {}^{0}\boldsymbol{R}_A {}^{A}\dot{\boldsymbol{\omega}}_{BA} + {}^{0}\boldsymbol{\omega}_A \times ({}^{0}\boldsymbol{R}_A {}^{A}\boldsymbol{\omega}_{BA}) \tag{5.30} $$

を得る．以上により，並進／回転移動する座標系間の関係式が得られた．

≫ 5.3.3　リンク座標系の相対運動

D-H 法でリンク i に座標系 Σ_i を設定する．図 5.5 に示すように，Σ_0 原点から Σ_i 原点へのベクトルを $\boldsymbol{p}_i$，Σ_0 原点からリンク i の質量中心へのベクトルを $\boldsymbol{s}_i$，Σ_{i-1} 原点から Σ_i 原点へのベクトルを $\hat{\boldsymbol{p}}_i$，Σ_i 原点からリンク i の質量中心へのベクトルを $\hat{\boldsymbol{s}}_i$ とする．Σ_i の Σ_{i-1} に対する相対角速度ベクトルは，関節 i が回転関節のとき

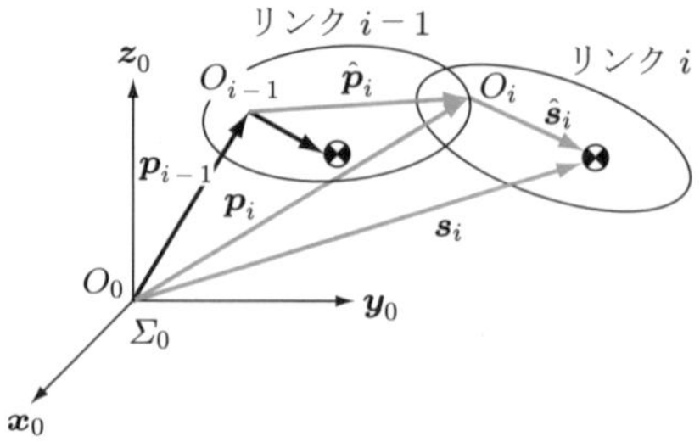

図 5.5　ベクトル $\boldsymbol{p}_i$，$\hat{\boldsymbol{p}}_i$，$\boldsymbol{s}_i$，$\hat{\boldsymbol{s}}_i$ の定義

$\boldsymbol{z}_i$ 軸方向で大きさ $\dot{q}_i$ であり，直動関節のときは $\boldsymbol{0}$ である．ここで，前項の座標系と $\Sigma_A \to \Sigma_{i-1}$，$\Sigma_B \to \Sigma_i$ のように対応させ，リンク座標系の相対関係を求めてみよう．このとき ${}^i\boldsymbol{z}_i = \boldsymbol{z}_0 = [0\ 0\ 1]^T$ より ${}^{i-1}\boldsymbol{z}_i = {}^{i-1}\boldsymbol{R}_i{}^i\boldsymbol{z}_i = {}^{i-1}\boldsymbol{R}_i\boldsymbol{z}_0$ であるから，

$$
{}^A\boldsymbol{\omega}_{BA} \to \begin{cases} {}^{i-1}\boldsymbol{R}_i\boldsymbol{z}_0\dot{q}_i & (\text{関節 } i \text{ が回転関節のとき：} IF\quad R) \\ \boldsymbol{0} & (\text{関節 } i \text{ が直動関節のとき：} IF\quad T) \end{cases} \tag{5.31}
$$

$$
{}^A\dot{\boldsymbol{\omega}}_{BA} \to \begin{cases} {}^{i-1}\boldsymbol{R}_i\boldsymbol{z}_0\ddot{q}_i & (IF\quad R) \\ \boldsymbol{0} & (IF\quad T) \end{cases} \tag{5.32}
$$

が対応する．また，関節 i が回転関節のときは Σ_i の Σ_{i-1} に対する相対並進速度ベクトルは $\boldsymbol{0}$ であり，直動関節のときは $\boldsymbol{z}_i$ 軸方向で大きさ $\dot{q}_i$ であるから

$$
{}^A\dot{\boldsymbol{p}}_{BA} \to \begin{cases} \boldsymbol{0} & (IF\quad R) \\ {}^{i-1}\boldsymbol{R}_i\boldsymbol{z}_0\dot{q}_i & (IF\quad T) \end{cases} \tag{5.33}
$$

$$
{}^A\ddot{\boldsymbol{p}}_{BA} \to \begin{cases} \boldsymbol{0} & (IF\quad R) \\ {}^{i-1}\boldsymbol{R}_i\boldsymbol{z}_0\ddot{q}_i & (IF\quad T) \end{cases} \tag{5.34}
$$

が対応する．したがって，式 (5.28) からリンクの角速度は

$$
{}^0\boldsymbol{\omega}_i = \begin{cases} {}^0\boldsymbol{\omega}_{i-1} + {}^0\boldsymbol{R}_i\boldsymbol{z}_0\dot{q}_i & (IF\quad R) \\ {}^0\boldsymbol{\omega}_{i-1} & (IF\quad T) \end{cases} \tag{5.35}
$$

となる．リンクの並進速度は，${}^0\dot{\boldsymbol{p}}_i = {}^0\boldsymbol{v}_i$ とおくと式 (5.27) より

$$
{}^0\boldsymbol{v}_i = \begin{cases} {}^0\boldsymbol{v}_{i-1} + {}^0\boldsymbol{\omega}_{i-1} \times ({}^0\boldsymbol{R}_{i-1}{}^{i-1}\hat{\boldsymbol{p}}_i) & (IF\quad R) \\ {}^0\boldsymbol{v}_{i-1} + {}^0\boldsymbol{R}_i\boldsymbol{z}_0\dot{q}_i + {}^0\boldsymbol{\omega}_{i-1} \times ({}^0\boldsymbol{R}_{i-1}{}^{i-1}\hat{\boldsymbol{p}}_i) & (IF\quad T) \end{cases} \tag{5.36}
$$

となる．同様に，リンクの角加速度と並進加速度は，式 (5.29)，(5.30) より

$$
{}^0\dot{\boldsymbol{\omega}}_i = \begin{cases} {}^0\dot{\boldsymbol{\omega}}_{i-1} + {}^0\boldsymbol{R}_i\boldsymbol{z}_0\ddot{q}_i + {}^0\boldsymbol{\omega}_{i-1} \times ({}^0\boldsymbol{R}_i\boldsymbol{z}_0\dot{q}_i) & (IF\quad R) \\ {}^0\dot{\boldsymbol{\omega}}_{i-1} & (IF\quad T) \end{cases} \tag{5.37}
$$

$$
{}^0\dot{\boldsymbol{v}}_i = \begin{cases} {}^0\dot{\boldsymbol{v}}_{i-1} + {}^0\dot{\boldsymbol{\omega}}_{i-1} \times ({}^0\boldsymbol{R}_{i-1}{}^{i-1}\hat{\boldsymbol{p}}_i) \\ \quad + {}^0\boldsymbol{\omega}_{i-1} \times \left[{}^0\boldsymbol{\omega}_{i-1} \times ({}^0\boldsymbol{R}_{i-1}{}^{i-1}\hat{\boldsymbol{p}}_i)\right] & (IF\quad R) \\ {}^0\dot{\boldsymbol{v}}_{i-1} + {}^0\boldsymbol{R}_i\boldsymbol{z}_0\ddot{q}_i + 2{}^0\boldsymbol{\omega}_{i-1} \times ({}^0\boldsymbol{R}_i\boldsymbol{z}_0\dot{q}_i) \\ \quad + {}^0\dot{\boldsymbol{\omega}}_{i-1} \times ({}^0\boldsymbol{R}_{i-1}{}^{i-1}\hat{\boldsymbol{p}}_i) \\ \quad + {}^0\boldsymbol{\omega}_{i-1} \times \left[{}^0\boldsymbol{\omega}_{i-1} \times ({}^0\boldsymbol{R}_{i-1}{}^{i-1}\hat{\boldsymbol{p}}_i)\right] & (IF\quad T) \end{cases} \tag{5.38}
$$

となる．

5.3.4 ニュートン・オイラー式

リンク i に関するニュートンの式とオイラーの式は次式で表される.

$$ {}^0\boldsymbol{F}_i = m_i {}^0\dot{\hat{\boldsymbol{v}}}_i \tag{5.39} $$

$$ {}^0\boldsymbol{N}_i = \frac{d}{dt}({}^0\hat{\boldsymbol{I}}_i {}^0\boldsymbol{\omega}_i) = {}^0\hat{\boldsymbol{I}}_i {}^0\dot{\boldsymbol{\omega}}_i + {}^0\boldsymbol{\omega}_i \times ({}^0\hat{\boldsymbol{I}}_i {}^0\boldsymbol{\omega}_i) \tag{5.40} $$

ここで,

${}^0\boldsymbol{F}_i$ ：Σ_0 で表したリンク i に働く全外力

${}^0\boldsymbol{N}_i$ ：Σ_0 で表したリンク i に働く全モーメント

m_i ：リンク i の質量

${}^0\dot{\hat{\boldsymbol{v}}}_i$ ：Σ_0 で表したリンク i の質量中心の並進加速度 $\left[= {}^0\ddot{\boldsymbol{s}}_i\right]$

${}^0\hat{\boldsymbol{I}}_i$ ：Σ_0 で表したリンク i の質量中心まわりの慣性テンソル

である. 式 (5.39) は,「物体の運動量の時間的変化の割合はその物体に働く力に等しい」というニュートンの第 2 法則 (Newton's second law) を表したものである. 式 (5.40) は,「物体の角運動量の時間的変化はその物体に働くモーメントに等しい」というオイラーの運動方程式 (Euler's equation of motion) である.

リンク i の質量中心の並進加速度は, 式 (5.29) において $\Sigma_A \to \Sigma_i$ と対応させ, Σ_B 原点をリンク i の質量中心と対応させることにより

$$ {}^0\dot{\hat{\boldsymbol{v}}}_i = {}^0\dot{\boldsymbol{v}}_i + {}^0\dot{\boldsymbol{\omega}}_i \times ({}^0\boldsymbol{R}_i {}^i\hat{\boldsymbol{s}}_i) + {}^0\boldsymbol{\omega}_i \times \left[{}^0\boldsymbol{\omega}_i \times ({}^0\boldsymbol{R}_i {}^i\hat{\boldsymbol{s}}_i)\right] \tag{5.41} $$

を得る. 図 5.6 で示すように, 基準座標系で表したリンク $i-1$ からリンク i に加えられる力を ${}^0\boldsymbol{f}_i$, モーメントを ${}^0\boldsymbol{n}_i$ とすると, リンク i に作用する力とモーメントは次の関係がある.

$$ {}^0\boldsymbol{F}_i = {}^0\boldsymbol{f}_i - {}^0\boldsymbol{f}_{i+1} \tag{5.42} $$

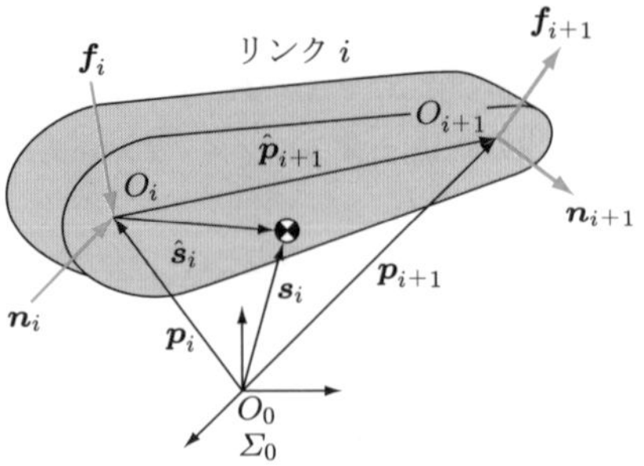

図 5.6 リンク i に加えられる力とモーメント

$$ {}^0\boldsymbol{N}_i = {}^0\boldsymbol{n}_i - {}^0\boldsymbol{n}_{i+1} - {}^0\hat{\boldsymbol{s}}_i \times {}^0\boldsymbol{f}_i + ({}^0\hat{\boldsymbol{s}}_i - {}^0\hat{\boldsymbol{p}}_{i+1}) \times {}^0\boldsymbol{f}_{i+1} \tag{5.43} $$

上式より

$$ {}^0\boldsymbol{f}_i = {}^0\boldsymbol{F}_i + {}^0\boldsymbol{f}_{i+1} \tag{5.44} $$

$$ {}^0\boldsymbol{n}_i = {}^0\boldsymbol{n}_{i+1} + ({}^0\boldsymbol{R}_i {}^i\hat{\boldsymbol{s}}_i) \times {}^0\boldsymbol{F}_i + ({}^0\boldsymbol{R}_i {}^i\hat{\boldsymbol{p}}_{i+1}) \times {}^0\boldsymbol{f}_{i+1} + {}^0\boldsymbol{N}_i \tag{5.45} $$

を得る．関節駆動力 τ_i は，関節 i が回転関節のとき $\boldsymbol{n}_i$ の $\boldsymbol{z}_i$ 軸方向成分と，関節 i が直動関節のとき $\boldsymbol{f}_i$ の $\boldsymbol{z}_i$ 軸成分とつり合う．したがって，

$$ \tau_i = \begin{cases} ({}^0\boldsymbol{z}_i)^T {}^0\boldsymbol{n}_i & (IF \quad R) \\ ({}^0\boldsymbol{z}_i)^T {}^0\boldsymbol{f}_i & (IF \quad T) \end{cases} \tag{5.46} $$

で与えられる．なお，$\boldsymbol{n}_i$，$\boldsymbol{f}_i$ の $\boldsymbol{z}_i$ 軸方向以外の成分につり合う力は，拘束力として自然に発生している．以上より関節駆動力 τ_i が計算できるが，${}^0\hat{\boldsymbol{I}}_i$ がリンク i の運動により変動するため，Σ_i で表した式に変換するほうが計算上有利になる．式表現の簡素化を図るため，

$$ \rho_i = \begin{cases} 1 & (IF \quad R) \\ 0 & (IF \quad T) \end{cases} \tag{5.47} $$

を定義し，

$$ {}^i\hat{\boldsymbol{I}}_i = ({}^0\boldsymbol{R}_i)^T {}^0\hat{\boldsymbol{I}}_i {}^0\boldsymbol{R}_i \tag{5.48} $$

の関係（付録 C 参照）を用いると，式 (5.35)～(5.46) より Σ_i で表した次の関係式が導ける．

$$ {}^i\boldsymbol{\omega}_i = {}^i\boldsymbol{R}_{i-1} {}^{i-1}\boldsymbol{\omega}_{i-1} + \rho_i \boldsymbol{z}_0 \dot{q}_i \tag{5.49} $$

$$ {}^i\dot{\boldsymbol{\omega}}_i = {}^i\boldsymbol{R}_{i-1} {}^{i-1}\dot{\boldsymbol{\omega}}_{i-1} + \rho_i \{\boldsymbol{z}_0 \ddot{q}_i + {}^i\boldsymbol{R}_{i-1} {}^{i-1}\boldsymbol{\omega}_{i-1} \times (\boldsymbol{z}_0 \dot{q}_i)\} \tag{5.50} $$

$$ \begin{aligned} {}^i\dot{\boldsymbol{v}}_i = {}^i\boldsymbol{R}_{i-1} \left[{}^{i-1}\dot{\boldsymbol{v}}_{i-1} + {}^{i-1}\dot{\boldsymbol{\omega}}_{i-1} \times {}^{i-1}\hat{\boldsymbol{p}}_i + {}^{i-1}\boldsymbol{\omega}_{i-1} \times ({}^{i-1}\boldsymbol{\omega}_{i-1} \times {}^{i-1}\hat{\boldsymbol{p}}_i)\right] \\ + (1 - \rho_i)\left[\boldsymbol{z}_0 \ddot{q}_i + 2({}^i\boldsymbol{R}_{i-1} {}^{i-1}\boldsymbol{\omega}_{i-1}) \times (\boldsymbol{z}_0 \dot{q}_i)\right] \end{aligned} \tag{5.51} $$

$$ {}^i\dot{\hat{\boldsymbol{v}}}_i = {}^i\dot{\boldsymbol{v}}_i + {}^i\dot{\boldsymbol{\omega}}_i \times {}^i\hat{\boldsymbol{s}}_i + {}^i\boldsymbol{\omega}_i \times ({}^i\boldsymbol{\omega}_i \times {}^i\hat{\boldsymbol{s}}_i) \tag{5.52} $$

$$ {}^i\boldsymbol{f}_i = m_i {}^i\dot{\hat{\boldsymbol{v}}}_i + {}^i\boldsymbol{R}_{i+1} {}^{i+1}\boldsymbol{f}_{i+1} \tag{5.53} $$

$$ \begin{aligned} {}^i\boldsymbol{n}_i = {}^i\hat{\boldsymbol{I}}_i {}^i\dot{\boldsymbol{\omega}}_i + {}^i\boldsymbol{\omega}_i \times ({}^i\hat{\boldsymbol{I}}_i {}^i\boldsymbol{\omega}_i) + m_i {}^i\hat{\boldsymbol{s}}_i \times {}^i\dot{\hat{\boldsymbol{v}}}_i \\ + {}^i\hat{\boldsymbol{p}}_{i+1} \times {}^i\boldsymbol{R}_{i+1} {}^{i+1}\boldsymbol{f}_{i+1} + {}^i\boldsymbol{R}_{i+1} {}^{i+1}\boldsymbol{n}_{i+1} \end{aligned} \tag{5.54} $$

$$ \tau_i = \begin{cases} \boldsymbol{z}_0{}^T {}^i\boldsymbol{n}_i & (IF \quad R) \\ \boldsymbol{z}_0{}^T {}^i\boldsymbol{f}_i & (IF \quad T) \end{cases} \tag{5.55} $$

ここで，${}^{n+1}\boldsymbol{f}_{n+1}$ と ${}^{n+1}\boldsymbol{n}_{n+1}$ はリンク n が外部に加える力とモーメントであり，${}^{i-1}\hat{\boldsymbol{p}}_i$ は式 (4.44) に示されているように

$$^{i-1}\hat{\boldsymbol{p}}_i = [a_i,\ -d_i\mathrm{S}\alpha_i,\ d_i\mathrm{C}\alpha_i]^T \tag{5.56}$$

である．なお慣性テンソル $^i\hat{\boldsymbol{I}}_i = \{\hat{I}_{ijk}\}$ $(= {}^i\boldsymbol{R}_0{}^0\hat{\boldsymbol{I}}_i{}^0\boldsymbol{R}_i)$ は定数行列である．以上の関係式により関節駆動力が計算できるが，さらに以下のように修正することにより，計算量が少なくなる．

Σ_i 原点でのリンク i の慣性テンソルを $^i\boldsymbol{I}_i = \{I_{ijk}\}$ とすると，平行軸の定理 (parallel axis theorem，付録 C 参照）より

$$^i\boldsymbol{I}_i = {}^i\hat{\boldsymbol{I}}_i + m_i({}^i\hat{\boldsymbol{s}}_i{}^T\,{}^i\hat{\boldsymbol{s}}_i\boldsymbol{I}_3 - {}^i\hat{\boldsymbol{s}}_i{}^i\hat{\boldsymbol{s}}_i{}^T) \tag{5.57}$$

の関係がある．この $^i\boldsymbol{I}_i$ は次式で表せる．

$$^i\boldsymbol{I}_i = \begin{bmatrix} I_{ixx} & -H_{ixy} & -H_{ixz} \\ -H_{ixy} & I_{iyy} & -H_{iyz} \\ -H_{ixz} & -H_{iyz} & I_{izz} \end{bmatrix} \tag{5.58}$$

ここで，I_{ixx}，I_{iyy}，I_{izz} は慣性モーメント，H_{ixy}，H_{ixz}，H_{iyz} は慣性乗積とよばれる．式 (5.53) に式 (5.52) を代入すると

$$^i\boldsymbol{f}_i = m_i{}^i\dot{\boldsymbol{v}}_i + {}^i\dot{\boldsymbol{\omega}}_i \times m_i{}^i\hat{\boldsymbol{s}}_i + {}^i\boldsymbol{\omega}_i \times ({}^i\boldsymbol{\omega}_i \times m_i{}^i\hat{\boldsymbol{s}}_i) + {}^i\boldsymbol{R}_{i+1}{}^{i+1}\boldsymbol{f}_{i+1} \tag{5.59}$$

が得られ，式 (5.54) に式 (5.52)，(5.57) を代入すると

$$\begin{aligned} {}^i\boldsymbol{n}_i &= {}^i\boldsymbol{I}_i{}^i\dot{\boldsymbol{\omega}}_i + {}^i\boldsymbol{\omega}_i \times ({}^i\boldsymbol{I}_i{}^i\boldsymbol{\omega}_i) + m_i{}^i\hat{\boldsymbol{s}}_i \times {}^i\dot{\boldsymbol{v}}_i \\ &\quad + {}^i\boldsymbol{R}_{i+1}({}^{i+1}\hat{\boldsymbol{p}}_{i+1} \times {}^{i+1}\boldsymbol{f}_{i+1} + {}^{i+1}\boldsymbol{n}_{i+1}) \end{aligned} \tag{5.60}$$

を得る．上式は $^i\hat{\boldsymbol{I}}_i$ の代わりに $^i\boldsymbol{I}_i$ を用いたときの関係式である．なお，$^i\hat{\boldsymbol{p}}_i$ は $^i\hat{\boldsymbol{p}}_i = {}^i\boldsymbol{R}_{i-1}{}^{i-1}\hat{\boldsymbol{p}}_i$ であるから

$$^i\hat{\boldsymbol{p}}_i = [a_i\cos\theta_i,\ -a_i\sin\theta_i,\ d_i]^T \tag{5.61}$$

で与えられる．

以上の関係式を用いて，関節変位 $\boldsymbol{q}_i$，関節速度 $\dot{\boldsymbol{q}}_i$，関節加速度 $\ddot{\boldsymbol{q}}_i$ が与えられるとき，これにつり合う関節トルク $\boldsymbol{\tau}$ を求める逆動力学計算が実行できる．このとき，リンクパラメータ以外に各リンクの m_i，$^i\hat{\boldsymbol{s}}_i$，$^i\boldsymbol{I}_i$ のパラメータが必要である．これを動力学パラメータ (dynamics parameters) とよぶ．実際の計算アルゴリズムは次のとおりである．

ニュートン・オイラー法による計算法

STEP1 初期値，リンクパラメータおよび動力学パラメータを与える．

$^0\boldsymbol{\omega}_0 = {}^0\dot{\boldsymbol{\omega}}_0 = \boldsymbol{0}$，$^0\dot{\boldsymbol{v}}_0 = -\boldsymbol{g}$ ($\boldsymbol{g}$ は重力加速度ベクトル)，m_i，$^i\hat{\boldsymbol{s}}_i$，$^i\boldsymbol{I}_i$，$^{i-1}\hat{\boldsymbol{p}}_i$，$^{i-1}\boldsymbol{R}_i$，$\rho_i$，$^{n+1}\boldsymbol{f}_{n+1}$，$^{n+1}\boldsymbol{n}_{n+1}$ $(i = 1, 2, \cdots, n)$

STEP 2 順方向計算 $(i = 1, 2, \cdots, n)$

$^i\boldsymbol{\omega}_i$, $^i\dot{\boldsymbol{\omega}}_i$, $^i\dot{\boldsymbol{v}}_i$ を式 (5.49)〜(5.51) で計算する.

STEP 3 逆方向計算 $(i = n, n-1, \cdots, 1)$

$^i\hat{\boldsymbol{p}}_i$, $^i\boldsymbol{f}_i$, $^i\boldsymbol{n}_i$, $\boldsymbol{\tau}_i$ を式 (5.55), (5.59)〜(5.61) で計算する.

ここで示したニュートン・オイラー法による計算量は，関節がすべて回転関節のロボットのときには乗算 $(126n - 99)$ 回，加算 $(106n - 92)$ 回（$n = 6$ のときは乗算 657 回，加算 544 回）となり，ラグランジュ法と比較し計算効率がよいといえる.

関節にクーロン摩擦力と粘性摩擦力が作用しているとき，式 (5.55) は

$$\tau_i = \begin{cases} \boldsymbol{z}_0{}^T{}^i\boldsymbol{n}_i + D_i\dot{q}_i + fr_i \,\mathrm{sgn}(\dot{q}_i) & (IF \quad R) \\ \boldsymbol{z}_0{}^T{}^i\boldsymbol{f}_i + D_i\dot{q}_i + fr_i \,\mathrm{sgn}(\dot{q}_i) & (IF \quad T) \end{cases} \tag{5.62}$$

となる．ただし，D_i は関節 i の粘性摩擦係数，fr_i は関節 i のクーロン摩擦力である．ここで，sgnは符号関数であり

$$\mathrm{sgn}(x) = \begin{cases} 1 & : x > 0 \\ 0 & : x = 0 \\ -1 & : x < 0 \end{cases} \tag{5.63}$$

と定義される.

例題 5.2 例題 5.1 の 2 関節ロボットアームの運動方程式をニュートン・オイラー法で求めよう．なお，以下の式における $*$ 印は，トルク計算に無関係となるのでとくに明示しない要素を表す.

STEP 1

機構の条件より

$$^0\boldsymbol{R}_1 = \begin{bmatrix} \mathrm{C}_1 & -\mathrm{S}_1 & 0 \\ \mathrm{S}_1 & \mathrm{C}_1 & 0 \\ 0 & 0 & 1 \end{bmatrix}, \quad ^1\boldsymbol{R}_2 = \begin{bmatrix} \mathrm{C}_2 & -\mathrm{S}_2 & 0 \\ \mathrm{S}_2 & \mathrm{C}_2 & 0 \\ 0 & 0 & 1 \end{bmatrix},$$

$$^0\hat{\boldsymbol{p}}_1 = [0,\ 0,\ 0]^T, \quad ^1\hat{\boldsymbol{p}}_2 = [L_1,\ 0,\ 0]^T,$$

$$^1\hat{\boldsymbol{s}}_1 = [L_{g1},\ 0,\ 0]^T, \quad ^2\hat{\boldsymbol{s}}_2 = [L_{g2},\ 0,\ 0]^T,$$

$$^1\boldsymbol{I}_1 = \begin{bmatrix} * & * & * \\ * & * & * \\ * & * & I_1 \end{bmatrix}, \quad ^2\boldsymbol{I}_2 = \begin{bmatrix} * & * & * \\ * & * & * \\ * & * & I_2 \end{bmatrix}$$

である．また，手先に作用する外力はないので，

$$ {}^3\boldsymbol{f}_3 = \boldsymbol{0}, \quad {}^3\boldsymbol{n}_3 = \boldsymbol{0} $$

である．初期条件は $\boldsymbol{g} = [0\ -g\ \ 0]^T$ の関係から次式で与えられる．

$$ {}^0\boldsymbol{\omega}_0 = {}^0\dot{\boldsymbol{\omega}}_0 = \boldsymbol{0}, \quad {}^0\dot{\boldsymbol{v}}_0 = [0,\ g,\ 0]^T $$

STEP 2

$i = 1$ とし，式 (5.49) から式 (5.51) より

$$ \begin{aligned} {}^1\boldsymbol{\omega}_1 &= {}^1\boldsymbol{R}_0\, {}^0\boldsymbol{\omega}_0 + \boldsymbol{z}_0\dot{\theta}_1 = [0,\ 0,\ \dot{\theta}_1]^T \\ {}^1\dot{\boldsymbol{\omega}}_1 &= {}^1\boldsymbol{R}_0\, {}^0\dot{\boldsymbol{\omega}}_0 + \boldsymbol{z}_0\ddot{\theta}_1 = [0,\ 0,\ \ddot{\theta}_1]^T \\ {}^1\dot{\boldsymbol{v}}_1 &= {}^1\boldsymbol{R}_0\left[{}^0\dot{\boldsymbol{v}}_0 + {}^0\dot{\boldsymbol{\omega}}_0 \times {}^0\hat{\boldsymbol{p}}_1 + {}^0\boldsymbol{\omega}_0 \times ({}^0\boldsymbol{\omega}_0 \times {}^0\hat{\boldsymbol{p}}_1)\right] \\ &= [g\mathrm{S}_1,\ g\mathrm{C}_1,\ 0]^T \end{aligned} $$

を得る．同様に $i = 2$ とし，

$$ \begin{aligned} {}^2\boldsymbol{\omega}_2 &= [0,\ 0,\ \dot{\theta}_1 + \dot{\theta}_2]^T \\ {}^2\dot{\boldsymbol{\omega}}_2 &= [0,\ 0,\ \ddot{\theta}_1 + \ddot{\theta}_2]^T \\ {}^2\dot{\boldsymbol{v}}_2 &= \begin{bmatrix} g\mathrm{S}_{12} + L_1(-\dot{\theta}_1{}^2\mathrm{C}_2 + \ddot{\theta}_1\mathrm{S}_2) \\ g\mathrm{C}_{12} + L_1(\dot{\theta}_1{}^2\mathrm{S}_2 + \ddot{\theta}_1\mathrm{C}_2) \\ 0 \end{bmatrix} \end{aligned} $$

を得る．

STEP 3

$i = 2$ とし，式 (5.55)，(5.59)，(5.60) より

$$ \begin{aligned} {}^2\boldsymbol{f}_2 &= m_2\, {}^2\dot{\boldsymbol{v}}_2 + {}^2\dot{\boldsymbol{\omega}}_2 \times (m_2\, {}^2\hat{\boldsymbol{s}}_2) + {}^2\boldsymbol{\omega}_2 \times ({}^2\boldsymbol{\omega}_2 \times m_2\, {}^2\hat{\boldsymbol{s}}_2) \\ &\qquad + {}^2\boldsymbol{R}_3\, {}^3\boldsymbol{f}_3 \\ &= m_2 \begin{bmatrix} g\mathrm{S}_{12} + L_1(-\dot{\theta}_1{}^2\mathrm{C}_2 + \ddot{\theta}_1\mathrm{S}_2) - L_{g2}(\dot{\theta}_1 + \dot{\theta}_2)^2 \\ g\mathrm{C}_{12} + L_1(\dot{\theta}_1{}^2\mathrm{S}_2 + \ddot{\theta}_1\mathrm{C}_2) + L_{g2}(\ddot{\theta}_1 + \ddot{\theta}_2) \\ 0 \end{bmatrix} \\ {}^2\boldsymbol{n}_2 &= {}^2\boldsymbol{I}_2\, {}^2\dot{\boldsymbol{\omega}}_2 + {}^2\boldsymbol{\omega}_2 \times ({}^2\boldsymbol{I}_2\, {}^2\boldsymbol{\omega}_2) + m_2\, {}^2\hat{\boldsymbol{s}}_2 \times {}^2\dot{\boldsymbol{v}}_2 \\ &\qquad + {}^2\boldsymbol{R}_3({}^3\hat{\boldsymbol{p}}_3 \times {}^3\boldsymbol{f}_3 + {}^3\boldsymbol{n}_3) \\ &= [*, *, I_2(\ddot{\theta}_1 + \ddot{\theta}_2) + m_2 L_{g2}\{g\mathrm{C}_{12} + L_1(\dot{\theta}_1{}^2\mathrm{S}_2 + \ddot{\theta}_1\mathrm{C}_2)\}]^T \\ \tau_2 &= [0, 0, 1]\, {}^2\boldsymbol{n}_2 \end{aligned} $$

を得る．同様に，$i = 1$ として

$$^{2}\hat{\boldsymbol{p}}_2 = [L_1\mathrm{C}_2,\ -L_1\mathrm{S}_2,\ 0]^T$$

$$\begin{aligned}^{1}\boldsymbol{n}_1 = [*, *, (I_1 + m_2{L_1}^2 + 2m_2L_1L_{g2}\mathrm{C}_2 + I_2)\ddot{\theta}_1 \\ + (m_2L_1L_{g2}\mathrm{C}_2 + I_2)\ddot{\theta}_2 - m_2L_1L_{g2}\mathrm{S}_2(2\dot{\theta}_1\dot{\theta}_2 + {\dot{\theta}_2}^2) \\ + g\{(m_1L_{g1} + m_2L_1)\mathrm{C}_1 + m_2L_{g2}\mathrm{C}_{12}\}]^T\end{aligned}$$

$$\tau_1 = [0,\ 0,\ 1]\,^{1}\boldsymbol{n}_1$$

を得る．τ_2，τ_1 を整理すると，例題 5.1 のラグランジュ法で得た運動方程式と一致する．

5.4 順動力学問題

順動力学問題とは，ロボットの初期状態 $[\boldsymbol{q}(0), \dot{\boldsymbol{q}}(0)]$ と駆動トルク $\boldsymbol{\tau}(t)$ が与えられたときにロボットがどのような運動を行うかを求めるもので，計算機シミュレーションなどに生じる問題である．この問題は，式 (5.14) のロボットの運動方程式

$$\boldsymbol{M}(\boldsymbol{q})\ddot{\boldsymbol{q}} + \boldsymbol{h}(\boldsymbol{q}, \dot{\boldsymbol{q}}) + \boldsymbol{g}(\boldsymbol{q}) = \boldsymbol{\tau} \tag{5.64}$$

を

$$\frac{d\boldsymbol{q}(t)}{dt} = \dot{\boldsymbol{q}}(t) \tag{5.65$_\mathrm{a}$}$$

$$\frac{d\dot{\boldsymbol{q}}(t)}{dt} = \boldsymbol{M}(\boldsymbol{q})^{-1}(\boldsymbol{\tau} - \boldsymbol{h}(\boldsymbol{q}, \dot{\boldsymbol{q}}) - \boldsymbol{g}(\boldsymbol{q})) \tag{5.65$_\mathrm{b}$}$$

と変形し，初期条件と入力を与えてルンゲ・クッタ法などを用いて数値解析を行えばよい．ただし，このときに $\boldsymbol{M}(\boldsymbol{q})$ や $\boldsymbol{h}(\boldsymbol{q}, \dot{\boldsymbol{q}}) + \boldsymbol{g}(\boldsymbol{q})$ を効率よく計算することが求められる．この計算に前節のニュートン・オイラー法が利用できる．

ニュートン・オイラー法による関節駆動力の計算法をサブルーチン化して $\boldsymbol{\tau} = \mathrm{JOTR}(\boldsymbol{q}, \dot{\boldsymbol{q}}, \ddot{\boldsymbol{q}})$ とする．ここで，

$$\boldsymbol{A}(t) = \boldsymbol{M}(\boldsymbol{q}) \tag{5.66$_\mathrm{a}$}$$

$$\boldsymbol{b}(t) = \boldsymbol{h}(\boldsymbol{q}, \dot{\boldsymbol{q}}) + \boldsymbol{g}(\boldsymbol{q}) \tag{5.66$_\mathrm{b}$}$$

とおくと，式 (5.64) より

$$\boldsymbol{A}(t)\ddot{\boldsymbol{q}} + \boldsymbol{b}(t) = \boldsymbol{\tau}(t) \tag{5.67}$$

であるから，$\boldsymbol{A}(t) = [\boldsymbol{a}_1, \boldsymbol{a}_2, \cdots, \boldsymbol{a}_n]$ と $\boldsymbol{b}(t)$ は次の計算ステップにより求められる．ただし，$\boldsymbol{a}_i$ は $\boldsymbol{A}(t)$ の i 列ベクトルである．

$\boldsymbol{A}$，$\boldsymbol{b}$ の計算法

STEP 1　$\ddot{\boldsymbol{q}}=\boldsymbol{0}$ とおき，$\boldsymbol{b}=\mathrm{JOTR}(\boldsymbol{q},\dot{\boldsymbol{q}},\boldsymbol{0})$ により $\boldsymbol{b}$ を計算する．

STEP 2　$i=1$ とおく．

STEP 3　$\ddot{\boldsymbol{q}}=\boldsymbol{e}_i$ とおき，$\boldsymbol{a}_i=\mathrm{JOTR}(\boldsymbol{q},\dot{\boldsymbol{q}},\boldsymbol{e}_i)-\boldsymbol{b}$ により $\boldsymbol{a}_i$ を計算する．ただし，$\boldsymbol{e}_i$ は第 i 要素が1で他の要素が0の $n\times 1$ 単位ベクトルである．

STEP 4　$i\geqq n$ のときは終了し，さもなくば $i=i+1$ としてステップ3に戻る．

この計算法では，JOTRを $(n+1)$ 回コールすることにより $\boldsymbol{A}$ と $\boldsymbol{b}$ が求められる．

演習問題

5.1　図5.7に示す回転・直動型の2関節アームの運動方程式をラグランジュ法で求めよ．ただし，重力ベクトルは $\boldsymbol{y}_0$ 軸 − 方向とする．

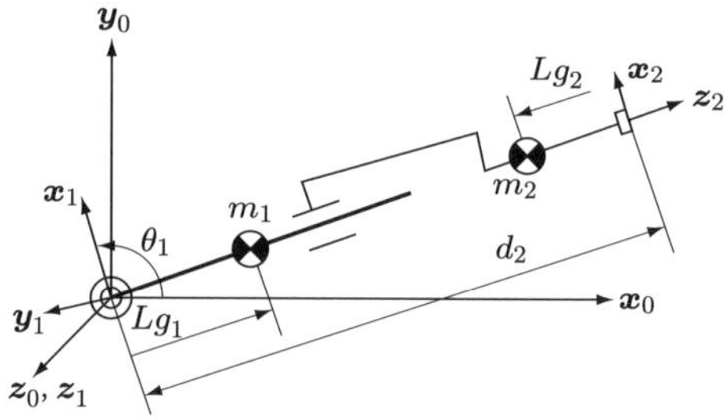

図5.7　回転・直動型の2関節アーム

5.2　図5.7に示す回転・直動型の2関節アームの運動方程式をニュートン・オイラー法で求めよ．ただし，重力ベクトルは $\boldsymbol{y}_0$ 軸 − 方向とする．

5.3　並進と回転の空間運動する物体の運動エネルギが

$$K=\frac{1}{2}m\boldsymbol{v}^T\boldsymbol{v}+\frac{1}{2}\boldsymbol{\omega}^T\hat{\boldsymbol{I}}\boldsymbol{\omega}$$

で与えられることを示せ．ここで，m は物体の質量，$\boldsymbol{v}$ は質量中心の速度ベクトル，$\boldsymbol{\omega}$ は角速度ベクトル，$\hat{\boldsymbol{I}}$ は質量中心での慣性テンソルである．

5.4　長さ h，半径 r，密度 ρ の円柱の質量中心まわりの慣性テンソルを求めよ．ただし，長手方向を $\boldsymbol{z}$ 軸とする．

5.5 図 5.8 に示す 3 関節アームの運動方程式を，漸化式によるニュートン・オイラー法により求めよ．ただし，重力ベクトルは $\boldsymbol{z}_0$ 軸と一致しているとする．

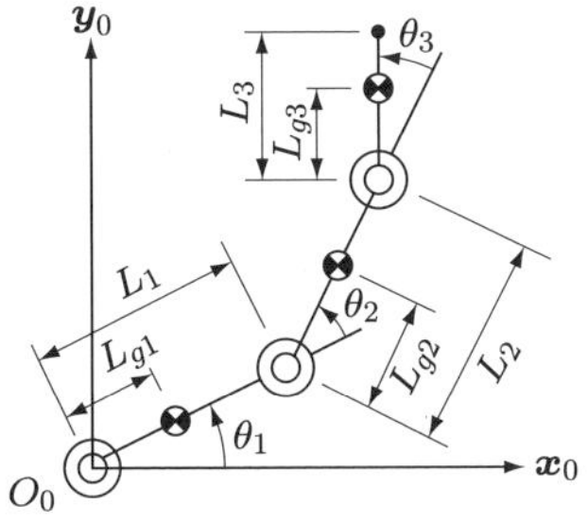

図 5.8　3 関節アーム

6 誤差解析とパラメータ同定

ロボットの運動学の計算には，D-H 法による四つの幾何学的なリンクパラメータが必要である．動力学の計算にはさらに各リンクの質量，慣性テンソル，質量中心，クーロン摩擦力，粘性摩擦係数等の動力学パラメータが必要である．リンクパラメータや動力学パラメータの値が正確でないと，手先の位置姿勢を目標に精密に合わせることが困難である．また，所定の動的特性が得られないなどの問題が生じる．本章では，リンクパラメータの誤差が手先の位置姿勢に与える影響，リンクパラメータのキャリブレーション法および動力学パラメータの同定法について述べる．

6.1 リンクパラメータのキャリブレーション

6.1.1 リンクパラメータの選定

D-H 法による四つのリンクパラメータで，リンク間の相対的な位置・姿勢を記述できる．しかし，D-H 法によるパラメータを用いると，パラメータのキャリブレーション (calibration) として不都合な場合が生じるときがある．たとえば，図 6.1 に示すように，二つの隣接した関節軸である $\boldsymbol{z}_{i-1}$ 軸と $\boldsymbol{z}_i$ 軸が平行のとき（$\alpha_i = 0$ のとき）は，d_i は任意であり，a_i は二つの軸間距離となる．一方，$\boldsymbol{z}_{i-1}$ 軸と $\boldsymbol{z}_i$ 軸が同一平面内にあって平行よりわずかにずれている（$\alpha_i \fallingdotseq 0$ のとき）と，リンク間距離 d_i は非常に大きな値となり，リンクの長さ a_i は 0 となる．このように，ねじれ

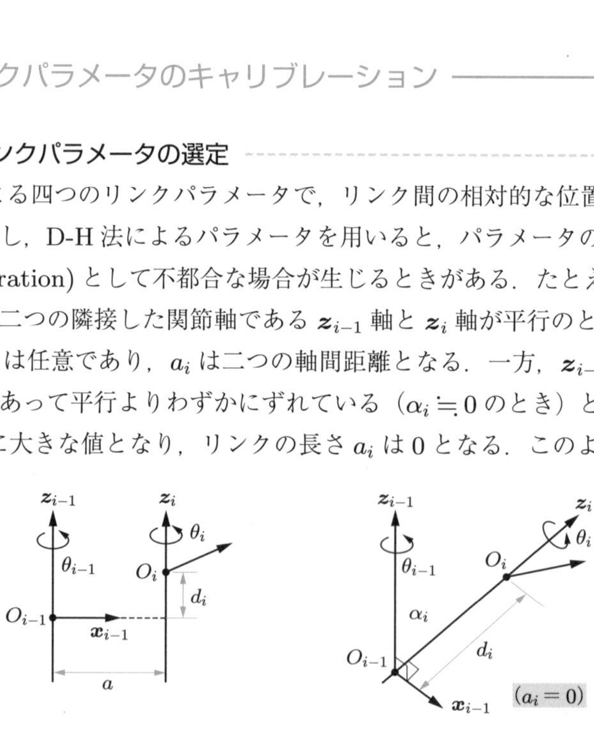

（a）平行のとき ($\alpha_i = 0$)　（b）交差するとき ($\alpha_i \fallingdotseq 0$)

図 6.1 ねじれ角 $\alpha_i = 0$ 近傍でのリンクパラメータ

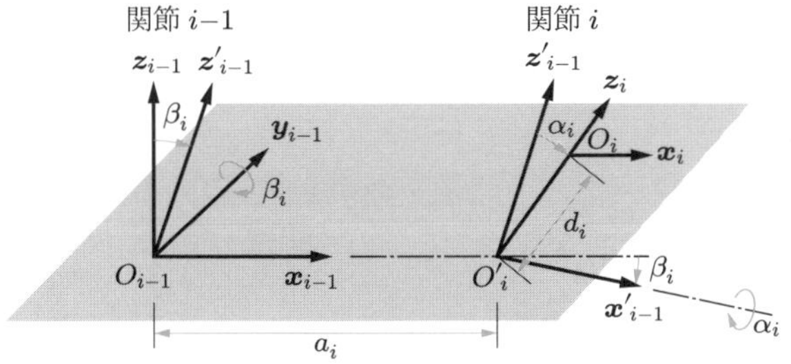

図 6.2 修正 D-H 法の α_i と β_i の関係

角 α_i が 0 の近傍では，α_i の微小な変動に対して d_i や a_i の変化が非常に敏感または不連続となり，キャリブレーションにおいて，α_i の測定誤差が d_i や a_i の精度に大きく悪影響する．このため，D-H 法によるパラメータに修正が必要となる．

修正方法として，図 6.2 に示すねじれ角 β_i を導入し，隣合うリンクの相対関係を θ_i，a_i，d_i，α_i，β_i の五つのパラメータで表す修正 D-H 法を示す．これは，$\boldsymbol{z}_{i-1}$ 軸に垂直な平面と $\boldsymbol{z}_i$ 軸との交点を原点 O'_i とし，原点 O_{i-1} から原点 O'_i に向かう方向に $\boldsymbol{x}_{i-1}$ 軸をとる．$\boldsymbol{y}_{i-1}$ 軸は右手座標系を構成するように決める．また，β_i を $\boldsymbol{y}_{i-1}$ 軸まわりに右ねじ方向に測った $\boldsymbol{z}_{i-1}$ 軸から $\boldsymbol{z}_i$ 軸への角度とし，この $\boldsymbol{y}_{i-1}$ 軸まわりの回転で $\boldsymbol{z}_{i-1}$ 軸が $\boldsymbol{z}'_{i-1}$ 軸に，$\boldsymbol{x}_{i-1}$ 軸が $\boldsymbol{x}'_{i-1}$ 軸に移動するとする．このように座標軸を定めて，θ_i，a_i，d_i は D-H 法と同一の定義とし，α を $\boldsymbol{x}'_{i-1}$ 軸まわりに右ねじ方向に測った $\boldsymbol{z}'_{i-1}$ 軸から $\boldsymbol{z}_i$ 軸への角度とする．図 6.2 に示されるように，$\boldsymbol{z}_{i-1}$ 軸と $\boldsymbol{z}_i$ 軸がほぼ平行のときは，$\boldsymbol{z}_{i-1}$ 軸上の原点 O_{i-1} の位置を任意に設定できるため，d_i は任意となり，a_i は一定値となる．このように，この修正パラメータは，α_i の微小な変動に対して d_i や a_i の変化が敏感とならないため，パラメータのキャリブレーションに適したリンクパラメータといえる．したがって，D-H 法の四つのパラメータと修正 D-H 法の θ_i，a_i，d_i および α_i のパラメータ値を一致させ，ねじれ角 β_i を 0 に設定し，この値を基礎にキャリブレーションを行えばよい．この場合，修正 D-H 法による同次変換行列 ${}^{i-1}\boldsymbol{T}^*{}_i$ は次式で与えられる．

$$
\begin{aligned}
{}^{i-1}\boldsymbol{T}^*{}_i &= \mathrm{Rot}(\boldsymbol{y}, \beta_i)\,\mathrm{Trans}(a_i, 0, 0)\,\mathrm{Rot}(\boldsymbol{x}, \alpha_i)\,\mathrm{Trans}(0, 0, d_i)\,\mathrm{Rot}(\boldsymbol{z}, \theta_i) \\
&= \mathrm{Rot}(\boldsymbol{y}, \beta_i)\,{}^{i-1}\boldsymbol{T}_i \qquad (6.1)
\end{aligned}
$$

ここで，${}^{i-1}\boldsymbol{T}_i$ は D-H 法による同次変換行列に対応する．なお，隣合う関節軸が直交するとき，もしくはその状態に近いときは，α_i の微小な変動に対して d_i や a_i の変化が敏感ではないので，D-H 法による四つのパラメータでキャリブレーションすればよい．

6.1.2　誤差解析

手先の位置姿勢 $\boldsymbol{r}$ が，修正 D-H 法によるパラメータを用いて

$$\boldsymbol{r} = \boldsymbol{f}(\boldsymbol{q}) \tag{6.2}$$

と表される場合を考える．ここで，$\boldsymbol{\alpha}$ を全リンク座標系の α_i を要素とするベクトル，すなわち，$\boldsymbol{\alpha} = [\alpha_1, \alpha_2, \cdots, \alpha_n]^T$ とする．同様に，$\boldsymbol{\theta}$，$\boldsymbol{a}$，$\boldsymbol{d}$，$\boldsymbol{\beta}$ のベクトルをそれぞれ θ_i，a_i，d_i，β_i を要素とするベクトルとする．このとき，式 (6.2) は

$$\boldsymbol{r} = \boldsymbol{f}(\boldsymbol{\alpha}, \boldsymbol{a}, \boldsymbol{\theta}, \boldsymbol{d}, \boldsymbol{\beta}) = \boldsymbol{f}(\boldsymbol{\phi}) \tag{6.3}$$

と書き直すことができる．ただし，$\boldsymbol{\phi}$ は全運動学パラメータで

$$\boldsymbol{\phi} = \begin{bmatrix} \boldsymbol{\alpha} \\ \boldsymbol{a} \\ \boldsymbol{\theta} \\ \boldsymbol{d} \\ \boldsymbol{\beta} \end{bmatrix} \tag{6.4}$$

である．パラメータ $\boldsymbol{\phi}$ に微少な誤差 $\Delta\boldsymbol{\phi} = [\Delta\boldsymbol{\alpha}^T, \Delta\boldsymbol{a}^T, \Delta\boldsymbol{\theta}^T, \Delta\boldsymbol{d}^T, \Delta\boldsymbol{\beta}^T]^T$ が存在し，このために生じる手先位置の微小変分を $\Delta\boldsymbol{r}_p$，姿勢の微小変分を $\Delta\boldsymbol{r}_o$ とし，位置姿勢の微小変分を

$$\Delta\boldsymbol{r} = \begin{bmatrix} \Delta\boldsymbol{r}_p \\ \Delta\boldsymbol{r}_o \end{bmatrix} \tag{6.5}$$

とする．この $\Delta\boldsymbol{r}$ は式 (6.3) より

$$\Delta\boldsymbol{r} = \frac{\partial \boldsymbol{f}}{\partial \boldsymbol{\alpha}^T}\Delta\boldsymbol{\alpha} + \frac{\partial \boldsymbol{f}}{\partial \boldsymbol{a}^T}\Delta\boldsymbol{a} + \frac{\partial \boldsymbol{f}}{\partial \boldsymbol{\theta}^T}\Delta\boldsymbol{\theta} + \frac{\partial \boldsymbol{f}}{\partial \boldsymbol{d}^T}\Delta\boldsymbol{d} + \frac{\partial \boldsymbol{f}}{\partial \boldsymbol{\beta}^T}\Delta\boldsymbol{\beta} \tag{6.6}$$

で近似できる．この関係は

$$\begin{aligned}\Delta\boldsymbol{r} &= [\boldsymbol{J}_\alpha,\ \boldsymbol{J}_a,\ \boldsymbol{J}_\theta,\ \boldsymbol{J}_d,\ \boldsymbol{J}_\beta]\begin{bmatrix} \Delta\boldsymbol{\alpha} \\ \Delta\boldsymbol{a} \\ \Delta\boldsymbol{\theta} \\ \Delta\boldsymbol{d} \\ \Delta\boldsymbol{\beta} \end{bmatrix} \\ &= \boldsymbol{J}_\phi \Delta\boldsymbol{\phi} \end{aligned} \tag{6.7}$$

と簡潔に表すことができる．ここで，

$$\begin{aligned} &\boldsymbol{J}_\alpha = \frac{\partial \boldsymbol{f}}{\partial \boldsymbol{\alpha}^T}, \quad \boldsymbol{J}_a = \frac{\partial \boldsymbol{f}}{\partial \boldsymbol{a}^T}, \quad \boldsymbol{J}_\theta = \frac{\partial \boldsymbol{f}}{\partial \boldsymbol{\theta}^T}, \\ &\boldsymbol{J}_d = \frac{\partial \boldsymbol{f}}{\partial \boldsymbol{d}^T}, \quad \boldsymbol{J}_\beta = \frac{\partial \boldsymbol{f}}{\partial \boldsymbol{\beta}^T}, \quad \boldsymbol{J}_\phi = \frac{\partial \boldsymbol{f}}{\partial \boldsymbol{\phi}^T} \end{aligned} \tag{6.8}$$

である．$\boldsymbol{J}_*$ はパラメータ $*$ に関するヤコビ行列である．

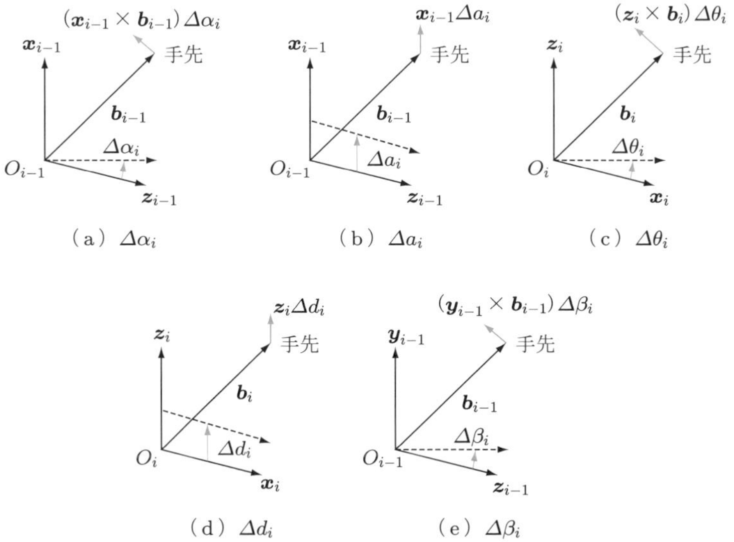

図 6.3 リンクパラメータ誤差の手先位置姿勢への影響

パラメータ $\boldsymbol{\theta}$ に関するヤコビ行列 $\boldsymbol{J}_\theta$ の第 i 列ベクトルは，微小変分 $\Delta\theta_i$ により生じる手先の位置姿勢の変化係数を意味する．これを幾何学的に考察すると，図 6.3 (c) より，$\boldsymbol{z}_i$ 軸まわりの回転により Σ_i 原点から手先へ向かう位置ベクトル $\boldsymbol{b}_i$ はそれらの外積 $\boldsymbol{z}_i \times \boldsymbol{b}_i$ 方向に移動し，変位量は $\Delta\theta_i$ に比例するので

$$\mathrm{col}_i\, \boldsymbol{J}_\theta = \begin{bmatrix} {}^0\boldsymbol{z}_i \times {}^0\boldsymbol{b}_i \\ {}^0\boldsymbol{z}_i \end{bmatrix} \tag{6.9$_\mathrm{a}$}$$

を得る．ここで，$\mathrm{col}_i *$ は行列 $*$ の第 i 列ベクトルを意味する．同様に，図 6.3 (a)〜(e) より

$$\mathrm{col}_i\, \boldsymbol{J}_\alpha = \begin{bmatrix} {}^0\boldsymbol{x}_{i-1} \times {}^0\boldsymbol{b}_{i-1} \\ {}^0\boldsymbol{x}_{i-1} \end{bmatrix}, \quad \mathrm{col}_i\, \boldsymbol{J}_a = \begin{bmatrix} {}^0\boldsymbol{x}_{i-1} \\ \boldsymbol{0} \end{bmatrix},$$

$$\mathrm{col}_i\, \boldsymbol{J}_d = \begin{bmatrix} {}^0\boldsymbol{z}_i \\ \boldsymbol{0} \end{bmatrix}, \quad \mathrm{col}_i\, \boldsymbol{J}_\beta = \begin{bmatrix} {}^0\boldsymbol{y}_{i-1} \times {}^0\boldsymbol{b}_{i-1} \\ {}^0\boldsymbol{y}_{i-1} \end{bmatrix} \tag{6.9$_\mathrm{b}$}$$

を得る．なお，${}^0\boldsymbol{b}_i$ は

$${}^0\boldsymbol{b}_i = {}^0\boldsymbol{p}_n - {}^0\boldsymbol{p}_i \tag{6.10}$$

で表される．ここで，${}^0\boldsymbol{p}_i$ は Σ_0 で表した Σ_i の原点位置ベクトルである．4.2.3 項で述べた同次変換行列 ${}^0\boldsymbol{T}_i$ をリンクパラメータを用いて計算し，

$$ {}^{0}\boldsymbol{T}_i = \begin{bmatrix} {}^{0}\boldsymbol{x}_i & {}^{0}\boldsymbol{y}_i & {}^{0}\boldsymbol{z}_i & {}^{0}\boldsymbol{p}_i \\ 0 & 0 & 0 & 1 \end{bmatrix} \tag{6.11} $$

の関係より ${}^{0}\boldsymbol{x}_i$, ${}^{0}\boldsymbol{y}_i$, ${}^{0}\boldsymbol{z}_i$, ${}^{0}\boldsymbol{p}_i$ が求められる．D-H 法を用いる場合は，パラメータ $\boldsymbol{\beta}$ 項を消去すればよい．なお，関節がすべて回転関節のロボットの場合，4.4.1 項の $\boldsymbol{J}_\omega$ は，本節の $\boldsymbol{J}_\theta$ と一致する．関節に回転関節と直動関節が混在する一般的なときは，$\boldsymbol{J}_\omega$ の第 i 列ベクトルは

$$ \mathrm{col}_i\,\boldsymbol{J}_\omega = \begin{cases} \mathrm{col}_i\,\boldsymbol{J}_\theta & (IF \quad R) \\ \mathrm{col}_i\,\boldsymbol{J}_d & (IF \quad T) \end{cases} \tag{6.12} $$

となる．

例題 6.1　図 6.4 に示す 2 関節ロボットアームについて，修正 D-H 法によるパラメータの誤差と手先の位置姿勢に対する影響を調べよう．ただし，$d_i = \alpha_i = 0$ $(i = 1,\ 3)$，$a_1 = 0$，$a_2 = L_1$，$a_3 = L_3$ とする．

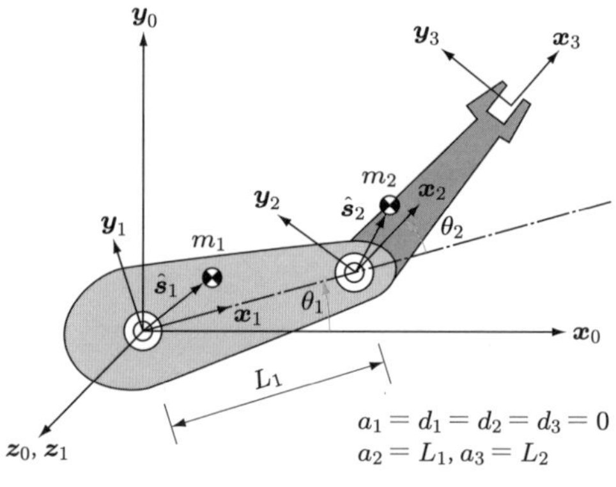

図 6.4　2 関節ロボットアーム

同次変換行列は次のようになる．

$$ {}^{0}\boldsymbol{T}_1 = \begin{bmatrix} \mathrm{C}_1 & -\mathrm{S}_1 & 0 & 0 \\ \mathrm{S}_1 & \mathrm{C}_1 & 0 & 0 \\ 0 & 0 & 1 & 0 \\ 0 & 0 & 0 & 1 \end{bmatrix}, \quad {}^{1}\boldsymbol{T}_2 = \begin{bmatrix} \mathrm{C}_2 & -\mathrm{S}_2 & 0 & L_1 \\ \mathrm{S}_2 & \mathrm{C}_2 & 0 & 0 \\ 0 & 0 & 1 & 0 \\ 0 & 0 & 0 & 1 \end{bmatrix}, $$

$$ {}^{2}\boldsymbol{T}_3 = \begin{bmatrix} 1 & 0 & 0 & L_2 \\ 0 & 1 & 0 & 0 \\ 0 & 0 & 1 & 0 \\ 0 & 0 & 0 & 1 \end{bmatrix} $$

これより

$$
{}^0\boldsymbol{T}_2 = \begin{bmatrix} \mathrm{C}_{12} & -\mathrm{S}_{12} & 0 & L_1\mathrm{C}_1 \\ \mathrm{S}_{12} & \mathrm{C}_{12} & 0 & L_1\mathrm{S}_1 \\ 0 & 0 & 1 & 0 \\ 0 & 0 & 0 & 1 \end{bmatrix}, \quad {}^0\boldsymbol{T}_3 = \begin{bmatrix} \mathrm{C}_{12} & -\mathrm{S}_{12} & 0 & L_2\mathrm{C}_{12} + L_1\mathrm{C}_1 \\ \mathrm{S}_{12} & \mathrm{C}_{12} & 0 & L_2\mathrm{S}_{12} + L_1\mathrm{S}_1 \\ 0 & 0 & 1 & 0 \\ 0 & 0 & 0 & 1 \end{bmatrix}
$$

を得る．${}^0\boldsymbol{b}_i$ は

$$
{}^0\boldsymbol{b}_0 = {}^0\boldsymbol{b}_1 = \begin{bmatrix} L_2\mathrm{C}_{12} + L_1\mathrm{C}_1 \\ L_2\mathrm{S}_{12} + L_1\mathrm{S}_1 \\ 0 \end{bmatrix}, \quad {}^0\boldsymbol{b}_2 = \begin{bmatrix} L_2\mathrm{C}_{12} \\ L_2\mathrm{S}_{12} \\ 0 \end{bmatrix}, \quad {}^0\boldsymbol{b}_3 = \begin{bmatrix} 0 \\ 0 \\ 0 \end{bmatrix}
$$

となる．また，リンクパラメータ α に関するヤコビ行列は

$$
\begin{aligned}
\boldsymbol{J}_\alpha &= \begin{bmatrix} {}^0\boldsymbol{x}_0 \times {}^0\boldsymbol{b}_0 & {}^0\boldsymbol{x}_1 \times {}^0\boldsymbol{b}_1 & {}^0\boldsymbol{x}_2 \times {}^0\boldsymbol{b}_2 \\ {}^0\boldsymbol{x}_0 & {}^0\boldsymbol{x}_1 & {}^0\boldsymbol{x}_2 \end{bmatrix} \\
&= \begin{bmatrix} 0 & 0 & 0 \\ 0 & 0 & 0 \\ L_2\mathrm{S}_{12} + L_1\mathrm{S}_1 & L_2\mathrm{S}_2 & 0 \\ 1 & \mathrm{C}_1 & \mathrm{C}_{12} \\ 0 & \mathrm{S}_1 & \mathrm{S}_{12} \\ 0 & 0 & 0 \end{bmatrix}
\end{aligned}
$$

である．同様に，他のパラメータに関するヤコビ行列を求めると

$$
\boldsymbol{J}_a = \begin{bmatrix} 1 & \mathrm{C}_1 & \mathrm{C}_{12} \\ 0 & \mathrm{S}_1 & \mathrm{S}_{12} \\ 0 & 0 & 0 \\ 0 & 0 & 0 \\ 0 & 0 & 0 \\ 0 & 0 & 0 \end{bmatrix} \quad \boldsymbol{J}_\theta = \begin{bmatrix} -L_2\mathrm{S}_{12} - L_1\mathrm{S}_1 & -L_2\mathrm{S}_{12} & 0 \\ L_2\mathrm{C}_{12} + L_1\mathrm{C}_1 & L_2\mathrm{C}_{12} & 0 \\ 0 & 0 & 0 \\ 0 & 0 & 0 \\ 0 & 0 & 0 \\ 1 & 1 & 1 \end{bmatrix}
$$

$$
\boldsymbol{J}_d = \begin{bmatrix} 0 & 0 & 0 \\ 0 & 0 & 0 \\ 1 & 1 & 1 \\ 0 & 0 & 0 \\ 0 & 0 & 0 \\ 0 & 0 & 0 \end{bmatrix} \quad \boldsymbol{J}_\beta = \begin{bmatrix} 0 & 0 & 0 \\ 0 & 0 & 0 \\ -L_2\mathrm{C}_{12} - L_1\mathrm{C}_1 & -L_2\mathrm{C}_2 - L_1 & -L_2 \\ 0 & -\mathrm{S}_1 & -\mathrm{S}_{12} \\ 1 & \mathrm{C}_1 & \mathrm{C}_{12} \\ 0 & 0 & 0 \end{bmatrix}
$$

を得る．

6.1.3 手先位置姿勢の微小変分

リンクパラメータのキャリブレーションを行うには，手先位置姿勢の変分 $\boldsymbol{\Delta r}$ を

$$\boldsymbol{\Delta r} = \boldsymbol{r}_m - \boldsymbol{r}_c \tag{6.13}$$

で求めることになる．ここで，$\boldsymbol{r}_m$ は手先位置姿勢の測定値であり，$\boldsymbol{r}_c$ は手先位置姿勢の計算値である．

変分 $\boldsymbol{\Delta r}$ は位置と姿勢に分割でき，位置の変分 $\boldsymbol{\Delta r}_p$ は

$$\boldsymbol{\Delta r}_p = \boldsymbol{r}_{pm} - \boldsymbol{r}_{pc} \tag{6.14}$$

で表される．ここで，$\boldsymbol{r}_{pm}$ は手先位置の測定値であり，$\boldsymbol{r}_{pc}$ は手先位置の計算値である．手先座標系に固定した任意のベクトルを $\boldsymbol{p}^*$，手先の姿勢を表す回転行列 ${}^0\boldsymbol{R}_n$ の測定値を $\boldsymbol{R}_m$，計算値を $\boldsymbol{R}_c$ とすると，図 6.5 に示すように，微小時間 Δt での姿勢の微小回転 $\boldsymbol{\Delta r}_o$ は図 5.3 で示すように角速度ベクトルに相当し，Δt を取り除いた

$$\boldsymbol{\Delta r}_o \times \boldsymbol{R}_c\boldsymbol{p}^* = \boldsymbol{R}_m\boldsymbol{p}^* - \boldsymbol{R}_c\boldsymbol{p}^* \tag{6.15}$$

の関係を満たす．この式は，任意の $\boldsymbol{p}^*$ で成立することから，ベクトル積を行列表現に書き直して

$$[\boldsymbol{\Delta r}_o\times] = (\boldsymbol{R}_m - \boldsymbol{R}_c)\boldsymbol{R}_c{}^T \tag{6.16}$$

を得る．式 (6.14) と式 (6.16) から $\boldsymbol{\Delta r} = [\boldsymbol{\Delta r}_p{}^T, \boldsymbol{\Delta r}_o{}^T]^T$ が求められる．

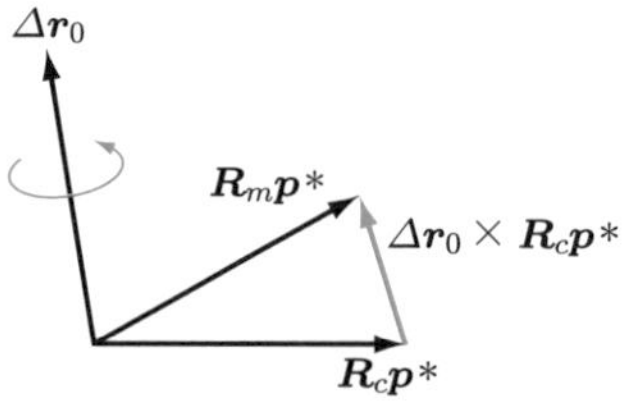

図 6.5 手先の姿勢の変分

6.1.4 リンクパラメータの推定

n リンクのロボットアームでは，修正 D-H 法によるリンクパラメータは $5n$ 個となる．リンクパラメータの精度よいキャリブレーションには，数多くの手先位置姿勢を計測することが望ましい．そこで，手先を異なる位置姿勢に N 回動かし，そのつど手先の位置姿勢を計測することにより

$$\boldsymbol{y} = \boldsymbol{A}\,\boldsymbol{\Delta\phi} \tag{6.17}$$

を得る．ここで，i 回目のデータを $\boldsymbol{\Delta r}(i)$，$\boldsymbol{J}_\phi(i)$ とすると

$$\boldsymbol{y} = \begin{bmatrix} \Delta\boldsymbol{r}(1) \\ \Delta\boldsymbol{r}(2) \\ \vdots \\ \Delta\boldsymbol{r}(N) \end{bmatrix} \tag{6.18$_\mathrm{a}$}$$

$$\boldsymbol{A} = \begin{bmatrix} \boldsymbol{J}_\phi(1) \\ \boldsymbol{J}_\phi(2) \\ \vdots \\ \boldsymbol{J}_\phi(N) \end{bmatrix} \tag{6.18$_\mathrm{b}$}$$

である．$\Delta\boldsymbol{\phi}$ の最小 2 乗法による推定値は（6.2.3 節参照のこと）

$$\Delta\boldsymbol{\phi} = (\boldsymbol{A}^T\boldsymbol{A})^{-1}\boldsymbol{A}^T\boldsymbol{y} \tag{6.19}$$

で与えられる．更新されるパラメータ $\boldsymbol{\phi}'$ は，次式で得られる．

$$\boldsymbol{\phi}' = \boldsymbol{\phi} + \Delta\boldsymbol{\phi} \tag{6.20}$$

パラメータ $\boldsymbol{\phi}$ は式 (6.3) の非線形方程式の解であるから，上述の更新は $\Delta\boldsymbol{\phi}$ がゼロに近づき，$\boldsymbol{\phi}$ の値が一定値に収束するまで繰り返す．各繰り返しにおいて，式 (6.9) のヤコビ行列は最新の値で計算される．

6.2 動力学パラメータの同定

ロボットの運動方程式の計算には，前節に示したリンクパラメータとさらに動力学パラメータを必要とする．ここでは，リンクパラメータは既知とし，動力学パラメータの求め方を示す．動力学パラメータとは，リンクの質量 m_i，1 次モーメント $m_i{}^i\hat{\boldsymbol{s}}_i$，慣性テンソル ${}^i\boldsymbol{I}_i$，粘性摩擦係数 D_i，クーロン摩擦力 fr_i である．これらのパラメータは，ロボットが組み上がった状態ではリンクごとに個別に計測することは困難である．そこで，ロボットの姿のままで，ロボットに適当な運動をさせ，そのときの関節駆動力 $\boldsymbol{\tau}$ と関節変位 $\boldsymbol{q}$，関節速度 $\dot{\boldsymbol{q}}$，関節加速度 $\ddot{\boldsymbol{q}}$ の状態からパラメータを推定するパラメータ同定 (parameter identification) の方法を示す．

6.2.1 リンクの動力学パラメータと運動方程式

リンク i の動力学パラメータを

$$\begin{aligned}\boldsymbol{\sigma}_i = [&m_i,\ m_i{}^i\hat{s}_{ix},\ m_i{}^i\hat{s}_{iy},\ m_i{}^i\hat{s}_{iz},\\ &{}^iI_{ixx},\ {}^iI_{iyy},\ {}^iI_{izz},\ {}^iI_{ixy},\ {}^iI_{ixz},\ {}^iI_{iyz}]^T\end{aligned} \tag{6.21}$$

で定義し，全体の動力学パラメータを

$$\boldsymbol{\sigma} = [\boldsymbol{\sigma}_1{}^T, \boldsymbol{\sigma}_2{}^T, \cdots, \boldsymbol{\sigma}_n{}^T]^T \tag{6.22}$$

とする．このとき，ロボットの運動方程式は，式 (5.14) より

$$\boldsymbol{M}(\boldsymbol{q},\boldsymbol{\sigma})\ddot{\boldsymbol{q}} + \boldsymbol{h}(\boldsymbol{q},\dot{\boldsymbol{q}},\boldsymbol{\sigma}) + \boldsymbol{g}(\boldsymbol{q},\boldsymbol{\sigma}) = \boldsymbol{\tau} \tag{6.23}$$

と表せる．この運動方程式が動力学パラメータ $\boldsymbol{\sigma}$ に関して線形な式に展開できることが示されている．すなわち，式 (6.23) は

$$\boldsymbol{\tau} = \boldsymbol{W}(\boldsymbol{q},\dot{\boldsymbol{q}},\ddot{\boldsymbol{q}})\boldsymbol{\sigma} \tag{6.24}$$

の形式に変形できる．このことを，以下に示す．

関節に加えられる力・モーメントと $\boldsymbol{\sigma}_i$ との関係は，ベクトル積の行列表現を用いると式 (5.59)，(5.60) より

$${}^i\boldsymbol{f}_i = [{}^i\dot{\boldsymbol{v}}_i,\ [{}^i\dot{\boldsymbol{\omega}}_i\times] + [{}^i\boldsymbol{\omega}_i\times][{}^i\boldsymbol{\omega}_i\times],\ \boldsymbol{0}]\boldsymbol{\sigma}_i + {}^i\boldsymbol{R}_{i+1}{}^{i+1}\boldsymbol{f}_{i+1} \tag{6.25a}$$

$$\begin{aligned}{}^i\boldsymbol{n}_i &= [\boldsymbol{0},\ -[{}^i\dot{\boldsymbol{v}}_i\times],\ \boldsymbol{\Lambda}({}^i\dot{\boldsymbol{\omega}}_i) + [{}^i\boldsymbol{\omega}_i\times]\boldsymbol{\Lambda}({}^i\boldsymbol{\omega}_i)]\boldsymbol{\sigma}_i \\ &\quad + [{}^i\hat{\boldsymbol{p}}_{i+1}\times]{}^i\boldsymbol{R}_{i+1}{}^{i+1}\boldsymbol{f}_{i+1} + {}^i\boldsymbol{R}_{i+1}{}^{i+1}\boldsymbol{n}_{i+1}\end{aligned} \tag{6.25b}$$

と表すことができる．ここで，任意のベクトル $\boldsymbol{a} = [a_x, a_y, a_z]^T$ に対し $\boldsymbol{\Lambda}(\boldsymbol{a})$ は次式で定義される関数行列である．

$$\boldsymbol{\Lambda}(\boldsymbol{a}) = \begin{bmatrix} a_x & 0 & 0 & a_y & a_z & 0 \\ 0 & a_y & 0 & a_x & 0 & a_z \\ 0 & 0 & a_z & 0 & a_x & a_y \end{bmatrix} \tag{6.26}$$

$\boldsymbol{\sigma}_i$ は ${}^{i+1}\boldsymbol{f}_{i+1}$ と ${}^{i+1}\boldsymbol{n}_{i+1}$ になんら影響を与えないので，式 (6.25) から ${}^i\boldsymbol{f}_i$ と ${}^i\boldsymbol{n}_i$ が $\boldsymbol{\sigma}_i$ に関し線形であることが導ける．この関係を，$j = n, \cdots, 1$ と繰り返し適用すると，${}^i\boldsymbol{f}_i$ と ${}^i\boldsymbol{n}_i$ が $\boldsymbol{\sigma}_j$ $(j = i, \cdots, n)$ に関し線形であるといえる．したがって，式 (5.55) より関節駆動力 $\boldsymbol{\tau}_i$ は $\boldsymbol{\sigma}_j$ $(j = i, \cdots, n)$ に関し線形となり，$\boldsymbol{\tau}$ は式 (6.24) で表すことができる．すなわち，定数の動力学パラメータ $\boldsymbol{\sigma}$ と動力学パラメータを含まない行列 $\boldsymbol{W}$ とに分離できる（ここで，$\boldsymbol{W}$ を $\boldsymbol{\sigma}$ に関するリグレッサとよぶ）．

例題 6.2 図 6.4 に示す 2 関節ロボットアームを対象に，動力学パラメータと関節駆動力との関係を考察しよう．ただし，重力は $\boldsymbol{y}$ 軸 − 方向とする．

ロボットを構成するリンク i には，同図に示すように D-H 法による座標系 Σ_i を設定し，m_i をリンク i の質量，$\hat{\boldsymbol{s}}_i = [\hat{s}_{ix}, \hat{s}_{iy}, \hat{s}_{iz}]^T$ を Σ_i で表したリンク i の質量中心，${}^i\boldsymbol{I}_i = \{I_{ijk}\}$ を Σ_i で表した Σ_i 原点でのリンク慣性テンソルとし，ニュートン・オイラー法によって運動方程式を求める．その結果，5.3.3 項と同様にして

$$\boldsymbol{\tau} = \begin{bmatrix} M_{11} & M_{12} \\ M_{12} & M_{22} \end{bmatrix} \ddot{\boldsymbol{\theta}} + \begin{bmatrix} h_1 \\ h_2 \end{bmatrix} + \begin{bmatrix} g_1 \\ g_2 \end{bmatrix} \tag{6.27}$$

を得る．ただし，

$$M_{11} = I_{1zz} + m_2 {L_1}^2 + I_{2zz} + 2m_2 L_1(\hat{s}_{2x}\mathrm{C}_2 - \hat{s}_{2y}\mathrm{S}_2) \tag{6.28a}$$

$$M_{12} = I_{2zz} + m_2 L_1(\hat{s}_{2x}\mathrm{C}_2 - \hat{s}_{2y}\mathrm{S}_2) \tag{6.28b}$$

$$M_{22} = I_{2zz} \tag{6.28c}$$

$$h_1 = -m_2 L_1(\hat{s}_{2x}\mathrm{S}_2 + \hat{s}_{2y}\mathrm{C}_2)(2\dot{\theta}_1\dot{\theta}_2 + {\dot{\theta}_2}^2) \tag{6.28d}$$

$$h_2 = m_2 L_1(\hat{s}_{2x}\mathrm{S}_2 + \hat{s}_{2y}\mathrm{C}_2){\dot{\theta}_1}^2 \tag{6.28e}$$

$$g_1 = g[m_1(\hat{s}_{1x}\mathrm{C}_1 - \hat{s}_{1y}\mathrm{S}_1) + m_2 L_1 \mathrm{C}_1 + m_2(\hat{s}_{2x}\mathrm{C}_{12} - \hat{s}_{2y}\mathrm{S}_{12})] \tag{6.28f}$$

$$g_2 = g m_2(\hat{s}_{2x}\mathrm{C}_{12} - \hat{s}_{2y}\mathrm{S}_{12}) \tag{6.28g}$$

である．式 (6.27) より

$$\begin{bmatrix} \tau_1 \\ \tau_2 \end{bmatrix} = \left[\begin{array}{c:ccc:cccccc:} 0 & g\mathrm{C}_1 & -g\mathrm{S}_1 & 0 & 0 & 0 & \ddot{\theta}_1 & 0 & 0 & 0 \\ 0 & 0 & 0 & 0 & 0 & 0 & 0 & 0 & 0 & 0 \end{array}\right.$$
$$\left.\begin{array}{c:ccc:cccccc} {L_1}^2\ddot{\theta}_1 + gL_1\mathrm{C}_1 & w_{112} & w_{113} & 0 & 0 & 0 & \ddot{\theta}_1 + \ddot{\theta}_2 & 0 & 0 & 0 \\ 0 & w_{212} & w_{213} & 0 & 0 & 0 & \ddot{\theta}_1 + \ddot{\theta}_2 & 0 & 0 & 0 \end{array}\right] \begin{bmatrix} \boldsymbol{\sigma}_1 \\ \boldsymbol{\sigma}_2 \end{bmatrix} \tag{6.29}$$

を得る．ただし，

$$w_{112} = L_1[(2\ddot{\theta}_1 + \ddot{\theta}_2)\mathrm{C}_2 - (2\dot{\theta}_1 + \dot{\theta}_2)\dot{\theta}_2\mathrm{S}_2] + g\mathrm{C}_{12} \tag{6.30a}$$

$$w_{113} = -L_1[(2\ddot{\theta}_1 + \ddot{\theta}_2)\mathrm{S}_2 + (2\dot{\theta}_1 + \dot{\theta}_2)\dot{\theta}_2\mathrm{C}_2] - g\mathrm{S}_{12} \tag{6.30b}$$

$$w_{212} = L_1(\ddot{\theta}_1\mathrm{C}_2 + {\dot{\theta}_1}^2\mathrm{S}_2) + g\mathrm{C}_{12} \tag{6.30c}$$

$$w_{213} = L_1(-\ddot{\theta}_1\mathrm{S}_2 + {\dot{\theta}_1}^2\mathrm{C}_2) - g\mathrm{S}_{12} \tag{6.30d}$$

である．したがって，式 (6.24) の形式で，運動方程式がパラメータ $\boldsymbol{\sigma}$ に関して線形な式に展開できた．

6.2.2 パラメータの可同定性

ロボットに適当に運動させたときの観測値 $\boldsymbol{q}$, $\dot{\boldsymbol{q}}$, $\ddot{\boldsymbol{q}}$ と関節駆動力 $\boldsymbol{\tau}$ からパラメータ $\boldsymbol{\sigma}$ を同定する場合，同定の可否によりパラメータは次の三つに分類できる．

1) 可同定：適当な運動により正確なパラメータ値が推定可能なとき
2) 線形結合によってのみ可同定：線形結合したパラメータの値が適当な運動により正確に推定可能なとき
3) 非可同定：いかなる運動によっても正確なパラメータ値が推定不能なとき

σ_i を $\boldsymbol{\sigma}$ の第 i 要素とし，σ_i に対応する $\boldsymbol{W}$ の第 i 列ベクトルを $\boldsymbol{w}_i$ とする．関節駆動力になんら影響を及ぼさないパラメータは非可同定である．σ_i が関節駆動力になんら影響を及ぼさないとは，$\boldsymbol{w}_i$ がゼロベクトルであることを意味する．したがって，$\boldsymbol{w}_i = \boldsymbol{0}$ のときは σ_i は非可同定パラメータ (unidentifiable parameter) となる．

$\boldsymbol{w}_i$ が $\boldsymbol{w}_j$ $(j \neq i)$ の線形結合で表すことができないときは，σ_i は可同定パラメータ (identifiable parameter) となる．

$\boldsymbol{w}_i$ が $\boldsymbol{q}$，$\dot{\boldsymbol{q}}$，$\ddot{\boldsymbol{q}}$ の値にかかわらず $\boldsymbol{w}_j$ $(j \neq i)$ の線形結合で表せる 1 次従属のとき，σ_i は単独では非同定であるが，適当な線形結合により線形結合したパラメータが可同定となる．すなわち，μ_j をスカラ定数とし，$\boldsymbol{w}_i$ が

$$\boldsymbol{w}_i = \sum_j \mu_j \boldsymbol{w}_j \qquad (j \neq i) \tag{6.31}$$

で表されるとき，式 (6.24) は

$$\begin{aligned}\boldsymbol{\tau} &= \sum_j \sigma_j \boldsymbol{w}_j \\ &= \sigma_1 \boldsymbol{w}_1 + \cdots + \sigma_{i-1}\boldsymbol{w}_{i-1} + \sigma_i \sum_j \mu_j \boldsymbol{w}_j + \sigma_{i+1}\boldsymbol{w}_{i+1} + \cdots \\ &= (\sigma_1 + \mu_1\sigma_i)\boldsymbol{w}_1 + \cdots + (\sigma_{i-1} + \mu_{i-1}\sigma_i)\boldsymbol{w}_{i-1} + (\sigma_{i+1} + \mu_{i+1}\sigma_i)\boldsymbol{w}_{i+1} + \cdots\end{aligned}$$

となり，$\boldsymbol{w}_i$ を $\boldsymbol{0}$ ベクトル，σ_j を $(\sigma_j + \mu_j\sigma_i)$ と置き換えることによりパラメータ σ_i は消去できる．このとき，$\boldsymbol{w}_j$ が他の列ベクトルの線形和で表すことができないときは $(\sigma_j + \mu_j\sigma_i)$ が可同定となり，$\boldsymbol{w}_j$ が 1 次従属なら同様の手順で $(\sigma_j + \mu_j\sigma_i)$ を消去できる．

線形結合により，可同定なパラメータのみからなるベクトルを $\boldsymbol{\sigma}_{\mathrm{min}}$ とすると

$$\boldsymbol{\sigma}_{\mathrm{min}} = \boldsymbol{K}\boldsymbol{\sigma} \tag{6.32}$$

で表される．ここで，$\boldsymbol{K}$ は $m \times 10n$ 定数行列である．$\boldsymbol{\sigma}_{\mathrm{min}}$ の要素数 m は，ロボットの機構構成と重力の作用する方向により定まる．この $\boldsymbol{\sigma}_{\mathrm{min}}$ をベースパラメータ (base parameters) という．ベースパラメータは，これ以上パラメータ数を減らせないという意味で最小動力学パラメータ (minimum set of dynamics parameters) ともよぶ．式 (6.32) より，$\boldsymbol{\sigma}_{\mathrm{min}}$ と $\boldsymbol{\tau}$ との関係は

$$\boldsymbol{\tau} = \boldsymbol{W}_{\min}\boldsymbol{\sigma}_{\min} \tag{6.33}$$

となる．ただし，

$$\boldsymbol{W} = \boldsymbol{W}_{\min}\boldsymbol{K} \tag{6.34}$$

の関係がある．明らかに，$\boldsymbol{W}_{\min}$ の任意の第 i 列ベクトルは他の列ベクトルの線形結合で表せない．なお，ベースパラメータの表現は多様で，たとえば

$$\boldsymbol{\sigma}^{*}{}_{\min} = \boldsymbol{L}\boldsymbol{\sigma}_{\min} \tag{6.35}$$

もベースパラメータの一つの表現である．ただし，$\boldsymbol{L}$ は正則な $m \times m$ 定数行列である．

例題 6.3 例題 6.2 の 2 関節ロボットアームの動力学パラメータをパラメータ同定の観点から分類してみよう．

非可同定パラメータ：式 (6.29) の $\boldsymbol{W}$ の第 1，4，5，6，8，9，10，14，15，16，18，19 および 20 列ベクトルはゼロベクトルである．したがって，m_1，$m_1\hat{s}_{1z}$，$m_2\hat{s}_{2z}$ および I_{izz} を除く I_{ijk} $(j = 1,\ 2)$ は非可同定である．

可同定パラメータ：$\boldsymbol{W}$ の第 3，12，13，17 列ベクトルはそれぞれ他の列ベクトルの線形結合で表せない．したがって，$m_1\hat{s}_{1y}$，$m_2\hat{s}_{2x}$，$m_2\hat{s}_{2y}$，I_{2zz} は可同定である．

線形結合による可同定パラメータ：その他のパラメータは線形結合により可同定なパラメータで，それ単独では同定できない．すなわち，$L_1\boldsymbol{w}_2 + L_1{}^2\boldsymbol{w}_7 = \boldsymbol{w}_{11}$ の関係があり，$m_1\hat{s}_{1x}$，I_{1zz} および m_2 が該当する．三つのパラメータに対し，一つの拘束式があるから独立なパラメータの数は二つである．線形結合したパラメータの例として $\boldsymbol{w}_{11}$ を消去すると $m_1\hat{s}_{1x} + m_2L_1$，$I_{1zz} + m_2L_1{}^2$ が得られる．

可同定なパラメータのみから構成した $\boldsymbol{\sigma}_{\min}$ を

$$\boldsymbol{\sigma}_{\min} = \begin{bmatrix} m_1\hat{s}_{1x} + m_2L_1 \\ m_1\hat{s}_{1y} \\ I_{1zz} + m_2L_1{}^2 \\ m_2\hat{s}_{2x} \\ m_2\hat{s}_{2y} \\ I_{2zz} \end{bmatrix} \tag{6.36}$$

とおくと，式 (6.27) より，

$$\boldsymbol{\tau} = \begin{bmatrix} g\mathrm{C}_1 & -g\mathrm{S}_1 & \ddot{\theta}_1 & w_{112} & w_{113} & \ddot{\theta}_1+\ddot{\theta}_2 \\ 0 & 0 & 0 & w_{212} & w_{213} & \ddot{\theta}_1+\ddot{\theta}_2 \end{bmatrix} \boldsymbol{\sigma}_{\mathrm{min}} \qquad (6.37)$$

$$= \boldsymbol{W}_{\mathrm{min}}\boldsymbol{\sigma}_{\mathrm{min}}$$

を得る．$\boldsymbol{W}_{\mathrm{min}}$ の列ベクトルは，それぞれ他の列ベクトルの線形和で表せない．したがって，$\boldsymbol{\sigma}_{\mathrm{min}}$ はベースパラメータといえる．なお，重力方向が $\boldsymbol{z}$ 軸の場合は，重力負荷はトルクに影響を与えないから $\boldsymbol{\sigma}_{\mathrm{min}}$ の第 1 要素と第 2 要素は非可同定となる．

関節 i の摩擦力が無視できない場合，クーロン摩擦 fr_i と粘性摩擦係数 D_i を未知なパラメータとして同定が可能である．すなわち，式 (6.24) の代わりに

$$\boldsymbol{\tau} = \boldsymbol{W}\boldsymbol{\sigma} + \mathrm{diag}[\dot{q}_i]\boldsymbol{\sigma}_D + \mathrm{diag}[\mathrm{sgn}(\dot{q}_i)]\boldsymbol{\sigma}_{fr} \qquad (6.38)$$

の関係が得られる．$\mathrm{diag}[*_i]$ は (i,i) 要素のみ $*_i$ の値をもち，他の要素はゼロの対角行列を意味し，

$$\boldsymbol{\sigma}_D = [D_1, D_2, \cdots, D_n]^T \qquad (6.39)$$

$$\boldsymbol{\sigma}_{fr} = [fr_1, fr_2, \cdots, fr_n]^T \qquad (6.40)$$

である．したがって，$[\boldsymbol{\sigma}^T, \boldsymbol{\sigma}_D{}^T, \boldsymbol{\sigma}_{fr}{}^T]^T$ を新たに $\boldsymbol{\sigma}$ とし，これと $\boldsymbol{\tau}$ を関係づける行列を $\boldsymbol{W}$ とおくことにより，式 (6.24) と同一形式が得られる．

≫ 6.2.3 線形同定法

(1) 最小 2 乗法

ロボットの関節変位と関節速度，および関節加速度と関節駆動力の観測値から $\boldsymbol{\sigma}_{\mathrm{min}}$ を推定する最小 2 乗法 (least squares method) を示す．以下では，簡素化のため $\boldsymbol{\sigma}_{\mathrm{min}}$ と $\boldsymbol{W}_{\mathrm{min}}$ は $\boldsymbol{\sigma}$ と $\boldsymbol{W}$ に置き換える．観測ノイズや計算誤差を考慮して，$\boldsymbol{\tau}$ と $\boldsymbol{W}$ を計算したときに生じる誤差を式誤差とよび，これ $\boldsymbol{\psi}$ とする．サンプル時点 1 から N までのデータを集め，

$$\boldsymbol{y} = \begin{bmatrix} \boldsymbol{\tau}(1) \\ \vdots \\ \boldsymbol{\tau}(N) \end{bmatrix}, \quad \boldsymbol{A} = \begin{bmatrix} \boldsymbol{W}(1) \\ \vdots \\ \boldsymbol{W}(N) \end{bmatrix}, \quad \boldsymbol{\nu} = \begin{bmatrix} \boldsymbol{\psi}(1) \\ \vdots \\ \boldsymbol{\psi}(N) \end{bmatrix} \qquad (6.41)$$

を定義すると

$$\boldsymbol{y} = \boldsymbol{A}\boldsymbol{\sigma} + \boldsymbol{\nu} \qquad (6.42)$$

となる．最適推定値 (optimal estimate) $\hat{\boldsymbol{\sigma}}$ は，評価関数

$$PI = (\boldsymbol{y} - \boldsymbol{A\sigma})^T \boldsymbol{\Omega}(\boldsymbol{y} - \boldsymbol{A\sigma}) \tag{6.43}$$

を最小とするものとする．ここで，$\boldsymbol{\Omega}$ は対称正値行列である．最小とする $\boldsymbol{\sigma}$ は

$$\frac{\partial PI}{\partial \boldsymbol{\sigma}} = 2\boldsymbol{A}^T \boldsymbol{\Omega} \boldsymbol{A\sigma} - 2\boldsymbol{A}^T \boldsymbol{\Omega y} = \boldsymbol{0} \tag{6.44}$$

を満たす．これより，$(\boldsymbol{A}^T \boldsymbol{\Omega A})$ の逆行列が存在するときは

$$\hat{\boldsymbol{\sigma}} = (\boldsymbol{A}^T \boldsymbol{\Omega A})^{-1} \boldsymbol{A}^T \boldsymbol{\Omega y} \tag{6.45}$$

で与えられる．このとき，推定誤差は式 (6.45) を式 (6.42) に代入して

$$\hat{\boldsymbol{\sigma}} - \boldsymbol{\sigma} = (\boldsymbol{A}^T \boldsymbol{\Omega A})^{-1} \boldsymbol{A}^T \boldsymbol{\Omega \nu} \tag{6.46}$$

となる．ここで，$\boldsymbol{\Omega}$ は重み行列であり，$\boldsymbol{\Omega}$ が単位行列のとき最小 2 乗法となる．$\boldsymbol{\nu}$ の平均値がゼロで $\boldsymbol{A}$ と無相関ならば，推定誤差はゼロに収束する．

(2) 補助変数法

関節変位や関節速度は比較的高精度な観測が容易であるが，関節加速度は変位の 2 階微分となるため，一般に高精度な観測が困難である．このため，加速度の観測ノイズを考慮する必要がある．加速度の観測誤差を $\Delta\ddot{\boldsymbol{q}}(i)$ とすると，これによる式誤差は式 (6.23) より $-\boldsymbol{M}(\boldsymbol{q})\,\Delta\ddot{\boldsymbol{q}}$ となる．一方，$\boldsymbol{W}$ の計算値は $\boldsymbol{W}(\boldsymbol{q}, \dot{\boldsymbol{q}}, \ddot{\boldsymbol{q}} + \Delta\ddot{\boldsymbol{q}})$ である．したがって，$\boldsymbol{\psi}(i)$ と $\boldsymbol{W}(i)$ に $\Delta\ddot{\boldsymbol{q}}$ が含まれるため両者は相関があり，このため最小 2 乗法では式 (6.46) で示される推定誤差が生じる．この誤差を漸近的にゼロに収束させる推定法として，以下に示す補助変数法 (instrumental variable method) がある．

補助変数法とは，$\ddot{\boldsymbol{q}}^*$ を $\ddot{\boldsymbol{q}}$ の補助変数とし

$$\hat{\boldsymbol{W}}(i) = \boldsymbol{W}(\boldsymbol{q}(i), \dot{\boldsymbol{q}}(i), \ddot{\boldsymbol{q}}^*(i)) \tag{6.47}$$

$$\hat{\boldsymbol{A}} = \text{block diag}(\hat{\boldsymbol{W}}(1), \hat{\boldsymbol{W}}(2), \cdots, \hat{\boldsymbol{W}}(N)) \tag{6.48}$$

を定義し，重み行列を

$$\boldsymbol{\Omega} = \hat{\boldsymbol{A}}\hat{\boldsymbol{A}}^T \tag{6.49}$$

とするものである．ここで，block diag はブロック対角行列を意味する．このとき，推定値は

$$\hat{\boldsymbol{\sigma}} = \boldsymbol{\sigma} + (\boldsymbol{A}^T \hat{\boldsymbol{A}}\hat{\boldsymbol{A}}^T \boldsymbol{A})^{-1} \boldsymbol{A}^T \hat{\boldsymbol{A}}\hat{\boldsymbol{A}}^T \boldsymbol{\nu} \tag{6.50}$$

で与えられる．ここで，$N \to \infty$ のときの確率を確率極限 (stochastic limit) とよび，plim で表記すると

(a) $\displaystyle \operatorname*{plim}_{N\to\infty} \frac{1}{N} \boldsymbol{A}^T \hat{\boldsymbol{A}}\hat{\boldsymbol{A}}^T \boldsymbol{A}$ が正則 (6.51)

$$\text{(b)} \quad \operatorname*{plim}_{N\to\infty} \frac{1}{N} \boldsymbol{A}^T \hat{\boldsymbol{A}} \hat{\boldsymbol{A}}^T \boldsymbol{\nu} = \boldsymbol{0} \tag{6.52}$$

であるならば，Slutsky の定理より，$\hat{\boldsymbol{\sigma}}$ は漸近的に一致推定値 (consistent estimate) となる．なお，一致推定値とは $N \to \infty$ のときに真値となる推定量を表す．この二つの条件は $\ddot{\boldsymbol{q}}^*(i)$ と $\ddot{\boldsymbol{q}}(i)$ に強い相関があり，$\ddot{\boldsymbol{q}}^*(i)$ と $\boldsymbol{\psi}(i)$ が無相関であるときに成り立つ．そこで，事前に得られる概略データから運動方程式に相当する補助モデル

$$\hat{\boldsymbol{M}}(\boldsymbol{q})\ddot{\boldsymbol{q}}^* + \hat{\boldsymbol{h}}(\boldsymbol{q}, \dot{\boldsymbol{q}}) + \hat{\boldsymbol{g}}(\boldsymbol{q}) = \boldsymbol{\tau} \tag{6.53}$$

を作り，$\ddot{\boldsymbol{q}}^*$ を補助モデルの出力とする．ここで，$\hat{\boldsymbol{M}}$，$\hat{\boldsymbol{h}}$，$\hat{\boldsymbol{g}}$ はそれぞれ補助モデルの慣性行列，遠心力・コリオリ力，重力負荷である．$\boldsymbol{\tau}$ が加速度フィードバックを含まないかぎり，$\ddot{\boldsymbol{q}}^*$ は $\boldsymbol{\psi}$ に無相関で $\ddot{\boldsymbol{q}}$ と強い相関があるといえる．したがって，式 (6.51)，(6.52) の条件を満たし，一致推定値が得られる．

なお，パラメータが冗長のときは，$\boldsymbol{A}^T \hat{\boldsymbol{A}} \hat{\boldsymbol{A}}^T \boldsymbol{A}$ が正則でないので上記の最小 2 乗法や補助変数法は利用できない．しかし，これら推定法の逐次アルゴリズムを用いると，パラメータが冗長であってもパラメータ同定が可能となる．逐次同定アルゴリズムは付録 D を参照されたい．逐次同定アルゴリズムで初期値をゼロとして推定する場合，非可同定パラメータはゼロのままである．線形結合によってのみ可同定なパラメータの推定値はバイアスを含む．しかしトルク誤差を最小とするアルゴリズムであれば，推定パラメータによるトルク計算の結果はトルク誤差がキャンセルされる．したがって，制御や解析にその推定値を利用できる．

6.2.4 手先負荷の同定

ロボットの動力学パラメータの経時的な変化は，手先負荷と摩擦項を除けばほとんどないといえる．手先負荷は，作業内容の変化もしくは把持する対象物の変化により，変動することが多い．手先負荷はリンク n に含めて考えることができる．したがって，手先負荷が変化したことにより，リンク n のパラメータが $\boldsymbol{\sigma}_n$ から $\boldsymbol{\sigma}_n + \Delta\boldsymbol{\sigma}_n$ になり，関節駆動力が $\boldsymbol{\tau}$ から $\boldsymbol{\tau} + \Delta\boldsymbol{\tau}$ になったとすると，式 (6.24) より

$$\Delta\boldsymbol{\tau} = \boldsymbol{W}[\boldsymbol{0}^T, \boldsymbol{0}^T, \cdots, \boldsymbol{0}^T, \Delta{\boldsymbol{\sigma}_n}^T]^T \tag{6.54}$$

を得る．この式は

$$\boldsymbol{W} = [\boldsymbol{W}_1, \boldsymbol{W}_2, \cdots, \boldsymbol{W}_n] \tag{6.55}$$

とおくと，

$$\Delta\boldsymbol{\tau} = \boldsymbol{W}_n \Delta\boldsymbol{\sigma}_n \tag{6.56}$$

と表せる．ただし，$\boldsymbol{W}_i$ は $\boldsymbol{\sigma}_i$ に対応する $\boldsymbol{W}$ の行列要素である．したがって，式 (6.56)

を用いてパラメータ $\Delta\boldsymbol{\sigma}_n$ が同定できる．なお，$\Delta\boldsymbol{\tau}$ は手先負荷があるときの実際の駆動力 $\boldsymbol{\tau}_m$ と手先負荷の公称値を用いて計算した駆動力 $\boldsymbol{\tau}_c$ との差として

$$\Delta\boldsymbol{\tau} = \boldsymbol{\tau}_m - \boldsymbol{\tau}_c \tag{6.57}$$

と求められる．

例題 6.4　例題 6.2 の 2 関節ロボットアームに，図 6.6 に示すように手先負荷が加わったときの同定の関係式を求めよう．

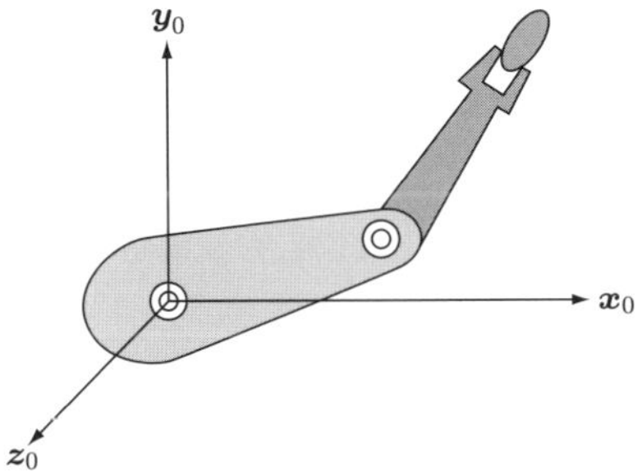

図 6.6　手先負荷をもつ 2 関節ロボットアーム

式 (6.29) より

$$\begin{bmatrix} \Delta\tau_1 \\ \Delta\tau_2 \end{bmatrix} = \left[\begin{array}{c:ccc:cccccc} L_1{}^2\ddot{\theta}_1 + gL_1{}^2\mathrm{C}_1 & w_{112} & w_{113} & 0 & 0 & 0 & \ddot{\theta}_1 + \ddot{\theta}_2 & 0 & 0 & 0 \\ 0 & w_{212} & w_{213} & 0 & 0 & 0 & \ddot{\theta}_1 + \ddot{\theta}_2 & 0 & 0 & 0 \end{array}\right] \Delta\sigma_2$$

を得る．関節トルクに影響を与えるパラメータを求め，整理すると

$$\begin{bmatrix} \Delta\tau_1 \\ \Delta\tau_2 \end{bmatrix} = \begin{bmatrix} L_1{}^2\ddot{\theta}_1 + gL_1{}^2\mathrm{C}_1 & w_{112} & w_{113} & \ddot{\theta}_1 + \ddot{\theta}_2 \\ 0 & w_{212} & w_{213} & \ddot{\theta}_1 + \ddot{\theta}_2 \end{bmatrix} \begin{bmatrix} \Delta m_2 \\ \Delta m_2 \hat{s}_{2x} \\ \Delta m_2 \hat{s}_{2y} \\ \Delta I_{2zz} \end{bmatrix}$$

となる．これより Δm_2，$\Delta m_2\hat{s}_{2x}$，$\Delta m_2\hat{s}_{2y}$，ΔI_{2zz} が同定可能といえる．リンク 2 の m_2 はそれ単独では同定できないが，Δm_2 は可同定であることに注意されたい．

演習問題

6.1　例題 6.1 の 2 関節ロボットアームにおいて，リンク長さを $L_1 = L_2 = 100\,\mathrm{mm}$ としたとき，次の二つの条件のときの位置誤差を求めよ．ただし，$\theta_1 = 0°$，$\theta_2 = 90°$ とする．

a) $\boldsymbol{\Delta\alpha} = \boldsymbol{\Delta\theta} = \boldsymbol{\Delta\beta} = [1°,\ 1°,\ 1°]^T$,　$\boldsymbol{\Delta a} = \boldsymbol{\Delta d} = \boldsymbol{0}$

b) $\boldsymbol{\Delta\alpha} = \boldsymbol{\Delta\theta} = \boldsymbol{\Delta\beta} = \boldsymbol{0}$,　$\boldsymbol{\Delta a} = \boldsymbol{\Delta d} = [1,\ 1,\ 1]^T\ [\mathrm{mm}]$

6.2　演習問題 5.1 の 2 関節アームのベースパラメータを求めよ．

6.3　演習問題 5.5 で求めた 3 関節アームの運動方程式を式 (6.32) に展開し，ベースパラメータを求めよ．

7 ロボットの位置／軌道制御

ロボットの動作は，動作に応じた目標軌道を与え，次にその目標軌道に沿うように制御することによって実行される．本章では，手先位置や関節位置の初期点，終端点が与えられたときのそれらを結ぶ目標軌道の与え方を示す．次に，その目標軌道に沿って運動させるための各種の位置と軌道の制御方式を示す．ここにあげる制御方式は，現在の産業用ロボットに採用されているものと，今後採用されるであろうと考えられる制御方式を示している．

7.1 軌道生成

ロボットが物を搬送する作業を行うとき，図 7.1 に示すように物を把持し（位置 P_1），持ち上げ (P_2)，移動し (P_3)，作業台に置く (P_4) といった手順で動作を計画する．このとき，各点での時刻や移動速度の指定も必要である．このような通過点や通過点速度の計画を軌道計画 (trajectory planning) とよぶ．計画された点間を滑らかにつなぐ軌道を作ることを軌道生成 (trajectory generation) もしくは軌道補間 (trajectory interpolation) とよぶ．計画された軌道は，関節変数 $\boldsymbol{q}$ で与えられるときと作業座標での手先位置姿勢 $\boldsymbol{r}$ で与えられるときがある．一般に，外界セ

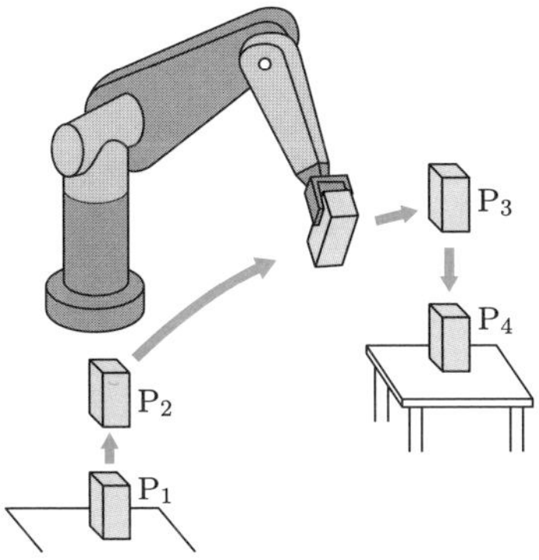

図 7.1　ロボットによる移送作業

ンサによる補償がなく教示再生方式で作業を行うときは前者の関節変数 $\boldsymbol{q}$ で与えられ，外界センサを用いて作業を行うときは後者の手先位置姿勢 $\boldsymbol{r}$ で与えられることになる．

7.1.1　関節変数での軌道生成

(1)　始点と終点が与えられるときの軌道

始点 $\boldsymbol{q}_0$ と終点 $\boldsymbol{q}_f$ が与えられたとき，その間を時間の多項式で補間し軌道の生成を行うとする．そのとき，関節変数のある要素を y とすると

$$y(t) = a_0 + a_1 t + \cdots + a_n t^n \tag{7.1}$$

と表すことができる．ここで，時刻 $t=0$ の始点では $y(0)=y_0$，時刻 t_f の終点では $y(t_f)=y_f$ を満たすとする．係数 a_i $(i=0,\cdots,n)$ を一意に定められるようにするには，$(n+1)$ 個の境界条件が必要である．逆に境界条件数により多項式の次数が決まる．これより，以下の方式が導ける．

1)　1次式補間

始点と終点の位置を満たすように多項式の係数を決めるとすると，境界条件数は2であるから多項式の次数は1となる．すなわち，境界条件として

$$y(0) = a_0 = y_0 \tag{7.2$_\mathrm{a}$}$$

$$y(t_f) = a_0 + a_1 t_f = y_f \tag{7.2$_\mathrm{b}$}$$

を与えると

$$y(t) = y_0 + \frac{(y_f - y_0)t}{t_f} \tag{7.3}$$

となる．この計算式による補間を1次式補間または線形補間 (linear interpolation) とよぶ．この方法は，境界での速度，加速度の連続性がないため軌道の滑らかさに欠けるが，最も計算量の少ない補間方法である．

2)　3次多項式補間

始点と終点の位置と速度の条件から多項式を決めるときは，境界条件数は4であるから多項式の次数は3となる．すなわち

$$y(t) = a_0 + a_1 t + a_2 t^2 + a_3 t^3 \tag{7.4}$$

である．ここで，境界条件を

$$y(0) = a_0 = y_0 \tag{7.5$_\mathrm{a}$}$$

$$\dot{y}(0) = a_1 = \dot{y}_0 \tag{7.5$_\mathrm{b}$}$$

$$y(t_f) = a_0 + a_1 t_f + a_2 {t_f}^2 + a_3 {t_f}^3 = y_f \tag{7.5$_\mathrm{c}$}$$

$$\dot{y}(t_f) = a_1 + 2a_2t_f + 3a_3{t_f}^2 = \dot{y}_f \tag{7.5d}$$

とすると，

$$a_0 = y_0 \tag{7.6a}$$

$$a_1 = \dot{y}_0 \tag{7.6b}$$

$$a_2 = \frac{1}{{t_f}^2}[3(y_f - y_0) - (\dot{y}_f + 2\dot{y}_0)t_f] \tag{7.6c}$$

$$a_3 = \frac{1}{{t_f}^3}[-2(y_f - y_0) + (\dot{y}_f + \dot{y}_0)t_f] \tag{7.6d}$$

を得る．式 (7.4) による補間を 3 次多項式補間 (cubic polynomial interpolation) とよぶ．この方式は，速度の連続性を保つ代わりに，1 次式補間と比較すると計算量は増えることになる．

3) 5 次多項式補間

始点と終点の位置，速度，加速度の条件から多項式を決めるときは，境界条件数は 6 であるから多項式の次数は 5 となる．すなわち

$$y(t) = a_0 + a_1t + a_2t^2 + a_3t^3 + a_4t^4 + a_5t^5 \tag{7.7}$$

である．ここで，境界条件を

$$y(0) = a_0 = y_0 \tag{7.8a}$$

$$\dot{y}(0) = a_1 = \dot{y}_0 \tag{7.8b}$$

$$\ddot{y}(0) = 2a_2 = \ddot{y}_0 \tag{7.8c}$$

$$y(t_f) = a_0 + a_1t_f + a_2{t_f}^2 + a_3{t_f}^3 + a_4{t_f}^4 + a_5{t_f}^5 = y_f \tag{7.8d}$$

$$\dot{y}(t_f) = a_1 + 2a_2t_f + 3a_3{t_f}^2 + 4a_4{t_f}^3 + 5a_5{t_f}^4 = \dot{y}_f \tag{7.8e}$$

$$\ddot{y}(t_f) = 2a_2 + 6a_3t_f + 12a_4{t_f}^2 + 20a_5{t_f}^3 = \ddot{y}_f \tag{7.8f}$$

とすると，

$$a_0 = y_0 \tag{7.9a}$$

$$a_1 = \dot{y}_0 \tag{7.9b}$$

$$a_2 = \frac{1}{2}\ddot{y}_0 \tag{7.9c}$$

$$a_3 = \frac{1}{2{t_f}^3}[20(y_f - y_0) - (8\dot{y}_f + 12\dot{y}_0)t_f + (\ddot{y}_f - 3\ddot{y}_0){t_f}^2] \tag{7.9d}$$

$$a_4 = \frac{1}{2{t_f}^4}\left[-30(y_f - y_0) + (14\dot{y}_f + 16\dot{y}_0)t_f - (2\ddot{y}_f - 3\ddot{y}_0){t_f}^2\right] \tag{7.9e}$$

$$a_5 = \frac{1}{2{t_f}^5}\left[12(y_f - y_0) - 6(\dot{y}_f + \dot{y}_0)t_f + (\ddot{y}_f - \ddot{y}_0){t_f}^2\right] \tag{7.9$_\mathrm{f}$}$$

を得る．式 (7.7) による補間を 5 次多項式補間 (5th order polynomial interpolation) とよぶ．このように，多項式の次数が高いと位置，速度，加速度の境界条件を満たせるが，1 次式補間と比較すると計算量が多くなる．

4)　始点から加速，等速，減速を経て終端点に至る軌道

静止した始点 y_0 と終端点 y_f の間に補助中間点 y_1，y_2 を設定し，各点を時刻 0，t_1，$t_f - t_1$，t_f で通過し，区間 $[y_1, y_2]$ では等速度で移動する軌道を考える．このような軌道を生成する方法として，4-1-4 次多項式で表す方法がある．区間 $[y_0, y_1]$，区間 $[y_1, y_2]$，区間 $[y_2, y_f]$ の軌道をそれぞれ，次式で表す．

$$y(t) = a_{10} + a_{11}t + a_{12}t^2 + a_{13}t^3 + a_{14}t^4 \tag{7.10$_\mathrm{a}$}$$

$$y(t) = a_{20} + a_{21}(t - t_1) \tag{7.10$_\mathrm{b}$}$$

$$y(t) = a_{30} + a_{31}(t - t_f) + a_{32}(t - t_f)^2 + a_{33}(t - t_f)^3 + a_{34}(t - t_f)^4 \tag{7.10$_\mathrm{c}$}$$

このときの速度曲線は図 7.2 のようになる．多項式の係数は，始点と終端点における位置，速度，加速度の条件と，補助中間点における位置，速度，加速度の連続性の条件から定める．すなわち，静止した始点での位置，速度，加速度の条件より

$$a_{10} = y_0 \tag{7.11$_\mathrm{a}$}$$

$$a_{11} = 0 \tag{7.11$_\mathrm{b}$}$$

$$a_{12} = 0 \tag{7.11$_\mathrm{c}$}$$

同様に，静止した終端点での位置，速度，加速度の条件より

$$a_{30} = y_f \tag{7.11$_\mathrm{d}$}$$

$$a_{31} = 0 \tag{7.11$_\mathrm{e}$}$$

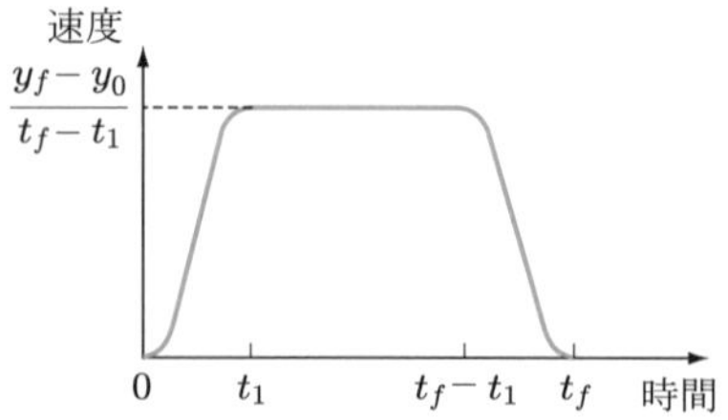

図 7.2　速度曲線

$$a_{32} = 0 \tag{7.11f}$$

補助中間点 y_1 で時刻 t_1 での位置，速度，加速度の連続条件より

$$a_{10} + a_{13}{t_1}^3 + a_{14}{t_1}^4 = a_{20} \tag{7.11g}$$

$$3a_{13}{t_1}^2 + 4a_{14}{t_1}^3 = a_{21} \tag{7.11h}$$

$$6a_{13}t_1 + 12a_{14}{t_1}^2 = 0 \tag{7.11i}$$

補助中間点 y_2 で時刻 $t_f - t_1$ での位置，速度，加速度の連続条件より

$$a_{20} + a_{21}(t_f - 2t_1) = a_{30} - a_{33}{t_1}^3 + a_{34}{t_1}^4 \tag{7.11j}$$

$$a_{21} = 3a_{33}{t_1}^2 - 4a_{34}{t_1}^3 \tag{7.11k}$$

$$0 = -6a_{33}t_1 + 12a_{34}{t_1}^2 \tag{7.11l}$$

の関係式を得る．これらの連立方程式を解くと

$$\left.\begin{array}{l} a_{10} = y_0, \quad a_{11} = a_{12} = 0, \quad a_{13} = 2t_1k, \quad a_{14} = -k \\ a_{20} = y_f - {t_1}^3(2t_f - 3t_1)k, \quad a_{21} = 2{t_1}^3k \\ a_{30} = y_f, \quad a_{31} = a_{32} = 0, \quad a_{33} = 2t_1k, \quad a_{34} = k \end{array}\right\} \tag{7.12}$$

を得る．ただし

$$k = \frac{y_f - y_0}{2{t_1}^3(t_f - t_1)} \tag{7.13}$$

である．なお，区間 $[y_1, y_2]$ の速度は，

$$v = a_{21} = \frac{y_f - y_0}{t_f - t_1} \tag{7.14}$$

となる．

この方法は，補助中間点 y_1，y_2 を陽に指定しないが，その点の通過時刻 t_1，$t_f - t_1$ を指定する必要がある．t_1 により最高速度を指定できる．

(2) 始点，中間点，終点が与えられるとき

図 7.3 に示す $y_0, y_1, y_2, \cdots, y_n$ をそれぞれ，時刻 $t_0, t_1, t_2, \cdots, t_n$ に通り，各中間点において速度，加速度が連続する滑らかな軌道を考える．このような軌道を生成する方法として，区間 $[t_0, t_1]$ と区間 $[t_{n-1}, t_n]$ は時間の 4 次多項式，その他の区間を 3 次多項式で表し，各中間点における位置，速度，加速度の連続条件によりそれら多項式の係数を定める 4-3-4 次多項式がある．これは，n 区間あると両端の 2 区間が 4 次多項式であり，その他の $n-2$ 個の区間が 3 次多項式であるから，係数の総計は

$$5 \times 2 + 4 \times (n - 2) = 4n + 2$$

である．一方，始点と終点で位置，速度，加速度を指定し，中間点では，位置の指

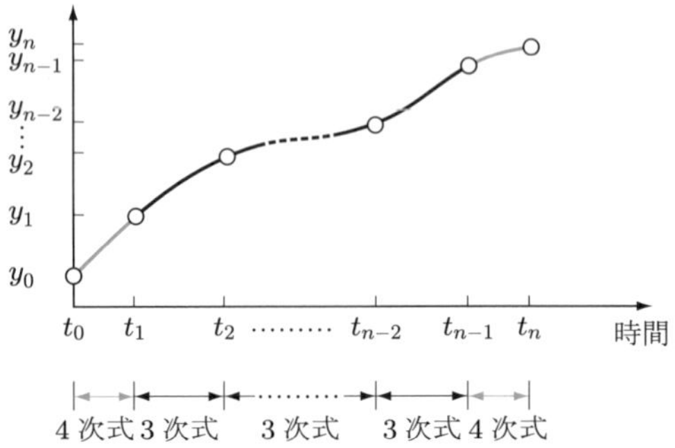

図 7.3 4-3-4 次多項式による軌道の生成

定と速度，加速度の連続条件を与えると

$$3 \times 2 + 2(n-1) + 2(n-1) = 4n + 2$$

の境界条件が得られ，上述の数と一致する．したがって，多項式の係数を一意に決められる．

この方法は，中間点と通過時刻を指定するとその点を通過する滑らかな軌道が生成できるが，中間点が多いと連立方程式の数が多くなり，計算量が多くなる傾向がある．

例題 7.1 静止点 y_0 から y_1，y_2 を通過し y_3 で停止する軌道を，それぞれ時刻 0，1，2，3 で通過するように 4-3-4 次多項式法で求めよう．区間 $[t_0, t_1]$ では

$$y(t) = a_{10} + a_{11}t + a_{12}t^2 + a_{13}t^3 + a_{14}t^4$$

と表し，区間 $[1, 2]$ では

$$y(t) = a_{20} + a_{21}(t-1) + a_{22}(t-1)^2 + a_{23}(t-1)^3$$

区間 $[2, 3]$ では

$$y(t) = a_{30} + a_{31}(t-2) + a_{32}(t-2)^2 + a_{33}(t-2)^3 + a_{34}(t-2)^4$$

と表すことにする．位置の条件より

$$a_{10} = y_0$$

$$a_{10} + a_{11} + a_{12} + a_{13} + a_{14} = a_{20} = y_1$$

$$a_{20} + a_{21} + a_{22} + a_{23} = a_{30} = y_2$$

$$a_{30} + a_{31} + a_{32} + a_{33} + a_{34} = y_3$$

速度の条件より

$$a_{11} = 0$$

$$2a_{12} + 3a_{13} + 4a_{14} = a_{21}$$

$$a_{21} + 2a_{22} + 3a_{23} = a_{31}$$

$$a_{31} + 2a_{32} + 3a_{33} + 4a_{34} = 0$$

加速度の条件より

$$2a_{12} = 0$$

$$6a_{13} + 12a_{14} = 2a_{22}$$

$$2a_{22} + 6a_{23} = 2a_{32}$$

$$2a_{32} + 6a_{33} + 12a_{34} = 0$$

を得る．これらの連立方程式を解くことにより，軌道が生成できる．

≫ 7.1.2 手先位置姿勢変数での軌道生成

手先の位置姿勢で表した始点 $\boldsymbol{r}_0$ と終端点 $\boldsymbol{r}_f$ の間の軌道を，$\boldsymbol{q}_0$ と $\boldsymbol{q}_f$ の間の補間として求めると，手先の軌道が予測しがたい場合がありうる．また，手先位置姿勢を基準座標で直線的に動かしたいときには，$\boldsymbol{r}_0$ と $\boldsymbol{r}_f$ の間の軌道を補間することが求められる．このような場合，$\boldsymbol{r}$ の任意の一変数を y とすることにより，7.1.1 節で示した各種の方法を利用できる．

例題 7.2 図 5.2 に示す 2 関節アームの始点 $\boldsymbol{r}_0 = [0, 1]^T$ から $\boldsymbol{r}_f = [1, 0]^T$ を時間 $t_f = 1$ で移動するとき，関節変数で線形補間した軌道と，手先位置で直線補間した軌道を比較してみよう．

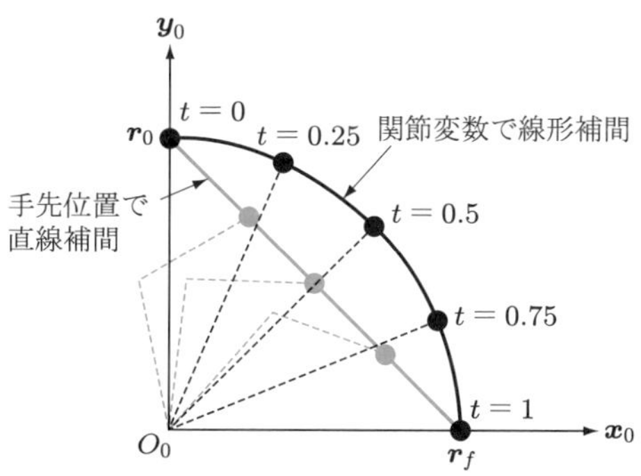

図 7.4 2 関節アームの補間軌道

始点と終端点の関節変数は $\boldsymbol{q}_0 = [\pi/2, 0]^T$，$\boldsymbol{q}_f = [0, 0]^T$ である．関節変数での線形補間は式 (7.3) より

$$\boldsymbol{q} = \begin{bmatrix} \dfrac{\pi}{2}(1-t) \\ 0 \end{bmatrix} \tag{7.15}$$

である．一方，手先の位置変数での直線補間は

$$\boldsymbol{r} = \begin{bmatrix} t \\ 1-t \end{bmatrix} \tag{7.16}$$

となる．これらを，図 7.4 に示す．明らかに，関節変数で線形補間した軌道と，手先位置で直線補間した軌道は異なっている．

手先の変数で補間する場合，オイラー角で与えられる手先の姿勢は，これらの変数に対して補間される．しかし，基準座標系における手先姿勢の動きはオイラー角での合成となるので，直感的には把握しがたい．そこで，空間的な動きとして直感的に理解しやすい1軸回転法 (one-axis rotation method) を述べる．

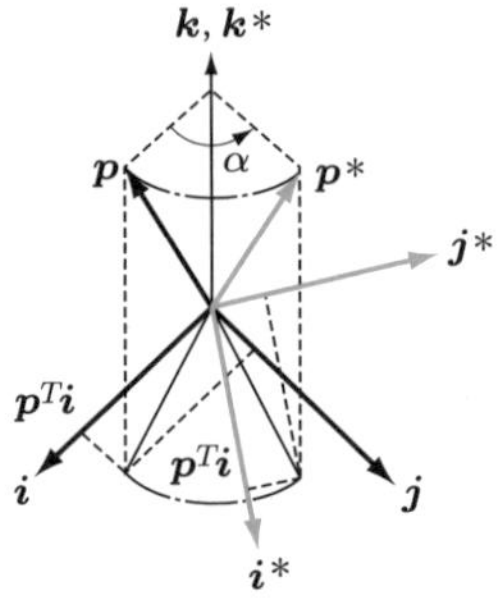

図 7.5　$\boldsymbol{k}$ 軸まわりの回転

はじめに，準備として任意軸まわりの回転を考える．図 7.5 に示すように単位ベクトル $\boldsymbol{k}$ のまわりにベクトル $\boldsymbol{p}$ を回転させ，回転後の $\boldsymbol{p}^*$ を求める．このために，$\boldsymbol{k}$ に直交し，互いに垂直な二つの単位ベクトル $\boldsymbol{i}$，$\boldsymbol{j}$ を導入する．$\boldsymbol{p}$ の $\boldsymbol{i}$，$\boldsymbol{j}$，$\boldsymbol{k}$ の3軸方向成分は，$\boldsymbol{p}^T\boldsymbol{i}$，$\boldsymbol{p}^T\boldsymbol{j}$，$\boldsymbol{p}^T\boldsymbol{k}$ であるから

$$\boldsymbol{p} = (\boldsymbol{p}^T\boldsymbol{i})\boldsymbol{i} + (\boldsymbol{p}^T\boldsymbol{j})\boldsymbol{j} + (\boldsymbol{p}^T\boldsymbol{k})\boldsymbol{k} \tag{7.17}$$

と表される．$\boldsymbol{k}$ 軸まわりに α 回転すると，$\boldsymbol{i}$ は $\boldsymbol{i}^* = (\boldsymbol{i}\cos\alpha + \boldsymbol{j}\sin\alpha)$，$\boldsymbol{j}$ は $\boldsymbol{j}^* = (-\boldsymbol{i}\sin\alpha + \boldsymbol{j}\cos\alpha)$ へと変化する．回転後の $\boldsymbol{p}^*$ の $\boldsymbol{i}^*$ 軸と $\boldsymbol{j}^*$ 軸の成分は $\boldsymbol{p}^T\boldsymbol{i}$ と $\boldsymbol{p}^T\boldsymbol{j}$ であるから

$$\boldsymbol{p}^* = (\boldsymbol{p}^T\boldsymbol{i})(\boldsymbol{i}\cos\alpha + \boldsymbol{j}\sin\alpha) + (\boldsymbol{p}^T\boldsymbol{j})(-\boldsymbol{i}\sin\alpha + \boldsymbol{j}\cos\alpha) + (\boldsymbol{p}^T\boldsymbol{k})\boldsymbol{k} \tag{7.18}$$

となる．ここで，$(\boldsymbol{p}^T\boldsymbol{i})\boldsymbol{j} - (\boldsymbol{p}^T\boldsymbol{j})\boldsymbol{i} = (\boldsymbol{i}\times\boldsymbol{j})\times\boldsymbol{p} = \boldsymbol{k}\times\boldsymbol{p}$ の関係式（付録 B を参照）を用いると

$$\boldsymbol{p}^* = \boldsymbol{p}\cos\alpha + (\boldsymbol{p}^T\boldsymbol{k})\boldsymbol{k}(1-\cos\alpha) + (\boldsymbol{k}\times\boldsymbol{p})\sin\alpha \tag{7.19}$$

を得る．$\boldsymbol{p}$ として座標系 $\Sigma = \{\boldsymbol{x}, \boldsymbol{y}, \boldsymbol{z}\}$ の単位ベクトル $\boldsymbol{x} = [1,\ 0,\ 0]^T$ をとると，$\boldsymbol{p}^*$ は回転後の座標系 $\Sigma^* = \{\boldsymbol{x}^*, \boldsymbol{y}^*, \boldsymbol{z}^*\}$ の座標単位ベクトル $\boldsymbol{x}^*$ となる．これより

$$\boldsymbol{x}^* = \boldsymbol{x}\cos\alpha + (\boldsymbol{x}^T\boldsymbol{k})\boldsymbol{k}(1-\cos\alpha) + (\boldsymbol{k}\times\boldsymbol{x})\sin\alpha \tag{7.20}$$

を得る．ここで，$\boldsymbol{k} = [k_x, k_y, k_z]^T$ は

$$\boldsymbol{k} = k_x\boldsymbol{x} + k_y\boldsymbol{y} + k_z\boldsymbol{z} \tag{7.21}$$

と表されるから

$$\boldsymbol{x}^* = ({k_x}^2(1-\mathrm{C}\alpha) + \mathrm{C}\alpha)\boldsymbol{x} + (k_xk_y(1-\mathrm{C}\alpha) + k_z\mathrm{S}\alpha)\boldsymbol{y} + (k_xk_z(1-\mathrm{C}\alpha) - k_y\mathrm{S}\alpha)\boldsymbol{z} \tag{7.22}$$

を得る．他の座標軸単位ベクトルも同様の関係式を得る．したがって，$\boldsymbol{k}$ 軸で α の回転を与える回転行列を $\boldsymbol{R}(\boldsymbol{k}, \alpha)$ とすると，

$$[\boldsymbol{x}, \boldsymbol{y}, \boldsymbol{z}] = \boldsymbol{R}(\boldsymbol{k}, \alpha)[\boldsymbol{x}^*, \boldsymbol{y}^*, \boldsymbol{z}^*] \tag{7.23}$$

の関係より

$$\boldsymbol{R}(\boldsymbol{k}, \alpha) = \begin{bmatrix} {k_x}^2(1-\mathrm{C}\alpha)+\mathrm{C}\alpha & k_xk_y(1-\mathrm{C}\alpha)-k_z\mathrm{S}\alpha & k_xk_z(1-\mathrm{C}\alpha)+k_y\mathrm{S}\alpha \\ k_xk_y(1-\mathrm{C}\alpha)+k_z\mathrm{S}\alpha & {k_y}^2(1-\mathrm{C}\alpha)+\mathrm{C}\alpha & k_yk_z(1-\mathrm{C}\alpha)-k_x\mathrm{S}\alpha \\ k_xk_z(1-\mathrm{C}\alpha)-k_y\mathrm{S}\alpha & k_yk_z(1-\mathrm{C}\alpha)+k_x\mathrm{S}\alpha & {k_z}^2(1-\mathrm{C}\alpha)+\mathrm{C}\alpha \end{bmatrix} \tag{7.24}$$

を得る．

1 軸回転法は，$\boldsymbol{p} = \boldsymbol{R}(\boldsymbol{k}, \alpha)\boldsymbol{p}^*$ を満たす $\boldsymbol{k}$ と α を求め，$\boldsymbol{k}$ 軸まわりに 0 から α まで回転する軌道として与える．初期姿勢のときの回転行列を $\boldsymbol{R}_1$，終端姿勢のときの回転行列を $\boldsymbol{R}_2$ とおくと，初期姿勢からみた終端姿勢の回転行列は

$${}^1\boldsymbol{R}_2 = {\boldsymbol{R}_1}^T\boldsymbol{R}_2 = \{r_{ij}\} \tag{7.25}$$

で表せる．この回転行列に上述の 1 軸回転法を適用し，回転角度と回転軸を次式で求める．

$$\alpha = \cos^{-1}\left(\frac{r_{11} + r_{22} + r_{33} - 1}{2}\right) \tag{7.26}$$

$$^{1}\boldsymbol{k} = \frac{1}{2\mathrm{S}\alpha}\begin{pmatrix} r_{32} - r_{23} \\ r_{13} - r_{31} \\ r_{21} - r_{12} \end{pmatrix} \tag{7.27}$$

$\mathrm{S}\alpha = 0$ のときは，数学上の特異点となるため上式は意味をもたない．この場合，$\alpha_f = 0$ または $\alpha_f = \pi$ として，与えられた回転行列から計算する．なお，$\alpha_f = 0$ のときは回転しないことを意味し，$\boldsymbol{R}(^{1}\boldsymbol{k}, 0)$ は単位行列となる．ここで，回転軸は初期姿勢を基準としているので，基準座標で表すと

$$\boldsymbol{k} = \boldsymbol{R}_1{}^{1}\boldsymbol{k} \tag{7.28}$$

である．この結果，$\boldsymbol{k}$ 軸まわりに α 回転することにより，初期姿勢から終端姿勢に遷移する．また，回転角度 α を時間の 5 次多項式で与え，終端時刻を t_f とし，始点と終端での速度，加速度をゼロの条件で補間すると

$$\alpha(t) = \alpha(t_f)(10\lambda^3 - 15\lambda^4 + 6\lambda^5) \tag{7.29}$$

を得る．ここで，$\lambda = t/t_f$ である．この姿勢の軌道生成は，基準座標からみて固定された回転軸 $\boldsymbol{k}$ のまわりに回転する軌道となっている点が特徴である．

例題 7.3　手先姿勢を図 7.6 (a) に示す初期姿勢から，時刻 $t = 1$ に図 7.6 (b) に示す終端姿勢に移す軌道を 1 軸回転法で求めよう．ただし，初期姿勢のとき回転行列は単位行列とする．

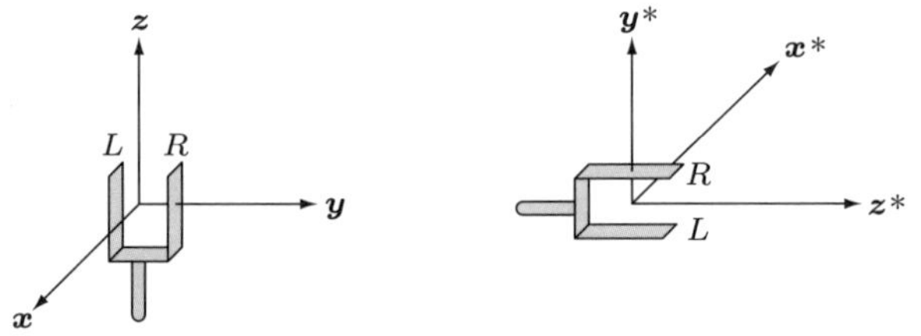

（a）初期姿勢　（b）終端姿勢

図 7.6　手先の姿勢

初期姿勢からみた終端姿勢を表す回転行列 $\boldsymbol{R}(\boldsymbol{k}, \alpha)$ は，同図より

$$\boldsymbol{R}(\boldsymbol{k}, \alpha) = \begin{bmatrix} -1 & 0 & 0 \\ 0 & 0 & 1 \\ 0 & 1 & 0 \end{bmatrix}$$

で与えられる．このとき $\theta = \pm\pi$ となり，式 (7.27) を利用できない．この場合，式 (7.24) より

$$\boldsymbol{R}(\boldsymbol{k},\pi)=\begin{bmatrix}2{k_x}^2-1 & 2k_xk_y & 2k_xk_z\\ 2k_xk_y & 2{k_y}^2-1 & 2k_yk_z\\ 2k_xk_z & 2k_yk_z & 2{k_z}^2-1\end{bmatrix}=\{r_{ij}\}$$

であり，この二つの回転行列が等しい条件から，$r_{33}=0$ より $k_z=\pm\sqrt{2}/2$，$r_{32}=1$ より $k_y=\pm\sqrt{2}/2$，$r_{31}=0$ より $k_x=0$ を得る．ただし，$\pm$ は複号同順である．よって，

$$\alpha=\pm\pi$$

$$\boldsymbol{k}=\pm\left[0,\sqrt{2}/2,\sqrt{2}/2\right]^T$$

の 2 通りの解を得る．ここで，$+$ を選択すると，目標手先姿勢は

$$\boldsymbol{R}(\boldsymbol{k},\alpha(t))=\begin{bmatrix}\mathrm{C}\alpha(t) & \dfrac{-\mathrm{S}\alpha(t)}{\sqrt{2}} & \dfrac{\mathrm{S}\alpha(t)}{\sqrt{2}}\\ \dfrac{\mathrm{S}\alpha(t)}{\sqrt{2}} & \dfrac{1+\mathrm{C}\alpha(t)}{2} & \dfrac{1-\mathrm{C}\alpha(t)}{2}\\ \dfrac{-\mathrm{S}\alpha(t)}{\sqrt{2}} & \dfrac{1-\mathrm{C}\alpha(t)}{2} & \dfrac{1+\mathrm{C}\alpha(t)}{2}\end{bmatrix}$$

となる．ただし，$\alpha(t)$ は 5 次多項式補間を用いると

$$\alpha(t)=\pi(10t^3-15t^4+6t^5)$$

である．

7.2 サーボモータ系を含めた動力学

関節はアクチュエータにより駆動される．アクチュエータの種類は多く，その動特性はさまざまである．ここでは，一般的に採用されるサーボモータを対象に，アームとサーボモータを含めた動力学を考察する．

n 自由度のアームが，n 個のサーボモータによって駆動されるとする．サーボモータの変位ベクトルを $\boldsymbol{q}_M$，モータ入力電圧ベクトルを $\boldsymbol{E}_M$，モータ電流ベクトルを $\boldsymbol{I}_M$ とし，モータのインダクタンスは無視できるとすると，電気回路式は式 (3.5) より

$$\boldsymbol{E}_M=\boldsymbol{R}_M\boldsymbol{I}_M+\boldsymbol{K}_e\dot{\boldsymbol{q}}_M \tag{7.30}$$

となる．ここで，$\boldsymbol{R}_M$，$\boldsymbol{K}_e$ は $n\times n$ 対角行列でそれぞれ電機子抵抗，逆起電圧定数を表す．モータの発生トルク $\boldsymbol{\tau}_M$ は

$$\boldsymbol{\tau}_M=\boldsymbol{K}_T\boldsymbol{I}_M \tag{7.31}$$

であるから，$\boldsymbol{\tau}_M$ と $\boldsymbol{E}_M$ の関係は

$$\boldsymbol{E}_M = \boldsymbol{R}_M \boldsymbol{K}_T{}^{-1} \boldsymbol{\tau}_M + \boldsymbol{K}_e \dot{\boldsymbol{q}}_M \tag{7.32}$$

となる．一方，$\boldsymbol{\tau}_M$ と出力トルク $\boldsymbol{\tau}_L$ との関係は

$$\boldsymbol{\tau}_M = \boldsymbol{M}_M \ddot{\boldsymbol{q}}_M + \boldsymbol{\tau}_L \tag{7.33}$$

で表される．ここで，$\boldsymbol{K}_T$，$\boldsymbol{M}_M$ は $n \times n$ 対角行列で，それぞれトルク定数，モータ慣性モーメントを表す．また，$\boldsymbol{q}_M$ と $\boldsymbol{q}$ の間の $n \times n$ 減速比（ギヤ比）行列を $\boldsymbol{\Gamma}$ とすると

$$\boldsymbol{q}_M = \boldsymbol{\Gamma} \boldsymbol{q} \tag{7.34}$$

で与えられる．$\boldsymbol{\tau}_L$ と関節駆動力 $\boldsymbol{\tau}$ との関係は，仮想変位 $\delta \boldsymbol{q}_M$ と $\delta \boldsymbol{q}$ を考えると，仮想仕事の原理から

$$\boldsymbol{\tau}_L{}^T \delta \boldsymbol{q}_M = \boldsymbol{\tau}^T \delta \boldsymbol{q} \tag{7.35}$$

が成り立ち，この式に式 (7.34) の関係を代入すると

$$\boldsymbol{\tau} = \boldsymbol{\Gamma}^T \boldsymbol{\tau}_L \tag{7.36}$$

を得る．以上の関係式より

$$\boldsymbol{\tau} = \boldsymbol{\Gamma}^T (\boldsymbol{\tau}_M - \boldsymbol{M}_M \boldsymbol{\Gamma} \ddot{\boldsymbol{q}}) \tag{7.37}$$

を得る．ロボットの運動方程式は

$$\boldsymbol{M}(\boldsymbol{q}) \ddot{\boldsymbol{q}} + \boldsymbol{h}(\boldsymbol{q}, \dot{\boldsymbol{q}}) + \boldsymbol{g}(\boldsymbol{q}) = \boldsymbol{\tau} \tag{7.38}$$

で表されるから，この式に式 (7.37) を代入すると

$$(\boldsymbol{M}(\boldsymbol{q}) + \boldsymbol{\Gamma}^T \boldsymbol{M}_M \boldsymbol{\Gamma}) \ddot{\boldsymbol{q}} + \boldsymbol{h}(\boldsymbol{q}, \dot{\boldsymbol{q}}) + \boldsymbol{g}(\boldsymbol{q}) = \boldsymbol{\Gamma}^T \boldsymbol{\tau}_M \tag{7.39}$$

となる．上式はモータの発生トルクとアームの運動の関係を示している．以下では，簡単化のために，アクチュエータを指令トルクどおりに出力する理想的なトルク発生機構と仮定して議論する．指令トルクが定まると，モータの入力電圧は式 (7.32) で計算すればよいから，この仮定は一般性を失わない．

7.3 関節サーボと作業座標サーボ

サーボ系 (servo system) とは，機械運動系の出力である位置や速度を，目標とする値に追従させる制御系のことをさす．ロボットの制御では，目標軌道が関節変数で与えられるときと，作業座標での手先の位置姿勢変数で与えられるときがあり，前者は関節サーボ (joint servo) とよび，後者は作業座標サーボ (task coordinate servo) とよぶ．

≫ 7.3.1 関節サーボ

アームの目標軌道が関節角変位で与えられるとする．関節の目標値 $\boldsymbol{q}_d = [q_{d1}, q_{d2}, \cdots, q_{dn}]^T$ が与えられると，図 7.7 に示すように，関節 i の角変位が目標値 q_{di} となるようにフィードバック制御系が構成される．フィードバック系の最も簡単な構成は，目標値との偏差を

$$\boldsymbol{e}(t) = \boldsymbol{q}_d - \boldsymbol{q}(t) \tag{7.40}$$

とおき，位置と速度のフィードバック制御則

$$\boldsymbol{\tau}(t) = \boldsymbol{K}_v \dot{\boldsymbol{e}}(t) + \boldsymbol{K}_p \boldsymbol{e}(t) \tag{7.41}$$

を適用するものである．ただし，

$\boldsymbol{K}_v = \mathrm{diag}(K_{v1}, K_{v2}, \cdots, K_{vn})$：速度フィードバックゲイン行列

$\boldsymbol{K}_p = \mathrm{diag}(K_{p_1}, K_{p2}, \cdots, K_{pn})$：位置フィードバックゲイン行列

である．このときの偏差の挙動は，式 (7.41) を式 (7.38) に代入して

$$\boldsymbol{M}(\boldsymbol{q})\ddot{\boldsymbol{e}} + \boldsymbol{K}_v \dot{\boldsymbol{e}} + \boldsymbol{K}_p \boldsymbol{e} - \boldsymbol{h}(\boldsymbol{q}, \dot{\boldsymbol{q}}) - \boldsymbol{g}(\boldsymbol{q}) = 0 \tag{7.42}$$

で表される．

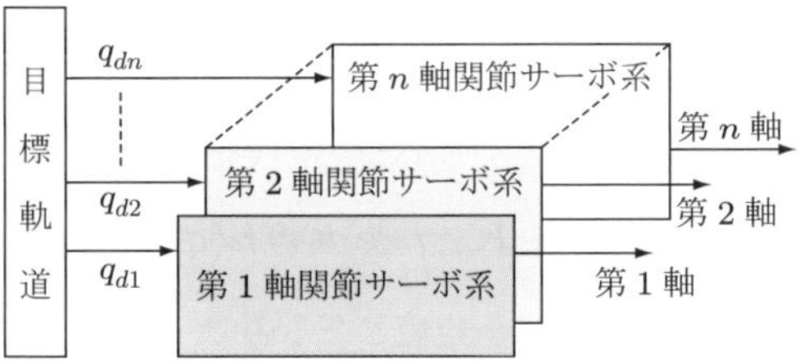

図 7.7 関節サーボ制御系

ここで，低速駆動に限定し，減速比が大きく重力の影響も無視できると仮定する．すなわち，$\boldsymbol{h}(\boldsymbol{q}, \dot{\boldsymbol{q}}) = \boldsymbol{g}(\boldsymbol{q}) = \boldsymbol{0}$ のときは

$$\boldsymbol{M}(\boldsymbol{q})\ddot{\boldsymbol{e}} + \boldsymbol{K}_v \dot{\boldsymbol{e}} + \boldsymbol{K}_p \boldsymbol{e} = 0 \tag{7.43}$$

で近似できる．

$\boldsymbol{M}(\boldsymbol{q})$ が対角行列に近似できるときは，各関節ごとに独立な 2 次系となる．したがって，実現可能な適当な応答波形を選択すると，$\boldsymbol{K}_v$，$\boldsymbol{K}_p$ が定められることになる．この関節サーボは，各関節ごとに単純な 1 入力 1 出力系として扱っているので構成が簡単である．現在の産業用ロボットのほとんどがこの関節サーボにより構成されている．

重力負荷が無視できないときは，制御則として重力補償項を加え，

$$\boldsymbol{\tau} = \boldsymbol{K}_v \dot{\boldsymbol{e}} + \boldsymbol{K}_p \boldsymbol{e} + \boldsymbol{g}(\boldsymbol{q}) \tag{7.44}$$

とする制御法がある．この場合，$\boldsymbol{M}(\boldsymbol{q})$，$\boldsymbol{h}(\boldsymbol{q}, \dot{\boldsymbol{q}})$，$\boldsymbol{g}(\boldsymbol{q})$ の大小に依存することなく，閉ループ系の平衡点 $\boldsymbol{q}_d$ が漸近安定であることはリアプノフの安定定理を用いて証明される．このことは，7.3.3 節で示す．

重力項 $\boldsymbol{g}(\boldsymbol{q})$ が正確に計算できないときやクーロン摩擦力が関節に作用するときには，上記の制御法では一般に定常偏差が生じる．ここで，関節に作用するクーロン摩擦力を $\boldsymbol{f}_r$ とすると，式 (7.38) から運動方程式は

$$\boldsymbol{M}(\boldsymbol{q})\ddot{\boldsymbol{q}} + \boldsymbol{h}(\boldsymbol{q}, \dot{\boldsymbol{q}}) + \boldsymbol{g}(\boldsymbol{q}) + \boldsymbol{f}_r = \boldsymbol{\tau} \tag{7.45}$$

と書き換えることができる．このとき，偏差の方程式は式 (7.42) の左辺に $-\boldsymbol{f}_r$ を加えたものとなる．定常位置偏差は速度，加速度がゼロのときの位置偏差であるから，

$$\boldsymbol{e}(\infty) = \boldsymbol{q}_d - \boldsymbol{q}(\infty) = \boldsymbol{K}_p(\boldsymbol{g}(\boldsymbol{q}) + \boldsymbol{f}_r) \tag{7.46}$$

となる．したがって，$\boldsymbol{K}_p$ を大きくしてもこの定常偏差が生じる．

定常偏差をなくすための制御則として，式 (7.41) に積分要素を付加した

$$\boldsymbol{\tau} = \boldsymbol{K}_v \dot{\boldsymbol{e}} + \boldsymbol{K}_p \boldsymbol{e} + \boldsymbol{K}_I \int_0^t \boldsymbol{e}\, dt \tag{7.47}$$

がある．ここで，

$\boldsymbol{K}_I = \mathrm{diag}(K_{I1}, K_{I2}, \cdots, K_{In})$ ：積分フィードバックゲイン行列

である．このときは，式 (7.42) に対応する誤差方程式は

$$\boldsymbol{M}\ddot{\boldsymbol{e}} + \boldsymbol{K}_v \dot{\boldsymbol{e}} + \boldsymbol{K}_p \boldsymbol{e} + \boldsymbol{K}_I \int_0^t \boldsymbol{e}\, dt = \boldsymbol{h}(\boldsymbol{q}, \dot{\boldsymbol{q}}) + \boldsymbol{g}(\boldsymbol{q}) + \boldsymbol{f}_r \tag{7.48}$$

となる．定常状態のとき $\boldsymbol{M}$ はほぼ一定値となるので，式 (7.48) をラプラス変換し，最終値の定理を用いると $t \to \infty$ のとき $\boldsymbol{e}(t) \to \boldsymbol{0}$ となることを容易に示すことができる．

≫ 7.3.2 作業座標サーボ

ロボットの手先の位置姿勢を作業座標で陽に指定したい場合，作業座標系での目標値 $\boldsymbol{r}_d$ が与えられることになる．このとき，この目標値を関節変位に逆変換し，7.3.1 節の関節サーボを適用することができる．しかし，$\boldsymbol{r}_d$ が正確に与えられていても，マニピュレータのリンクパラメータ等の定数の不正確さから，求められた $\boldsymbol{q}_d$ を用いても正しい位置決めは得られず，いくらかの誤差を伴うのが一般的である．こうしたときには，外界センサ等により現在の $\boldsymbol{r}$ を測定し，この $\boldsymbol{r}$ が $\boldsymbol{r}_d$ に一致するように直接的に $\boldsymbol{r}_d$ を目標値とするサーボ系を構成すると誤差を減少できる．これを作業座標サーボとよぶ．

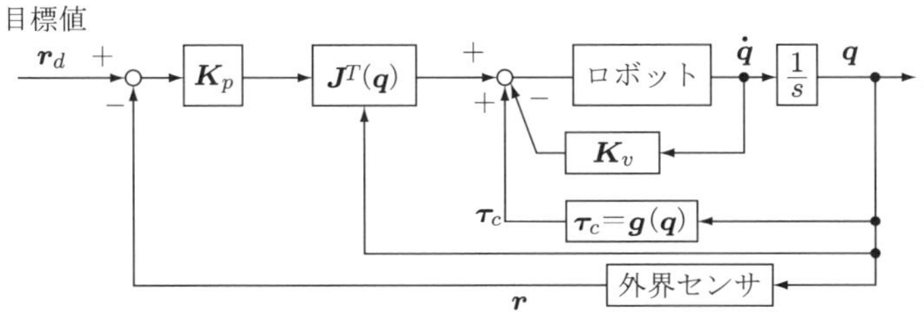

図 7.8 作業座標サーボの一例

手先姿勢をオイラー角で表すとき，作業座標サーボの制御則の一つとして

$$\boldsymbol{\tau} = \boldsymbol{J}^T(\boldsymbol{q})\boldsymbol{K}_p(\boldsymbol{r}_d - \boldsymbol{r}) - \boldsymbol{K}_v\dot{\boldsymbol{q}} + \boldsymbol{g}(\boldsymbol{q}) \tag{7.49}$$

とする方法がある．ここで，$\boldsymbol{r}$ は式 (4.84) で定義される手先位置姿勢で

$$\boldsymbol{r} = \boldsymbol{f}(\boldsymbol{q}), \quad \boldsymbol{r}_d = \boldsymbol{f}(\boldsymbol{q}_d) \tag{7.50}$$

である．$\boldsymbol{J}(\boldsymbol{q}) = \partial \boldsymbol{f}(\boldsymbol{q})/\partial \boldsymbol{q}^T$ はヤコビ行列であり，速度には

$$\dot{\boldsymbol{r}} = \boldsymbol{J}(\boldsymbol{q})\dot{\boldsymbol{q}} \tag{7.51}$$

の関係がある．この制御則による制御ブロック図を図 7.8 に示す．

また，積分要素を加えたものとして

$$\boldsymbol{\tau} = \boldsymbol{J}^T(\boldsymbol{q})\left[\boldsymbol{K}_p(\boldsymbol{r}_d - \boldsymbol{r}) + \boldsymbol{K}_I \int_0^t (\boldsymbol{r}_d - \boldsymbol{r})dt\right] - \boldsymbol{K}_v\dot{\boldsymbol{q}} + \boldsymbol{g}(\boldsymbol{q}) \tag{7.52}$$

が考えられる．式 (7.49)，(7.52) の制御則による閉ループ制御系は，手先位置姿勢の誤差に比例した力 $\boldsymbol{K}_p(\boldsymbol{r}_d - \boldsymbol{r})$ もしくは $\boldsymbol{K}_p(\boldsymbol{r}_d - \boldsymbol{r}) + \boldsymbol{K}_I \int_0^t (\boldsymbol{r}_d - \boldsymbol{r})dt$ が，誤差を減少させるように作用しているとみなすことができる．平衡点 $\boldsymbol{r}_d$ で漸近安定であることが，リアプノフの安定定理を用いて示されている．また，これらの制御則は，逆運動学の計算を含まないことを指摘しておく．

≫ 7.3.3 サーボ系の安定性

関節サーボにおいて，重力補償した速度と位置のフィードバック則

$$\boldsymbol{\tau} = \boldsymbol{K}_v\dot{\boldsymbol{e}} + \boldsymbol{K}_p\boldsymbol{e} + \boldsymbol{g}(\boldsymbol{q}) \tag{7.53}$$

を適用した系の安定性を示す．ただし，$\boldsymbol{K}_v$，$\boldsymbol{K}_p$ は $n \times n$ 正定行列である．その準備として，リアプノフの安定理論を示す．

《リアプノフの安定理論》

非線形自律方程式系

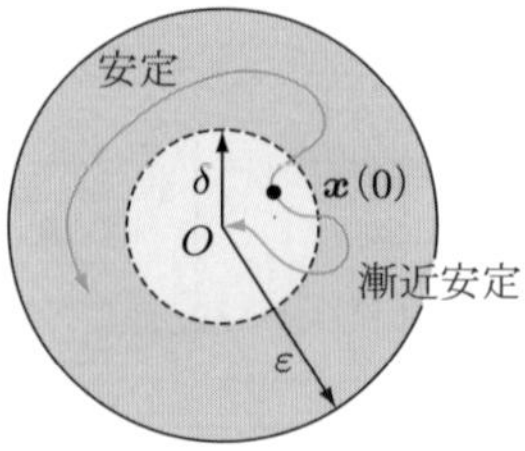

図 7.9　安定性の定義

$$\dot{\boldsymbol{x}} = \boldsymbol{F}(\boldsymbol{x}) \tag{7.54}$$

を考える．ここで，$\boldsymbol{x}$ は n 次元状態ベクトル，$\boldsymbol{F}(\boldsymbol{x})$ は $\boldsymbol{x}$ の $n \times 1$ 非線形関数である．$\boldsymbol{F}(\boldsymbol{x})$ と 1 階導関数は，原点を含む状態空間のある領域で連続であるとする．式 (7.54) の右辺をゼロとする点，すなわち

$$\boldsymbol{F}(\boldsymbol{x}_o) = \boldsymbol{0} \tag{7.55}$$

を満足する状態点 $\boldsymbol{x}_o$ を平衡点 (equlibrium point) とよび，この平衡点での安定性を考察する．ここで，$\boldsymbol{x}_o = \boldsymbol{0}$ すなわち，平衡点が原点 O であると仮定しても一般性を失わない．なぜなら，$\boldsymbol{x}_o \neq \boldsymbol{0}$ なら $\boldsymbol{x} - \boldsymbol{x}_o$ を新たな $\boldsymbol{x}$ として式 (7.54) を書き改めると，$\boldsymbol{x} = \boldsymbol{0}$ が平衡点となる．原点 O の安定性について安定，漸近安定，大域的に漸近安定の三つを定義する（図 7.9 を参照のこと）．

1)　安定 (stable)

任意の $\varepsilon > 0$ に対し適当な $\delta > 0$ が存在し，$\|\boldsymbol{x}(0)\| < \delta$ を満たす任意の初期値 $\boldsymbol{x}(0)$ からの式 (7.54) の解 $\boldsymbol{x}(t)$ が，$t \geqq 0$ のすべての時刻で $\|\boldsymbol{x}(t)\| < \varepsilon$ を満たすならば，原点 O は安定であるという．

2)　漸近安定 (asymptotically stable)

原点は安定で，かつ適当な正の $\rho < \delta$ が存在して $\|\boldsymbol{x}(0)\| < \rho$ を満たす任意の初期値 $\boldsymbol{x}(0)$ からの解 $\boldsymbol{x}(t)$ が，$t \to \infty$ のとき $\boldsymbol{x}(t) \to \boldsymbol{0}$ であるならば，原点 O は漸近安定であるという．

3)　大域的に漸近安定 (globally asymptotically stable)

原点は安定で，かつ任意の初期値 $\boldsymbol{x}(0)$ からの解 $\boldsymbol{x}(t)$ が，$t \to \infty$ のとき $\boldsymbol{x}(t) \to \boldsymbol{0}$ であるならば，原点 O は大域的漸近安定であるという．

次に x の正定関数，負定関数およびリアプノフ関数の定義を説明する．

1)　正定関数 (positive definite function)（負定関数 (negative definite function)）

原点を含むある領域 Ω で定義されるあるスカラ関数 $V(\boldsymbol{x})$ が $V(\boldsymbol{0}) = 0$ かつ $\boldsymbol{x} \neq \boldsymbol{0}$

となる任意の $\boldsymbol{x} \in \Omega$ に対して $V(\boldsymbol{x}) > 0$ $(V(\boldsymbol{x}) < 0)$ を満たすとき，$V(\boldsymbol{x})$ は正定（負定）であるという．

2)　リアプノフ関数 (Lyapunov function)

関数 $V(\boldsymbol{x})$ が領域 Ω で正定で，連続な $\partial V(\boldsymbol{x})/\partial \boldsymbol{x}$ が存在し，かつ系 (7.54) の軌道に沿っての時間微分が

$$\dot{V}(\boldsymbol{x}) = \frac{dV(\boldsymbol{x})}{dt} = \left[\frac{\partial V(\boldsymbol{x})}{\partial \boldsymbol{x}}\right]^T \boldsymbol{F}(\boldsymbol{x}) \leqq 0 \tag{7.56}$$

のとき，この関数 $V(\boldsymbol{x})$ をリアプノフ関数という．

以上の準備より，リアプノフの安定定理 (Lyapunov stability theory) は次のように示される．

【安定定理】

原点の近傍領域 Ω でリアプノフ関数 $V(\boldsymbol{x})$ が存在するならば，原点は安定である．

【漸近安定定理】

原点の近傍領域 Ω でリアプノフ関数 $V(\boldsymbol{x})$ が存在し，$\dot{V}(\boldsymbol{x}) < 0$ $(\boldsymbol{x} \neq \boldsymbol{0})$ ならば，原点は漸近安定である．

リアプノフ関数は，$n = 2$ のとき概念的に図示すると図 7.10 のようになる．$V(\boldsymbol{x})$ は下に凸の放物曲面を形成し，系 (7.54) の $\boldsymbol{x}_1\boldsymbol{x}_2$ 平面上の軌道 $\boldsymbol{x}(t)$ の放物曲面上での軌道が漸近安定の場合，$\dot{V}(\boldsymbol{x}) < 0$ のときは時間の経過につれ必ず下降していき，無限に時間が経過すると原点に達することを意味している．また，$\dot{V}(\boldsymbol{x}) = 0$ のときは $V(\boldsymbol{x})$ が一定の高さで停留し，軌道が発散することがない．なお，リアプノフの安定定理は式 (7.54) で表される系が安定（または漸近安定）であるための十分条件であることを指摘しておく．

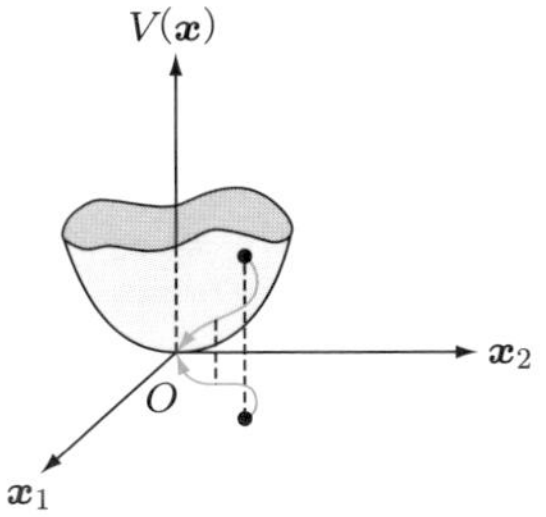

図 7.10　リアプノフ関数

例題 7.4　図 7.11 の単振り子の平衡点を求め，安定性について考察しよう．ただし，振り子の質量は m，振り子の長さは l，軸受けの粘性摩擦係数を b，重力加速度を g とする．

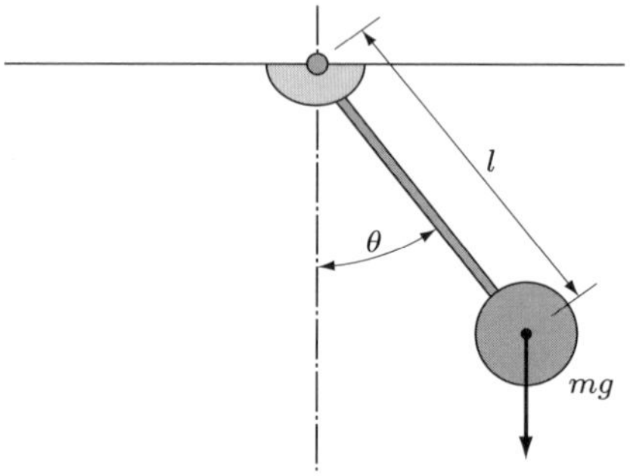

図 7.11　単振り子

単振り子の運動方程式は

$$ml^2\ddot{\theta} + b\dot{\theta} + mgl\sin\theta = 0$$

と表せる．これを連立 1 階微分方程式に変換するため，$x_1 = \theta$，$x_2 = \dot{\theta}$ とおくと

$$\begin{bmatrix} \dot{x}_1 \\ \dot{x}_2 \end{bmatrix} = \begin{bmatrix} x_2 \\ -\dfrac{b}{ml^2}x_2 - \dfrac{g}{l}\sin x_1 \end{bmatrix}$$

を得る．振り子の動作範囲を $-\pi < \theta < \pi$ とすると，平衡点は

$$x_2 = 0, \quad x_1 = 0$$

である．したがって，原点は平衡点である．この振り子の運動エネルギと位置エネルギの和をリアプノフ関数の候補とすると

$$V(\boldsymbol{x}) = \frac{1}{2}m(lx_2)^2 + mg(1 - \cos x_1) \geqq 0$$

となり，この関数の軌道に沿っての時間微分は

$$\dot{V}(\boldsymbol{x}) = ml^2 x_2 \dot{x}_2 + mgx_2 \sin x_1 = -b{x_2}^2 \leqq 0$$

となる．したがって，$V(\boldsymbol{x})$ はリアプノフ関数であり，原点は安定である．さらに $t \to \infty$ につれて $\dot{V}(\boldsymbol{x}) \to 0$，$x_2 \to 0$，$x_1 \to 0$ を順に示すことができ，原点の漸近安定性が示される．

以上の準備をもとに，式 (7.53) の制御則を適用した系の安定性を示す．この制御則を適用したときのロボットの運動方程式は，式 (7.38) より

$$\boldsymbol{M}(\boldsymbol{q})\ddot{\boldsymbol{q}} + \boldsymbol{h}(\boldsymbol{q}, \dot{\boldsymbol{q}}) + \boldsymbol{K}_v\dot{\boldsymbol{e}} + \boldsymbol{K}_p\boldsymbol{e} = 0 \tag{7.57}$$

となる．リアプノフ関数の候補として

$$V(t) = \frac{1}{2}\{\dot{\boldsymbol{e}}^T\boldsymbol{M}(\boldsymbol{q})\dot{\boldsymbol{e}} + \boldsymbol{e}^T\boldsymbol{K}_p\boldsymbol{e}\} \tag{7.58}$$

を考える．$\boldsymbol{M}(\boldsymbol{q})$，$\boldsymbol{K}_p$ は正定行列であるから，$V(t) > 0$ である．この時間微分は $\ddot{\boldsymbol{e}} = \ddot{\boldsymbol{q}}$，$\dot{\boldsymbol{e}} = \dot{\boldsymbol{q}}$ の関係と式 (7.57) を用いると

$$\begin{aligned}\dot{V}(t) &= \dot{\boldsymbol{e}}^T\left(\boldsymbol{M}(\boldsymbol{q})\ddot{\boldsymbol{e}} + \frac{1}{2}\dot{\boldsymbol{M}}(\boldsymbol{q})\dot{\boldsymbol{e}} + \boldsymbol{K}_p\boldsymbol{e}\right)\\ &= \dot{\boldsymbol{e}}^T\left(-\boldsymbol{h}(\boldsymbol{q}, \dot{\boldsymbol{q}}) + \frac{1}{2}\dot{\boldsymbol{M}}(\boldsymbol{q})\dot{\boldsymbol{e}}\right) - \dot{\boldsymbol{e}}^T\boldsymbol{K}_v\dot{\boldsymbol{e}}\end{aligned} \tag{7.59}$$

となる．ここで，

$$\dot{\boldsymbol{q}}^T\frac{\partial}{\partial\boldsymbol{q}}\left(\frac{1}{2}\dot{\boldsymbol{q}}^T\boldsymbol{M}(\boldsymbol{q})\dot{\boldsymbol{q}}\right) = \frac{1}{2}\sum_{i=1}^{n}\frac{\partial}{\partial q_i}(\dot{\boldsymbol{q}}^T\boldsymbol{M}(\boldsymbol{q})\dot{\boldsymbol{q}})\dot{q}_i = \frac{1}{2}\dot{\boldsymbol{q}}^T\dot{\boldsymbol{M}}(\boldsymbol{q})\dot{\boldsymbol{q}} \tag{7.60}$$

の等式と式 (5.15) を用いると，式 (7.59) の右辺第 1 項はゼロになるので

$$\dot{V}(t) = -\dot{\boldsymbol{e}}^T\boldsymbol{K}_v\dot{\boldsymbol{e}} \leqq 0 \tag{7.61}$$

が得られる．ゆえに $V(t)$ はリアプノフ関数である．さらに $\dot{V}(t) = 0$ となる $\dot{\boldsymbol{e}}$ は $\dot{\boldsymbol{e}}(t) = \boldsymbol{0}$ のときであり，式 (7.57) を満たすこのような解は $\boldsymbol{q}(t) = \boldsymbol{q}_d$ となる．これより，$\boldsymbol{q}(t) \neq \boldsymbol{q}_d$ のときは $\dot{V}(t) < 0$ となる．したがって，系は漸近安定である．

以上より，式 (7.53) の制御則により系は漸近安定であることが示されたが，過渡応答の特性については何も議論されていない．さらに，詳しい議論を行えば，平衡点への収束が指数関数的な制御則であることが示される．

7.4 動的制御

前節では，位置決めの観点から制御則を考察したが，ここでは連続軌道の制御について考える．目標とする関節変位 $\boldsymbol{q}_d(t)$ と関節角速度 $\dot{\boldsymbol{q}}_d(t)$ が与えられると，式 (7.53) を修正し，

$$\boldsymbol{\tau}(t) = \boldsymbol{K}_v(\dot{\boldsymbol{q}}_d(t) - \dot{\boldsymbol{q}}(t)) + \boldsymbol{K}_p(\boldsymbol{q}_d(t) - \boldsymbol{q}(t)) \tag{7.62}$$

とする制御則が最も簡単である．しかし，リンク間の干渉やコリオリ力・遠心力の影響が大きいときには，十分な軌道精度が得られない．そこで，ロボットの動特性を考慮した種々の制御法が提案されている．これらを総称して，動的制御 (dynamic control) とよび，そのいくつかを取り上げることにする．ただし，動的制御が現在の産業用ロボットに採用されている状況ではまだなく，今後，高精度化，高速化とともに採用されていく方向にある制御法であることを指摘しておく．

≫ 7.4.1　計算トルク制御

n 自由度のロボットアームの運動方程式は一般に次式で表される．

$$\boldsymbol{M}(\boldsymbol{q})\ddot{\boldsymbol{q}} + \boldsymbol{h}(\boldsymbol{q}, \dot{\boldsymbol{q}}) + \boldsymbol{g}(\boldsymbol{q}) = \boldsymbol{\tau} \tag{7.63}$$

ロボットの動的モデル，すなわち式 (7.63) が事前に正確に求められている場合の制御法として，図 7.12 に示す計算トルク制御 (computed torque method) がある．この制御法の制御則は

$$\boldsymbol{\tau} = \hat{\boldsymbol{M}}(\boldsymbol{q})\ddot{\boldsymbol{q}}^* + \hat{\boldsymbol{h}}(\boldsymbol{q}, \dot{\boldsymbol{q}}) + \hat{\boldsymbol{g}}(\boldsymbol{q}) \tag{7.64}$$

$$\ddot{\boldsymbol{q}}^* = \ddot{\boldsymbol{q}}_d + \boldsymbol{K}_v(\dot{\boldsymbol{q}}_d - \dot{\boldsymbol{q}}) + \boldsymbol{K}_p(\boldsymbol{q}_d - \boldsymbol{q}) \tag{7.65}$$

で与えられる．この制御法は，式 (7.64) の右辺第 2 項，第 3 項により系を線形化し，式 (7.65) により線形化した系に線形サーボ制御補償を施しているとみなすことができる．すなわち，モデルが正確で

$$\hat{\boldsymbol{M}}(\boldsymbol{q}) = \boldsymbol{M}(\boldsymbol{q}), \quad \hat{\boldsymbol{h}}(\boldsymbol{q}, \dot{\boldsymbol{q}}) = \boldsymbol{h}(\boldsymbol{q}, \dot{\boldsymbol{q}}), \quad \hat{\boldsymbol{g}}(\boldsymbol{q}) = \boldsymbol{g}(\boldsymbol{q}) \tag{7.66}$$

のときは，式 (7.64)〜(7.66) を式 (7.63) に代入すると，非線形項がキャンセルでき，

$$\ddot{\boldsymbol{q}}^* = \ddot{\boldsymbol{q}} \tag{7.67}$$

となる．ここで，軌道誤差を

$$\boldsymbol{e} = \boldsymbol{q}_d - \boldsymbol{q} \tag{7.68}$$

とし，式 (7.67) に式 (7.65) を代入すると

$$\ddot{\boldsymbol{e}} + \boldsymbol{K}_v\dot{\boldsymbol{e}} + \boldsymbol{K}_p\boldsymbol{e} = \boldsymbol{0} \tag{7.69}$$

を得る．したがって，$\boldsymbol{K}_v$，$\boldsymbol{K}_p$ を対角正定行列とし，適当な値に設定することにより，$\boldsymbol{e}$ はゼロに収束する．たとえば，

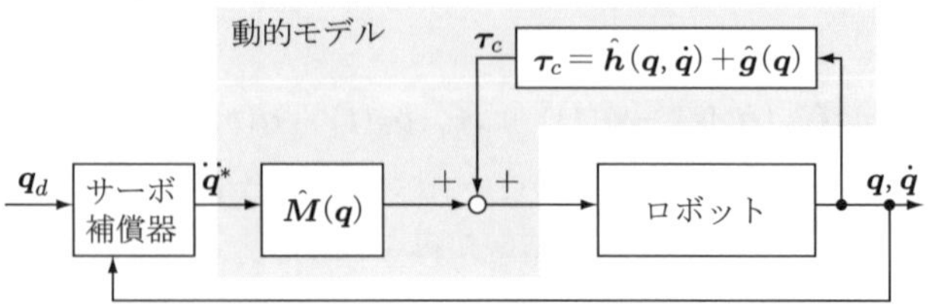

図 7.12　計算トルク制御

$$\boldsymbol{K}_v = \mathrm{diag}(2\xi\omega_c, 2\xi\omega_c, \cdots, 2\xi\omega_c) \tag{7.70a}$$

$$\boldsymbol{K}_p = \mathrm{diag}({\omega_c}^2, {\omega_c}^2, \cdots, {\omega_c}^2) \tag{7.70b}$$

とすればよい．ここで，ω_c は 2 次系の固有振動数であり，ξ は減数係数である．この制御法では動的モデルの高速計算とモデルパラメータの同定が必要となる．前者については，5.3 節で示したニュートン・オイラー法のアルゴリズムにより高速計算が可能となっている．後者については，6.2 節で示したパラメータ同定によりパラメータ値の推定が可能である．計算トルク制御は，誤差 $\boldsymbol{e}$ に対し線形な系を構成し，フィードバックゲイン行列を対角正定行列とすることで，誤差の各要素が互いに影響しない非干渉な系となる．

≫ 7.4.2 分解加速度制御

作業座標で与えられる手先の位置・姿勢変数で系を線形化し，線形化した系に線形サーボ補償する制御法として，図 7.13 に示す分解加速度制御 (resolved acceleration control) とよばれるものがある．この制御は，手先の位置・姿勢変数の目標値 $\boldsymbol{r}_d$, $\dot{\boldsymbol{r}}_d$, $\ddot{\boldsymbol{r}}_d$ が与えられると

$$\boldsymbol{\tau} = \hat{\boldsymbol{M}}(\boldsymbol{q})\boldsymbol{J}^{-1}(q)(\ddot{\boldsymbol{r}}^* - \boldsymbol{J}(\boldsymbol{q})\dot{\boldsymbol{q}}) + \hat{\boldsymbol{h}}(\boldsymbol{q}, \dot{\boldsymbol{q}}) + \hat{\boldsymbol{g}}(\boldsymbol{q}) \tag{7.71}$$

$$\ddot{\boldsymbol{r}}^* = \ddot{\boldsymbol{r}}_d + \boldsymbol{K}_v(\dot{\boldsymbol{r}}_d - \dot{\boldsymbol{r}}) + \boldsymbol{K}_p(\boldsymbol{r}_d - \boldsymbol{r}) \tag{7.72}$$

で制御則を計算する．ここで，

$$\boldsymbol{r} = \boldsymbol{f}(\boldsymbol{q}), \quad \boldsymbol{r}_d = \boldsymbol{f}(\boldsymbol{q}_d) \tag{7.73}$$

である．$\boldsymbol{J}(\boldsymbol{q})$ は

$$\dot{\boldsymbol{r}} = \boldsymbol{J}(\boldsymbol{q})\dot{\boldsymbol{q}} \tag{7.74}$$

を満たすヤコビ行列であり，考察する $\boldsymbol{q}$ の適当な範囲において正則であるとする．式 (7.66) の条件が成り立つと，式 (7.71) を式 (7.63) に代入し，式 (4.98) を用いて

$$\ddot{\boldsymbol{r}} = \ddot{\boldsymbol{r}}^* \tag{7.75}$$

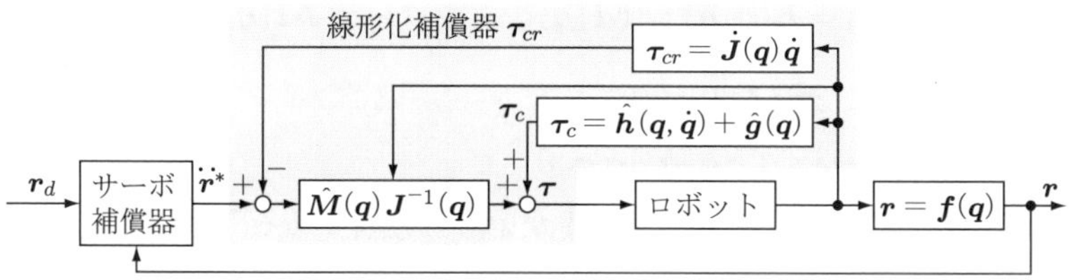

図 7.13 分解加速度制御

を得る．この系に，式 (7.72) で与えられる線形サーボ補償を施し，$\boldsymbol{e} = \boldsymbol{r}_d - \boldsymbol{r}$ とおくと式 (7.69) と同じ式を得る．したがって，$\boldsymbol{K}_v$，$\boldsymbol{K}_p$ を対角正定行列とし，適当な値に設定することにより，$\boldsymbol{e}$ に関して線形かつ非干渉な系となり，$\boldsymbol{e}$ はゼロに収束する．なお，ロボットが特異姿勢のときは $\boldsymbol{J}$ が正則でないため，式 (7.71) でのトルクは無限大となることがある．これに対する対策が必要といえる．

7.5 適応制御

動的モデルのパラメータは時間とともに変化する可能性がある．また，作業内容によっては，負荷が変動する．このようなときには，前節の制御法では十分な特性が得られなくなる．ここでは，動力学パラメータ $\boldsymbol{\sigma}$ が 6.2 節で示したように

$$\boldsymbol{\tau} = \boldsymbol{W}(\boldsymbol{q}, \dot{\boldsymbol{q}}, \ddot{\boldsymbol{q}})\boldsymbol{\sigma} \tag{7.76}$$

の関係にあることを利用した図 7.14 に示す適応制御 (adaptive control) について述べる．

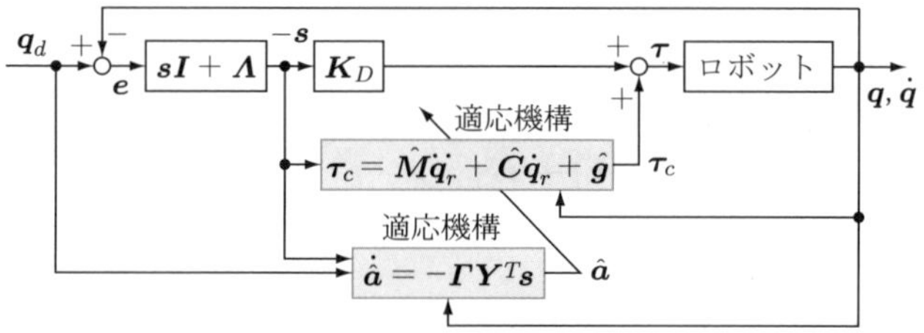

図 7.14　適応制御

未知な $m \times 1$ パラメータベクトル $\boldsymbol{a}$（$\boldsymbol{a}$ はベースパラメータもしくは $\boldsymbol{\sigma}$ の一部）は，式 (7.76) より，次の関係式が成り立つ $n \times m$ 行列 $\boldsymbol{Y}$ を定義できる．

$$\boldsymbol{M}(\boldsymbol{q})\ddot{\boldsymbol{q}}_r + \boldsymbol{C}(\boldsymbol{q}, \dot{\boldsymbol{q}})\dot{\boldsymbol{q}}_r + \boldsymbol{g}(\boldsymbol{q}) = \boldsymbol{Y}(\boldsymbol{q}, \dot{\boldsymbol{q}}, \dot{\boldsymbol{q}}_r, \ddot{\boldsymbol{q}}_r)\boldsymbol{a} \tag{7.77}$$

ただし，$\boldsymbol{C}$ は式 (5.15) より

$$\boldsymbol{C}(\boldsymbol{q}, \dot{\boldsymbol{q}})\dot{\boldsymbol{q}} = \boldsymbol{h}(\boldsymbol{q}, \dot{\boldsymbol{q}}) = \dot{\boldsymbol{M}}(\boldsymbol{q})\dot{\boldsymbol{q}} - \frac{\partial}{\partial \boldsymbol{q}}\left(\frac{1}{2}\dot{\boldsymbol{q}}^T \boldsymbol{M}(\boldsymbol{q})\dot{\boldsymbol{q}}\right) \tag{7.78}$$

を満たす行列である．式 (7.60) から

$$\dot{\boldsymbol{q}}^T\{\dot{\boldsymbol{M}}(\boldsymbol{q}) - 2\boldsymbol{C}(\boldsymbol{q}, \dot{\boldsymbol{q}})\}\dot{\boldsymbol{q}} = \boldsymbol{0} \tag{7.79}$$

であるが，これは $\{\dot{\boldsymbol{M}}(\boldsymbol{q}) - 2\boldsymbol{C}(\boldsymbol{q}, \dot{\boldsymbol{q}})\}$ が歪対称行列であることを示している．$\boldsymbol{q}_r$ は仮想的な目標軌道で，目標軌道 $\boldsymbol{q}_d$ に対する追従誤差を

$$\boldsymbol{e} = \boldsymbol{q}_d - \boldsymbol{q} \tag{7.80}$$

とすると

$$\dot{\boldsymbol{q}}_r = \dot{\boldsymbol{q}}_d + \boldsymbol{\Lambda}\boldsymbol{e} \tag{7.81}$$

で定義される．ただし，$\boldsymbol{\Lambda}$ は $n \times n$ 対称行列である．このとき，$\boldsymbol{a}$ の推定値を $\hat{\boldsymbol{a}}$ とし，推定値で計算したものは ^ を付けて表すと，式 (7.77) より

$$\hat{\boldsymbol{M}}(\boldsymbol{q})\ddot{\boldsymbol{q}}_r + \hat{\boldsymbol{C}}(\boldsymbol{q},\dot{\boldsymbol{q}})\dot{\boldsymbol{q}}_r + \hat{\boldsymbol{g}}(\boldsymbol{q}) = \boldsymbol{Y}(\boldsymbol{q},\dot{\boldsymbol{q}},\dot{\boldsymbol{q}}_r,\ddot{\boldsymbol{q}}_r)\hat{\boldsymbol{a}} \tag{7.82}$$

となる．この行列 $\boldsymbol{Y}$ を用いて，制御則と推定則は次のように与える．

$$\boldsymbol{\tau} = \hat{\boldsymbol{M}}\ddot{\boldsymbol{q}}_r + \hat{\boldsymbol{C}}\dot{\boldsymbol{q}}_r + \hat{\boldsymbol{g}} - \boldsymbol{K}_D\boldsymbol{s} \tag{7.83}$$

$$\dot{\hat{\boldsymbol{a}}} = -\boldsymbol{\Gamma}\boldsymbol{Y}^T\boldsymbol{s} \tag{7.84}$$

ここで，$\boldsymbol{K}_D$ は $n \times n$ 対称正定行列，$\boldsymbol{\Gamma}$ は $m \times m$ 対称正定行列，$\boldsymbol{s}$ は，

$$\boldsymbol{s} = \dot{\boldsymbol{q}} - \dot{\boldsymbol{q}}_r = -\dot{\boldsymbol{e}} - \boldsymbol{\Lambda}\boldsymbol{e} \tag{7.85}$$

と定義される．

式 (7.83)，(7.84) で示される適応制御則が目標軌道への大域的収束性を保証することは，リアプノフの安定理論によって以下のように証明できる．推定誤差 $\tilde{\boldsymbol{a}}$ を $\tilde{\boldsymbol{a}} = \hat{\boldsymbol{a}} - \boldsymbol{a}$ とし，リアプノフ関数の候補として

$$V(t) = \frac{1}{2}(\boldsymbol{s}^T\boldsymbol{M}\boldsymbol{s} + \tilde{\boldsymbol{a}}^T\boldsymbol{\Gamma}^{-1}\tilde{\boldsymbol{a}}) \tag{7.86}$$

を考える．この関数は明らかに正定関数である．次にこれを微分し $\dot{\boldsymbol{M}} - 2\boldsymbol{C}$ が歪対称行列であることを利用し整理すると

$$\begin{aligned}\dot{V}(t) &= \frac{1}{2}\boldsymbol{s}^T(\dot{\boldsymbol{M}}\boldsymbol{s} + 2\boldsymbol{M}\dot{\boldsymbol{s}}) + \tilde{\boldsymbol{a}}^T\boldsymbol{\Gamma}^{-1}\dot{\tilde{\boldsymbol{a}}} \quad \text{（微分する）}\\ &= \boldsymbol{s}^T\boldsymbol{C}(\dot{\boldsymbol{q}} - \dot{\boldsymbol{q}}_r) + \boldsymbol{s}^T\boldsymbol{M}(\ddot{\boldsymbol{q}} - \ddot{\boldsymbol{q}}_r) + \tilde{\boldsymbol{a}}^T\boldsymbol{\Gamma}^{-1}\dot{\tilde{\boldsymbol{a}}} \quad \text{（式 (7.85) を代入する）}\\ &= \boldsymbol{s}^T(\boldsymbol{\tau} - \boldsymbol{M}\ddot{\boldsymbol{q}} - \boldsymbol{C}\dot{\boldsymbol{q}}_r - \boldsymbol{g}) + \tilde{\boldsymbol{a}}^T\boldsymbol{\Gamma}^{-1}\dot{\tilde{\boldsymbol{a}}} \quad \text{（式 (7.63) を代入する）}\\ &= -\boldsymbol{s}^T\boldsymbol{K}_D\boldsymbol{s} + \tilde{\boldsymbol{a}}^T(\boldsymbol{\Gamma}^{-1}\dot{\tilde{\boldsymbol{a}}} + \boldsymbol{Y}^T\boldsymbol{s}) \quad \text{（式 (7.82) を代入する）}\end{aligned} \tag{7.87}$$

を得る．上式に，式 (7.84) を代入して

$$\dot{V}(t) = -\boldsymbol{s}^T\boldsymbol{K}_D\boldsymbol{s} \leqq 0 \tag{7.88}$$

となる．これより $V(t)$ はリアプノフ関数である．したがって，$t \to \infty$ につれ $\boldsymbol{s} \to \boldsymbol{0}$ が結論づけられる．このことは，式 (7.85) から $t \to \infty$ につれ $\boldsymbol{e} \to \boldsymbol{0}$, $\dot{\boldsymbol{e}} \to \boldsymbol{0}$ となることを意味する．軌道誤差がゼロに収束することは，パラメータが真の値に収束する保証を与えるものではないが，式 (7.84) より推定値は定数ベクトル $\hat{\boldsymbol{a}}(\infty)$ になる．ここで行列

$\boldsymbol{Y}(\boldsymbol{q}, \dot{\boldsymbol{q}}, \dot{\boldsymbol{q}}_r, \ddot{\boldsymbol{q}}_r)$ が持続的励振条件 (persistently exciting condition)[†1] を満たし一様連続 (uniformly continuous)[†2] ならば，$t \to \infty$ における制御則は $\boldsymbol{\tau} = \boldsymbol{Y}\hat{\boldsymbol{a}}(\infty) = \boldsymbol{Y}\boldsymbol{a}$ の関係が成立するから，推定値は真のパラメータに漸近的に収束するといえる．なお，上記の方法は加速度の測定を必要としていないことを指摘しておく．

式 (7.83)，(7.84) の実時間計算は必ずしも容易でないが，未知パラメータを手先の負荷に限定すると計算量は大幅に減少するであろう．実際のロボット制御への適用には，パラメータ同定法等により可能なかぎり未知パラメータを減らしたほうが有利といえる．

例題 7.5　図 7.15 に示す 1 関節アームを対象に，動力学パラメータが未知として適応制御による制御則，推定則を求めよう．

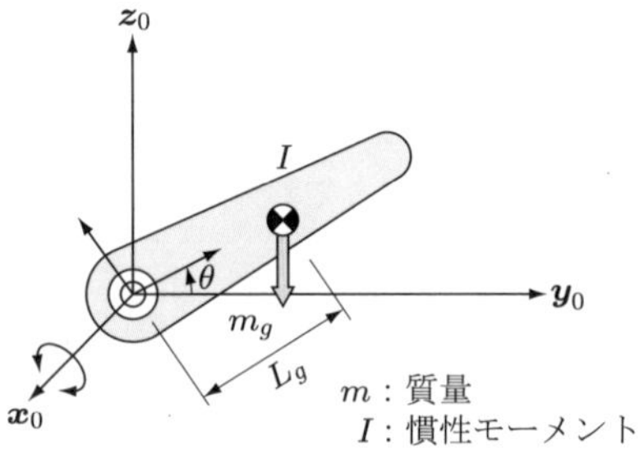

図 7.15　1 軸アーム

運動方程式は

$$\tau = I\ddot{\theta} + mL_g g\cos\theta = [g\cos\theta, \ddot{\theta}][mL_g, I]^T$$

である．これより未知パラメータは

$$\boldsymbol{a} = [a_1, a_2]^T = [mL_g, I]^T$$

である．したがって，制御則と推定則は

---

†1 持続的励振条件：任意の時刻 $t > 0$ において，$\int_t^{t+T} \boldsymbol{Y}^T(\boldsymbol{q}, \dot{\boldsymbol{q}}, \dot{\boldsymbol{q}}_r, \ddot{\boldsymbol{q}}_r)\boldsymbol{Y}(\boldsymbol{q}, \dot{\boldsymbol{q}}, \dot{\boldsymbol{q}}_r, \ddot{\boldsymbol{q}}_r)\, d\boldsymbol{\tau} \geq \alpha \boldsymbol{I}$ を満たす定数 α，$T > 0$ が存在することを持続的励振条件という．ここで，$\boldsymbol{I}$ は単位行列である．

†2 連続：考えている区間内の任意の実数 a と任意の正の数 ε に対して，ある正の数 δ が存在して，$|x - a| < \delta$ なら $|f(x) - f(a)| < \varepsilon$ であるなら，f は連続であるという．

一様連続：任意の正の数 ε に対して，ある正の数 δ が存在して，考えている区間内の任意の実数 a に対して，$|x - a| < \delta$ なら $|f(x) - f(a)| < \varepsilon$ であるなら，f は一様連続であるという．

（注）連続は a に応じて適切な δ をもってくればよいが，一様連続は a によらない共通の δ をもってこなくてはならない．

$$\tau = \hat{a}_2\ddot{\theta}_r + \hat{a}_1 g \cos\theta - K_D s$$
$$\dot{\hat{a}}_1 = -\gamma_1 g s \cos\theta$$
$$\dot{\hat{a}}_2 = -\gamma_2 \ddot{\theta}_r s$$

である．ここで，$\ddot{\theta}_r$ と s は

$$\ddot{\theta}_r = \ddot{\theta}_d + \lambda(\dot{\theta}_d - \dot{\theta})$$
$$s = -(\dot{\theta}_d - \dot{\theta}) - \lambda(\theta_d - \theta)$$

である．ただし，$[\theta_d, \dot{\theta}_d, \ddot{\theta}_d]$ は目標軌道である．制御パラメータ γ_1，γ_2，λ，K_D を適当に与えることにより適応制御が実現できる．

演習問題

7.1 始点 $q_0 = 0$，終端点 $q_f = 1$，終端時刻 $t_f = 1$ のとき，1 次補間，3 次補間，および 5 次補間による軌道を生成し，各補間における位置，速度，加速度の曲線を示せ．

7.2 自律系 $\dot{x}(t) = -x(t)$ が漸近安定であることをリアプノフ関数を用いて証明せよ．

7.3 例題 6.2 で扱った 2 関節アームに，目標軌道 $\boldsymbol{\theta}_d(t) = [\theta_{d1}(t), \theta_{d2}(t)]^T$ を与え，計算トルク制御で軌道制御するときの制御入力 $\boldsymbol{\tau} = [\tau_1, \tau_2]^T$ を求めよ．ただし，

$$\boldsymbol{K}_v = \mathrm{diag}(2\xi\omega_c, 2\xi\omega_c), \quad \boldsymbol{K}_p = \mathrm{diag}({\omega_c}^2, {\omega_c}^2)$$

とする．

7.4 例題 6.2 で扱った 2 関節アームに，目標軌道 $\boldsymbol{r}_d(t) = [r_{d1}(t), r_{d2}(t)]^T$ を与え，分解加速度制御で制御するときの制御入力 $\boldsymbol{\tau} = [\tau_1, \tau_2]^T$ を求めよ．ただし，

$$\boldsymbol{K}_v = \mathrm{diag}(2\xi\omega_c, 2\xi\omega_c), \quad \boldsymbol{K}_p = \mathrm{diag}({\omega_c}^2, {\omega_c}^2)$$

とする．

7.5 演習問題 5.1 に示す 2 関節アームにおいて，動力学パラメータが未知として適応制御による制御則，推定則を求めよ．

8 ロボットの力制御

部品組立，バリ取り，研磨，ドアの開閉などの作業をロボットが行うとき，ロボットは対象物や環境から拘束を受けた運動を行うことになる．このような外部拘束を受けるとき，それに順応し円滑な運動（これをコンプライアント動作という）を行うには，力の制御が必要となる．力の制御とは，ロボットハンドと対象物との間に生じる作用，反作用力を制御するもので，そのための制御法として，インピーダンス制御，コンプライアンス制御，ハイブリッド制御などがある．本章では，はじめに作業と力制御の関係について述べ，ついでこれらの制御法について解説する．

8.1 作業と拘束条件

図 8.1 にロボットによるクランク回し作業の例を示す．クランクのハンドルに，図に示すように作業座標 $\Sigma_w = \{\boldsymbol{x}_w, \boldsymbol{y}_w, \boldsymbol{z}_w\}$ を設定する．この Σ_w はクランクの回転とともに移動する．ここで，Σ_w で表した手先の速度と角速度を $\boldsymbol{v} = [v_x, v_y, v_z, \omega_x, \omega_y, \omega_z]^T$，手先がハンドルに加える力とモーメントを $\boldsymbol{f} = [f_x, f_y, f_z, n_x, n_y, n_z]^T$ とすると，この作業では，$\boldsymbol{x}_w$ 軸と $\boldsymbol{z}_w$ 軸に沿う並進はできないので $v_x = v_z = 0$，および $\boldsymbol{x}_w$ 軸と $\boldsymbol{y}_w$ 軸回りの回転はできないので $\omega_x = \omega_y = 0$ である．また，回転軸に摩擦がないとすると，$\boldsymbol{y}_w$ 軸方向の力，$\boldsymbol{z}_w$ 軸まわりのモーメントを生成できないので $f_y = n_z = 0$

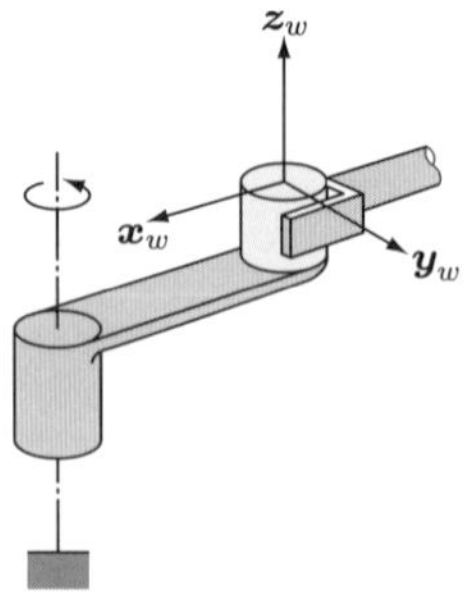

図 8.1　クランク回し

である．これらをまとめると

$$v_x = v_z = \omega_x = \omega_y = f_y = n_z = 0 \tag{8.1}$$

である．これらは，クランク回しの作業から自然に導かれるものであるから，自然拘束条件 (natural constraint condition) とよばれる．

一般に，自然拘束条件で速度，角速度がゼロの座標軸は，対象物や環境から物理的に運動の拘束を受けていることを意味する．それら座標軸が作る空間を拘束部分空間 (constraint subspace) という．一方，力とモーメントがゼロの座標軸は，対象物や環境から物理的な拘束を受けず，自由な運動ができることを意味する．それらの作る空間を自由部分空間 (free subspace) という．拘束部分空間の力とモーメント，自由部分空間の速度，角速度は自由な値をとることが可能である．したがって，作業を実現するには，さらに人工的に拘束条件を付加する必要がある．たとえば，回すための回転速度と並進速度を指定し，不要な力，モーメントは加えないとすると

$$f_x = f_z = n_x = n_y = 0, \quad v_y = v_0, \quad \omega_z = \omega_0 \tag{8.2}$$

となる．ここで，v_0，ω_0 はスカラ定数で，クランクの半径を L_0 とすると $v_0 = L_0\omega_0$ の関係がある．これらは，人工拘束条件 (artificial constraint condition) とよばれる．この人工拘束条件は，変更可能であり，たとえば $f_x = f_0$（f_0 はスカラ定数）とすると，回転軸中心に力を加えながらクランクを回すことになる．

ロボットの制御系は，上記の自然拘束条件と人工拘束条件を満足するように構成される．すなわち，拘束部分空間においては力の制御が，自由部分空間においては位置・速度の制御が制御モードとして選択される．クランク回し作業では，$\boldsymbol{x}$ 軸，$\boldsymbol{z}$ 軸に対しては力の制御，$\boldsymbol{y}$ 軸に対しては位置・速度の制御モードが選択される．この力の制御法として，インピーダンス制御，コンプライアンス制御，ハイブリッド制御などがある．

8.2 インピーダンス制御

インピーダンス制御 (impedance control) とは，手先にばね，ダンパーなどの機械的要素で構成する受動インピーダンスと等価なインピーダンスを，位置，力などのフィードバックにより電気的に設定する方法である．

≫ 8.2.1 1 自由度系のインピーダンス制御

図 8.2 に示す 1 自由度系を対象にインピーダンス制御を考察する．同図に示す系

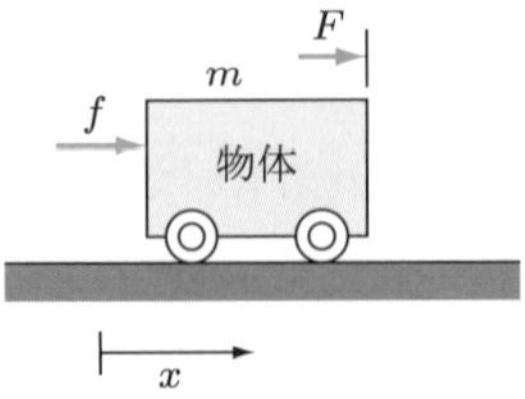

図 8.2 1自由度系

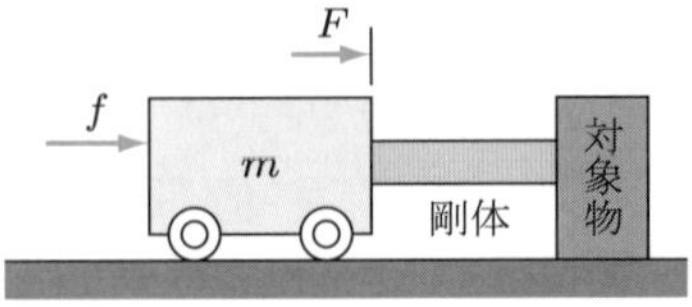

図 8.3 剛体への接触

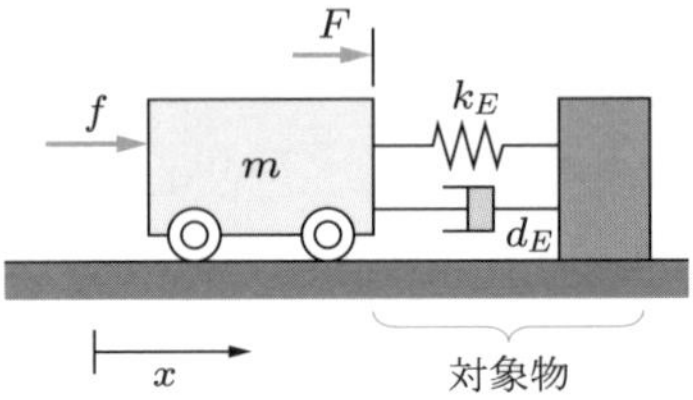

図 8.4 ばね・ダンピング特性をもつ対象物への接触

の運動方程式は

$$m\ddot{x} = f + F \tag{8.3}$$

で与えられるとする．ここで，f は物体 m を制御により駆動する力，F は物体に加わる外力，x は変位である．この系が図 8.3 のように剛体の対象物に接触しているとすると，物体 m は動かず，$f = -F$ とすることにより力 F を対象物に加えることができると考えられる．しかし，実際には，この力を検出する力センサの剛性や対象物の剛性の影響により，振動が生じることがある．例として，対象物が図 8.4 のようなばね定数 k_E，粘性係数 d_E の特性をもつとする．このとき対象物に作用する力 F は

$$F = -k_E x - d_E \dot{x} \tag{8.4}$$

と表されるから，全体の特性は

$$m\ddot{x} + d_E \dot{x} + k_E x = f \tag{8.5}$$

となる．ここで，x は力 F が加わらないときの平衡点からの変位に改めている．この系の角固有周波数は

$$\omega_E = \sqrt{\frac{k_E}{m}} \tag{8.6}$$

であり，減衰特性は

$$\xi_E = \frac{d_E}{2\sqrt{mk_E}} \tag{8.7}$$

である．k_E，d_E は対象物の材質に依存する．対象物が金属のようにばね定数が高い

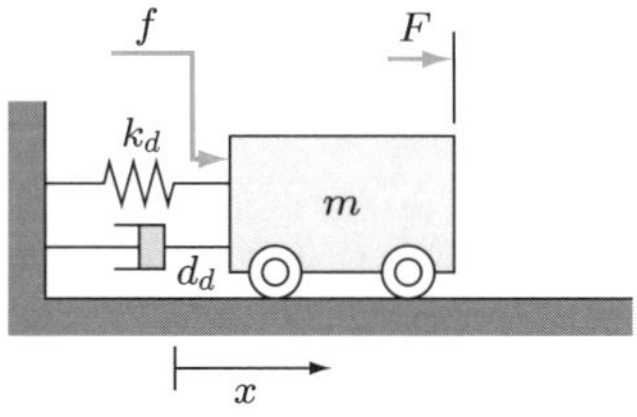

図 8.5　インピーダンス法

場合，ハイゲインの位置フィードバックループが存在することと等価になり，$f = f_0$ と一定値 f_0 を指定したとき，振動的な過渡応答になるといえる．

このような振動を抑えるために，図 8.5 に示すように物体が外力に対して次式で表される望ましいインピーダンスをもつようにする．

$$m_d\ddot{x} + d_d(\dot{x} - \dot{x}_d) + k_d(x - x_d) = F \tag{8.8}$$

ここで，m_d，d_d，k_d はそれぞれ力 F に対する望ましい応答を生成するための目標とする質量，減衰係数，ばね定数であり，x_d は目標位置である．これを実現する制御力 f は，外力 F が測定できる場合には式 (8.3)，(8.8) から $\ddot{x}$ を消去することにより

$$f = \left(\frac{m}{m_d} - 1\right)F - \frac{m}{m_d}d_d(\dot{x} - \dot{x}_d) - \frac{m}{m_d}k_d(x - x_d) \tag{8.9}$$

で表される．したがって，力フィードバックゲインは目標質量の関数として

$$k_f = \frac{m}{m_d} - 1 \tag{8.10}$$

と表される．m_d は正値であるから $k_f \geqq -1$ である．

この系が図 8.6 に示すように固定された対象物と接触して外力を受ける場合を考える．同図の接触力 F は

$$F = -k_E(x - x_e) - d_E\dot{x} \tag{8.11}$$

で表される．ここで，x_e は $F = 0$ の平衡位置である．式 (8.3) に式 (8.9)～(8.11) を代入すると

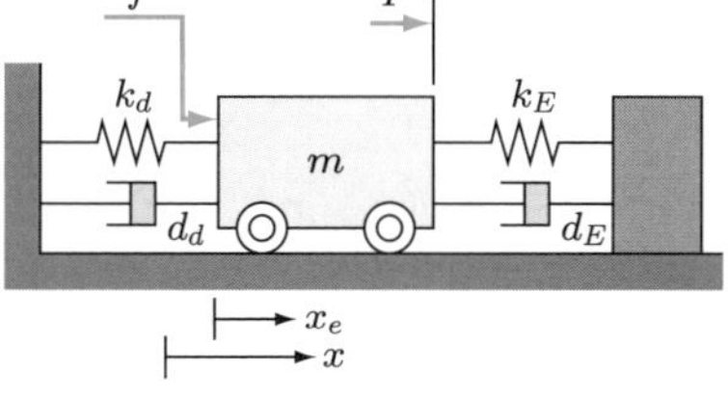

図 8.6　インピーダンス法による対象物への接触

$$m\ddot{x} + (k_f + 1)(d_E + d_d)\dot{x} + (k_f + 1)(k_E + k_d)x = \frac{m}{m_d}(d_d\dot{x}_d + k_d x_d + k_E x_e) \tag{8.12}$$

を得る．式 (8.12) の右辺は入力項であるから，この系の角固有振動数は

$$\omega_c = \sqrt{\frac{(k_f + 1)(k_E + k_d)}{m}} \tag{8.13}$$

であり，減衰特性は

$$\xi_c = \frac{d_E + d_d}{2}\sqrt{\frac{k_f + 1}{m(k_E + k_d)}} \tag{8.14}$$

となる．k_E，d_E が既知のときは，適切な ω_c，ξ_c となる k_f，k_d，d_d を設定すればよい．おおまかには，ξ_c を 0.7〜1.0 になるようにし，ω_c をできるかぎり大きくすればよい．k_E，d_E が未知もしくは変動幅があるときは，一般には，振動的な過渡応答にならないように d_d を大きくとる必要がある．対象物体に接触するとき，過大な力が作用しないように対象物から受ける拘束に順応させるには，k_d を小さくとり鋼性を低くすればよい．また，対象物の表面をならうときには，対象物の形状に応じた目標軌道 x_d を生成する必要がある．

次に $m_d = m$ のときを考察する．このときは $k_f = 0$ であるから

$$f = -d_d(\dot{x} - \dot{x}_d) - k_d(x - x_d) \tag{8.15}$$

となり，力のフィードバックが不要で位置と速度のフィードバックにより望ましいインピーダンスが定められる．このインピーダンスの設定は，式 (8.13)，(8.14) に $k_f = 0$ を代入して，適切な ω_c，ξ_c となる k_d，d_d を設定すればよい．

この方法は，環境と物体との関係を望ましい剛性を表す k_d によって定めようとするもので，スティフネス制御 (stiffness control) ともよばれている．d_d はスティフネス制御の安定性を高めるためのものである．

≫ 8.2.2 ロボットのインピーダンス制御

多自由度のロボットにインピーダンス法を適用してみよう．手先の 6×1 位置姿勢ベクトル $\boldsymbol{r}$ と 6×1 関節変数ベクトル $\boldsymbol{q}$ とに $\boldsymbol{r} = \boldsymbol{f}(\boldsymbol{q})$ の関係があるとする．図 8.7 に示すように，作業座標系での手先のインピーダンス特性を

$$\boldsymbol{M}_d\ddot{\boldsymbol{r}} + \boldsymbol{D}_d(\dot{\boldsymbol{r}} - \dot{\boldsymbol{r}}_d) + \boldsymbol{K}_d(\boldsymbol{r} - \boldsymbol{r}_d) = \boldsymbol{F} \tag{8.16}$$

となるように制御系を構成するとする．ここで，$\boldsymbol{F}$ は手先に加わる力とモーメントを表す 6×1 外力ベクトル，$\boldsymbol{r}_d$ は 6×1 目標位置姿勢ベクトル，$\boldsymbol{M}_d$，$\boldsymbol{D}_d$，$\boldsymbol{K}_d$ はそれぞれ手先に実現しようとする仮想機械インピーダンスの 6×6 慣性行列，6×6

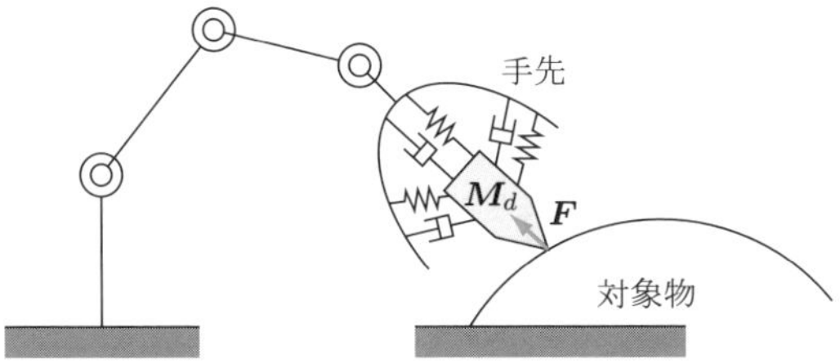

図 8.7 ロボットのインピーダンス法

粘性係数行列，6×6 剛性行列である．これらの行列を非負定対角行列とし，作業座標軸ごとに 1 自由度系のインピーダンス法と同様な考察を行うことにより，各対角要素を定めることができる．

手先に作用する外力 $\boldsymbol{F}$ に等価な関節駆動力は $\boldsymbol{J}^T\boldsymbol{F}$ であるから（4.5.2 項），ロボットの運動方程式は式 (5.14) に外力が作用して

$$\boldsymbol{M}\ddot{\boldsymbol{q}} + \boldsymbol{h} + \boldsymbol{g} = \boldsymbol{\tau} + \boldsymbol{J}^T\boldsymbol{F} \tag{8.17}$$

で表される．ここで，$\boldsymbol{J} = \partial\boldsymbol{f}(\boldsymbol{q})/\partial\boldsymbol{q}^T$ はヤコビ行列である．4.4.1 項で述べたように，速度，加速度には

$$\dot{\boldsymbol{r}} = \boldsymbol{J}\dot{\boldsymbol{q}} \tag{8.18}$$

$$\ddot{\boldsymbol{r}} = \dot{\boldsymbol{J}}\dot{\boldsymbol{q}} + \boldsymbol{J}\ddot{\boldsymbol{q}} \tag{8.19}$$

の関係があり，考察する $\boldsymbol{q}$ の適当な範囲で $\boldsymbol{J}$ が正則であるとすると式 (8.17) は

$$\boldsymbol{M}_r\ddot{\boldsymbol{r}} + \boldsymbol{h}_r = \boldsymbol{J}^{-T}\boldsymbol{\tau} + \boldsymbol{F} \tag{8.20}$$

となる．ここで，$\boldsymbol{J}^{-T} = (\boldsymbol{J}^{-1})^T$ であり

$$\boldsymbol{M}_r = \boldsymbol{J}^{-T}\boldsymbol{M}\boldsymbol{J}^{-1} \tag{8.21}$$

$$\boldsymbol{h}_r = \boldsymbol{J}^{-T}(\boldsymbol{h} + \boldsymbol{g}) - \boldsymbol{M}_r\dot{\boldsymbol{J}}\dot{\boldsymbol{q}} \tag{8.22}$$

である．式 (8.16) のインピーダンス特性をもつための加速度は

$$\ddot{\boldsymbol{r}} = \boldsymbol{M}_d{}^{-1}(\boldsymbol{F} - \boldsymbol{D}_d(\dot{\boldsymbol{r}} - \dot{\boldsymbol{r}}_d) - \boldsymbol{K}_d(\boldsymbol{r} - \boldsymbol{r}_d)) \tag{8.23}$$

であるから，これを実現する関節駆動力は

$$\begin{aligned}\boldsymbol{\tau} &= \boldsymbol{J}^T(\boldsymbol{M}_r\ddot{\boldsymbol{r}} + \boldsymbol{h}_r - \boldsymbol{F}) \\ &= \boldsymbol{J}^T\{\boldsymbol{M}_r\boldsymbol{M}_d{}^{-1}(-\boldsymbol{D}_d(\dot{\boldsymbol{r}} - \dot{\boldsymbol{r}}_d) - \boldsymbol{K}_d(\boldsymbol{r} - \boldsymbol{r}_d)) \\ &\quad + (\boldsymbol{M}_r\boldsymbol{M}_d{}^{-1} - \boldsymbol{I}_6)\boldsymbol{F} + \boldsymbol{h}_r\}\end{aligned} \tag{8.24}$$

となる．ただし，$\boldsymbol{I}_6$ は 6×6 単位行列である．したがって，式 (8.24) の制御則により式 (8.16) で表されるインピーダンスを手先に実現できる．この制御系の力の

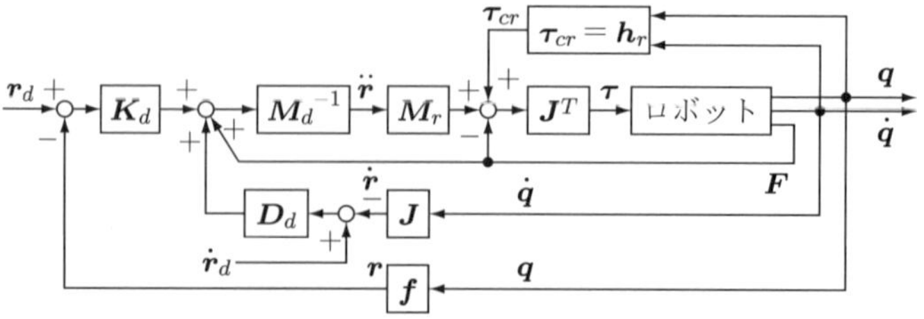

図 8.8　インピーダンス制御

フィードバックゲイン行列は

$$K_f = M_r M_d{}^{-1} - I_6 \tag{8.25}$$

で表される．図 8.8 にインピーダンス制御のブロック図を示す．

作業が低速で行われるときには，関節速度も一般に低速となる．このような場合，$h = 0$，$\dot{J} = 0$ とみなせる．さらに重力の影響も無視できるとする．K_{Fd} を 6×6 対角係数行列とし，望ましい機械インピーダンスの慣性行列をロボットの慣性行列と等しく定め，インピーダンス特性が式 (8.16) の代わりに

$$M_r \ddot{r} + D_d(\dot{r} - \dot{r}_d) + K_d(r - r_d) = K_{Fd} F \tag{8.26}$$

で表されるとする．このとき関節駆動力は式 (8.24) の代わりに

$$\tau = -J^T\{D_d(\dot{r} - \dot{r}_d) + K_d(r - r_d) - (K_{Fd} - I_6)F\} \tag{8.27}$$

となり，単純な速度偏差，位置偏差および力のフィードバックにより手先にインピーダンス特性を実現できるといえる．式 (8.26) の右辺において K_{Fd} を導入しているのは，M_r を変えられないことを補償する効果をもたせるためのものである．さらに，$K_{Fd} = I_6$ のときは

$$\tau = -J^T\{D_d(\dot{r} - \dot{r}_d) + K_d(r - r_d)\} \tag{8.28}$$

となり，位置と速度のフィードバックのみで機械インピーダンスが実現できる．この制御則による方法は，力のつり合いのとれた静止状態のときには

$$F = K_d(r - r_d) \tag{8.29}$$

となる．手先の剛性を作業座標で表した目標値 K_d とするような制御と一致するので，これをスティフネス制御とよぶ．速度偏差の項は，スティフネス制御の安定性を高める効果がある．なお，ロボットの力制御法にコンプライアンス制御 (compliance control) とよばれる方法がある．これは，手先に目標とするコンプライアンス（剛性の逆数）をもたせようとする制御法で，インピーダンス制御やスティフネス制御もコンプライアンス制御の一方法であるといえる．

例題 8.1 図 8.9 に示す 2 関節アームの手先を，$\boldsymbol{x}$ 軸に平行に置かれた対象物に $\boldsymbol{y}$ 軸方向には力をゼロで接触し，$\boldsymbol{x}$ 軸方向には一定の速度 $\dot{\boldsymbol{x}}_d$ で移動させたい場合を考える．この系に式 (8.27) のインピーダンス制御をあてはめてみよう．ただし，力センサは手先にあり，$\boldsymbol{x}$ 軸と $\boldsymbol{y}$ 軸の値を検出するものとする．

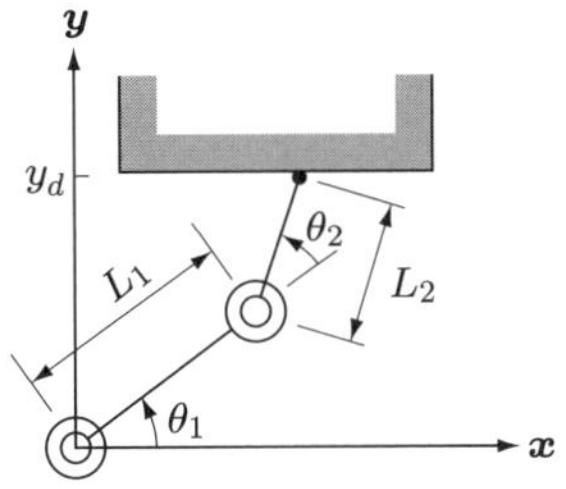

図 8.9　2 関節アームの接触動作

この系の運動学は

$$\boldsymbol{r} = \begin{bmatrix} x \\ y \end{bmatrix} = \begin{bmatrix} L_1\mathrm{C}_1 + L_2\mathrm{C}_{12} \\ L_1\mathrm{S}_1 + L_2\mathrm{S}_{12} \end{bmatrix} \tag{8.30}$$

$$\dot{\boldsymbol{r}} = \begin{bmatrix} \dot{x} \\ \dot{y} \end{bmatrix} = \begin{bmatrix} -L_1\mathrm{S}_1 - L_2\mathrm{S}_{12} & -L_2\mathrm{S}_{12} \\ L_1\mathrm{C}_1 + L_2\mathrm{C}_{12} & L_2\mathrm{C}_{12} \end{bmatrix} \begin{bmatrix} \dot{\theta}_1 \\ \dot{\theta}_2 \end{bmatrix} = \boldsymbol{J}\dot{\boldsymbol{q}} \tag{8.31}$$

である．動作条件より，$\dot{y}_d = 0$ である．手先のインピーダンスは，$\boldsymbol{x}$ 軸は位置，速度の精度を重視してインピーダンスを大きくし，$\boldsymbol{y}$ 軸は接触時に大きな外力が加わらないようにするためインピーダンスを小さく設定するとし，$\boldsymbol{K}_{Fd} = \mathrm{diag}[1, K_{Fd2}]$，$\boldsymbol{D}_d = \mathrm{diag}[D_{d1}, D_{d2}]$，$\boldsymbol{K}_d = \mathrm{diag}[K_{d1}, K_{d2}]$ とすると

$$\boldsymbol{\tau} = \begin{bmatrix} -L_1\mathrm{S}_1 - L_2\mathrm{S}_{12} & L_1\mathrm{C}_1 + L_2\mathrm{C}_{12} \\ -L_2\mathrm{S}_{12} & L_2\mathrm{C}_{12} \end{bmatrix} \cdot \begin{bmatrix} -D_{d1}(\dot{x} - \dot{x}_d) - K_{d1}(x - x_d) \\ -D_{d2}\dot{y} - K_{d2}(y - y_d) + (K_{Fd2} - 1)F_y \end{bmatrix} \tag{8.32}$$

となる．

8.3 ハイブリッド制御

ハイブリッド制御 (hybrid control) とは，作業内容によって作業座標の各軸ごとに位置制御か力制御かを選択し，目標とする位置と力を同時に満たす関節駆動力を

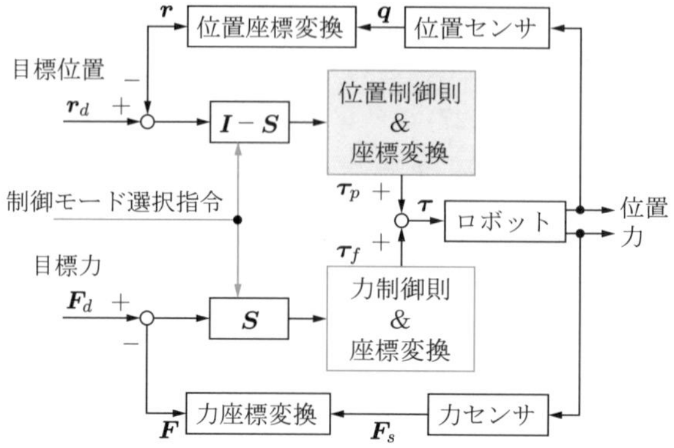

図 8.10　ハイブリッド制御の概念図

制御則とするもので，図 8.10 の概念図で表される．

位置制御ループでは，関節角度 $\boldsymbol{q}$ を手先の位置 $\boldsymbol{r}$ に変換し，目標値 $\boldsymbol{r}_d$ との偏差を求める．この偏差にモード選択行列 $(\boldsymbol{I}-\boldsymbol{S})$ を掛けて位置制御モードの偏差のみを求める．さらに $\boldsymbol{J}^{-1}$ を掛けることにより関節座標系での位置偏差を求め，これに位置フィードバック行列を掛けて位置制御則 $\boldsymbol{\tau}_p$ を求める．ここで，$\boldsymbol{I}$ は単位行列であり，$\boldsymbol{S}$ は力制御モードの選択行列で

$$\boldsymbol{S}=\mathrm{diag}(s_1, s_2, \cdots, s_n) \tag{8.33}$$

ただし，

$$s_i=\begin{cases} 1\text{ のとき：}i\text{ 座標軸が力制御モード} \\ 0\text{ のとき：}i\text{ 座標軸が位置制御モード} \end{cases} \tag{8.34}$$

である．

力制御ループでは，力センサの値 $\boldsymbol{F}_s$ を作業座標に変換した $\boldsymbol{F}$ と，力の目標値 $\boldsymbol{F}_d$ との偏差を求める．この偏差にモード選択行列 $\boldsymbol{S}$ を掛けて，力制御モードの力偏差のみを求める．さらに $\boldsymbol{J}^T$ を掛けることにより関節座標系での力偏差を求め，これに力フィードバック行列を掛けて関節座標系での力制御則 $\boldsymbol{\tau}_f$ を求める．

実際の位置制御則と力制御則は，種々考えられる．ここでは位置制御則として PD 動作を採用し，

$$\boldsymbol{\tau}_p=\boldsymbol{K}_p\boldsymbol{J}^{-1}(\boldsymbol{I}-\boldsymbol{S})(\boldsymbol{r}_d-\boldsymbol{r})+\boldsymbol{K}_v\boldsymbol{J}^{-1}(\boldsymbol{I}-\boldsymbol{S})(\dot{\boldsymbol{r}}_d-\dot{\boldsymbol{r}}) \tag{8.35}$$

とする．ここで，$\boldsymbol{K}_p$，$\boldsymbol{K}_v$ はそれぞれ関節座標系での位置と速度のフィードバック行列である．力制御則には，PI 動作を採用し

$$\boldsymbol{\tau}_f=\boldsymbol{K}_F\boldsymbol{J}^T\boldsymbol{S}(\boldsymbol{F}_d-\boldsymbol{F})+\boldsymbol{K}_{FI}\boldsymbol{J}^T\boldsymbol{S}\int_0^t(\boldsymbol{F}_d-\boldsymbol{F})dt \tag{8.36}$$

とする．ここで，$\boldsymbol{K}_F$ は関節座標系での力フィードバック行列，$\boldsymbol{K}_{FI}$ は関節座標系での力誤差積分フィードバック行列である．

ハイブリッド制御では位置制御と力制御を両立させるため，制御則 $\boldsymbol{\tau}$ を

$$\boldsymbol{\tau} = \boldsymbol{\tau}_p + \boldsymbol{\tau}_f \tag{8.37}$$

としている．なお，特異点では $\boldsymbol{J}$ が正則でないため $\boldsymbol{\tau}_p$ の計算が不能となる．このため，特異点を回避する必要がある．

作業座標のある軸方向に対して，手先の位置と対象物／環境に作用する力を独立に制御することはできない．そこでハイブリッド制御は，作業空間を位置制御される部分空間と力制御される部分空間とに分解し，力の目標値が与えられる部分空間には力フィードバック制御を直接的に適用している．この制御法は，手先と環境との間のインピーダンスに対する対策はなんらないといえる．このため，位置制御される部分空間で環境との干渉があると過大な力を生じたり，力制御される部分空間で力の拘束がないと不安定となることがある．一方，前節のインピーダンス制御は，位置制御する部分空間と力制御する部分空間との区別はなく，位置の目標値を指令し手先と環境とのインピーダンスを調節することにより，望みの力応答を間接的に得ている．

例題 8.2 例題 8.1 の 2 関節アームを対象にハイブリッド制御を考える．ただし，$\boldsymbol{y}$ 軸方向には力 f_d を対象物に加えるものとする．

動作の条件より，$\boldsymbol{x}$ 軸は位置制御，$\boldsymbol{y}$ 軸は力制御となる．したがって，力制御モードの選択行列は

$$\boldsymbol{S} = \begin{bmatrix} 0 & 0 \\ 0 & 1 \end{bmatrix} \tag{8.38}$$

となる．ヤコビ行列とその逆行列は式 (8.31) より

$$\boldsymbol{J} = \begin{bmatrix} -L_1\mathrm{S}_1 - L_2\mathrm{S}_{12} & -L_2\mathrm{S}_{12} \\ L_1\mathrm{C}_1 + L_2\mathrm{C}_{12} & L_2\mathrm{C}_{12} \end{bmatrix} \tag{8.39}$$

$$\boldsymbol{J}^{-1} = \frac{1}{L_1 L_2 \mathrm{S}_2} \begin{bmatrix} L_2\mathrm{C}_{12} & L_2\mathrm{S}_{12} \\ -L_1\mathrm{C}_1 - L_2\mathrm{C}_{12} & -L_1\mathrm{S}_1 - L_2\mathrm{S}_{12} \end{bmatrix} \tag{8.40}$$

となる．ここで，$\boldsymbol{K}_p = \mathrm{diag}[K_{p1}, K_{p2}]$，$\boldsymbol{K}_v = \mathrm{diag}[K_{v1}, K_{v2}]$，$\boldsymbol{K}_F = \mathrm{diag}[K_{F1}, K_{F2}]$，$\boldsymbol{K}_{FI} = \mathrm{diag}[K_{FI1}, K_{FI2}]$ とすると，式 (8.35) の位置制御則は

$$\boldsymbol{\tau}_p = \begin{bmatrix} -\mathrm{C}_{12}(K_{p_1}(x-x_d)+K_{v1}(\dot{x}-\dot{x}_d))/(L_1\mathrm{S}_2) \\ (L_1\mathrm{C}_1+L_2\mathrm{C}_{12})(K_{p2}(x-x_d)+K_{v2}(\dot{x}-\dot{x}_d))/(L_1L_2\mathrm{S}_2) \end{bmatrix} \tag{8.41}$$

となり，式 (8.36) の力制御則は

$$\boldsymbol{\tau}_f = \begin{bmatrix} -(L_1\mathrm{C}_1+L_2\mathrm{C}_{12})\left\{K_{F1}(F_y-f_d)+K_{FI1}\int_0^t(F_y-f_d)dt\right\} \\ -L_2\mathrm{C}_{12}\left\{K_{F2}(F_y-f_d)+K_{FI2}\int_0^t(F_y-f_d)dt\right\} \end{bmatrix} \tag{8.42}$$

となる．最終的な制御則は $\boldsymbol{\tau}=\boldsymbol{\tau}_p+\boldsymbol{\tau}_f$ で表される．明らかに，ヤコビ行列が正則でないとき，すなわち $\theta_2=0$ のときは，位置制御則が無限となり不安定になる．したがって，この特異点では制御が不能となる．

8.4 分解加速度法による動的力制御

ロボットを高速高精度に動作させるときは，遠心力やコリオリ力などを考慮する必要がある．このような場合には，位置偏差と力偏差の補償の他に，慣性力，コリオリ力，重力，摩擦力などを含むロボットの動特性を表す非線形項をフィードフォワード項として付加することにより，精度の向上が見込まれる．以下に示す力制御法は，7.4.2 項の分解加速度制御に前節のハイブリッド制御を組み合わせた制御法といえるもので，各作業座標軸ごとに動的にも非干渉系を構成しているのが特徴である．

ロボットの運動方程式が

$$\boldsymbol{M}\ddot{\boldsymbol{q}}+\boldsymbol{h}+\boldsymbol{g}=\boldsymbol{\tau} \tag{8.43}$$

で与えられるとする．これを，作業座標系で表した運動方程式に書き直すと

$$\boldsymbol{M}_r\ddot{\boldsymbol{r}}+\boldsymbol{h}_r=\boldsymbol{F} \tag{8.44}$$

となる．ここで，$\boldsymbol{M}_r$，$\boldsymbol{h}_r$ は式 (8.21)，(8.22) と同様に

$$\boldsymbol{M}_r=\boldsymbol{J}^{-T}\boldsymbol{M}\boldsymbol{J}^{-1} \tag{8.45}$$

$$\boldsymbol{h}_r=\boldsymbol{J}^{-T}(\boldsymbol{h}+\boldsymbol{g})-\boldsymbol{M}_r\dot{\boldsymbol{J}}\dot{\boldsymbol{q}} \tag{8.46}$$

と表される．$\boldsymbol{F}$ は作業座標系での手先の力であり，4.5.2 節で示したように，関節座標トルク $\boldsymbol{\tau}$ とには

$$\boldsymbol{\tau} = \boldsymbol{J}^T \boldsymbol{F} \tag{8.47}$$

の関係がある．

前節のハイブリッド制御では，位置制御モードの部分空間と，力制御モードの部分空間を分離し，各制御モードに対応する関節トルクを求めた．ここでもこの手法を取り入れる．はじめに，位置制御モードの手先への指令を $\boldsymbol{F}_p{}^*$，力制御モードの手先への指令を $\boldsymbol{F}_f{}^*$ として，次の入力を考える．

$$\boldsymbol{F} = \boldsymbol{M}_r(\boldsymbol{I} - \boldsymbol{S})\boldsymbol{F}_p{}^* + \boldsymbol{S}\boldsymbol{F}_f{}^* + \boldsymbol{h}_r \tag{8.48}$$

ここで，$\boldsymbol{S}$ は式 (8.33) の選択行列である．上式の右辺の第 3 項は非線形補償項で，これにより，系が線形化される．この線形系に，位置制御方向は位置指令を与え，力制御方向には力指令を与えている．力制御方向では，手先は作業対象物に力 $\boldsymbol{S}\boldsymbol{F}_f{}^*$ を及ぼしている．このときは，手先が作業対象物から拘束を受けていることを意味し，この拘束状態では $\boldsymbol{S}\ddot{\boldsymbol{r}} = \boldsymbol{0}$ とみなせる．したがって，式 (8.48) を式 (8.44) に代入し，作業対象物からの反力を考慮すると

$$\boldsymbol{M}_r(\boldsymbol{I} - \boldsymbol{S})(\ddot{\boldsymbol{r}} - \boldsymbol{F}_p{}^*) + \boldsymbol{S}(\boldsymbol{F} - \boldsymbol{F}_f{}^*) = \boldsymbol{0} \tag{8.49}$$

を得る．$\boldsymbol{S}$ は対角行列であるから，位置制御ループと力制御ループは互いに干渉しないといえる．ここで，位置制御モードの指令として

$$\boldsymbol{F}_p{}^* = \ddot{\boldsymbol{r}}_d + \boldsymbol{K}_v(\dot{\boldsymbol{r}}_d - \dot{\boldsymbol{r}}) + \boldsymbol{K}_p(\boldsymbol{r}_d - \boldsymbol{r}) \tag{8.50}$$

を考える．ただし，$\boldsymbol{r}_d$ は目標位置／軌道ベクトル，$\boldsymbol{K}_v$，$\boldsymbol{K}_p$ はそれぞれ，対角速度フィードバックゲイン行列，対角位置フィードバックゲイン行列である．このとき，位置偏差 $\boldsymbol{e}_p(t)$ を

$$\boldsymbol{e}_p(t) = \boldsymbol{r}_d(t) - \boldsymbol{r}(t) \tag{8.51}$$

とすると

$$(\boldsymbol{I} - \boldsymbol{S})(\ddot{\boldsymbol{e}}_p + \boldsymbol{K}_v\dot{\boldsymbol{e}}_p + \boldsymbol{K}_p\boldsymbol{e}_p) = \boldsymbol{0} \tag{8.52}$$

となる．$\boldsymbol{K}_v$，$\boldsymbol{K}_p$ を適当に設定することにより，$(\boldsymbol{I} - \boldsymbol{S})\boldsymbol{e}_p(t) \to \boldsymbol{0}$ $(t \to \infty)$ となり，$\boldsymbol{S}\boldsymbol{r} \to \boldsymbol{S}\boldsymbol{r}_d$ の漸近収束性が補償される．

次に，力制御モードの指令を

$$\boldsymbol{F}_f{}^* = \boldsymbol{F}_d + \boldsymbol{K}_{fI}\int_0^t (\boldsymbol{F}_d - \boldsymbol{F})dt \tag{8.53}$$

とする．ここで，$\boldsymbol{F}_d$ は目標ベクトル，$\boldsymbol{K}_{fI}$ は力の積分フィードバックゲイン行列である．このとき，力偏差 $\boldsymbol{e}_F(t)$ を

$$\boldsymbol{e}_F(t) = \boldsymbol{F}_d - \boldsymbol{F} \tag{8.54}$$

とすると

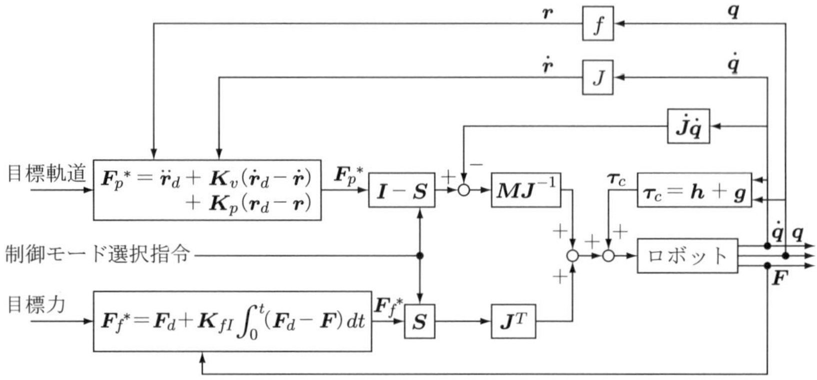

図 8.11　分解加速度法によるハイブリッド制御

$$S(\dot{e}_F + K_{fI}e_F) = 0 \tag{8.55}$$

となる．したがって，K_{fI} を適当に設定することにより，$Se_F(t) \to 0\ (t \to \infty)$ となり，$F \to F_d$ の漸近収束性が補償される．

上記の制御則を関節トルクで求めると，式 (8.47)，(8.48) より

$$\begin{aligned} \tau &= J^T\{M_r(I - S)F_p{}^* + SF_f{}^* + h_r\} \\ &= MJ^{-1}\{(I - S)F_p{}^* - \dot{J}\dot{q}\} + J^TSF_f{}^* + h + g \end{aligned}$$

を得る．この制御系のブロック図を図 8.11 に示す．

演習問題

8.1　図 8.12 に示すねじ回し作業の自然拘束条件と人工拘束条件を求めよ．ただし，ねじのピッチを p，ねじの回転速度を a_0 とする．

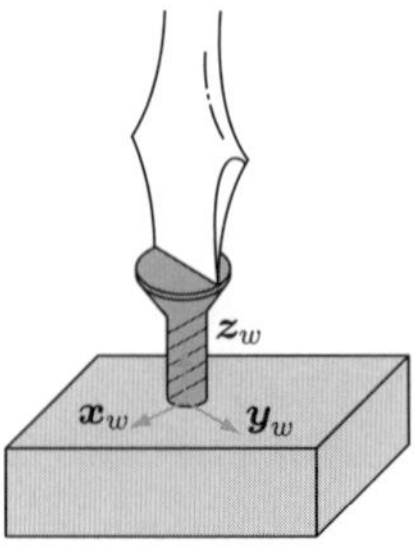

図 8.12　ねじ締め作業

8.2 1 自由度のインピーダンス制御において，手先の力センサが図 8.13 で示す特性を示すときの，運動方程式を求めよ．

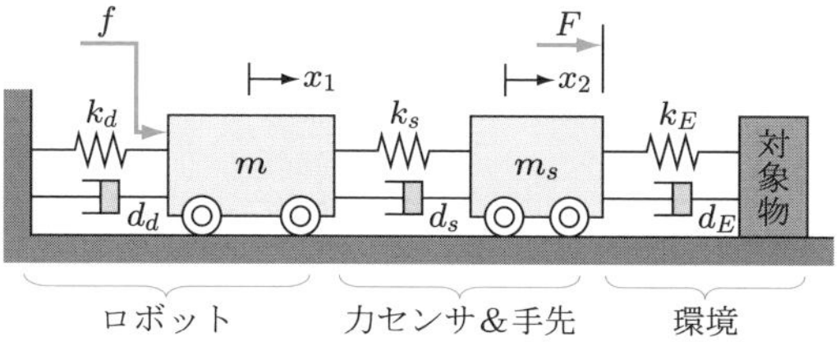

図 8.13 対象物への接触モデル

8.3 図 8.9 の 2 関節アームが高速に動作するとして，動的補償のあるインピーダンス制御を行うときの制御則を求めよ．

8.4 図 8.9 の 2 関節アームに，分解加速度によるハイブリッド制御を行うときの制御則を求めよ．

付　録

A 特異値分解

任意の $m \times n$ 実行列 $\boldsymbol{A}$ は，適当な $m \times m$ 直交行列 $\boldsymbol{U}$ と $n \times n$ 直交行列 $\boldsymbol{V}$ を用いて

$$\boldsymbol{A} = \boldsymbol{U}\Sigma\boldsymbol{V}^T \tag{A.1}$$

の形に表すことができる．ただし，Σ は

$$\Sigma = \left[\begin{array}{cc} \overbrace{\mathrm{diag}(\sigma_1, \sigma_2, \cdots, \sigma_r)}^{r} & \overbrace{\boldsymbol{0}}^{n-r} \\ \boldsymbol{0} & \boldsymbol{0} \end{array}\right] \begin{array}{l} \}\ r \\ \}\ m-r \end{array} \tag{A.2}$$

で与えられる $m \times n$ 行列である．式 (A.2) を $\boldsymbol{A}$ の特異値分解 (singular value decomposition) とよび，Σ の (i, i) 成分を特異値 (singular value) とよぶ．特異値のうち 0 でないものの個数 r は

$$r = \mathrm{rank}\,\boldsymbol{A} \tag{A.3}$$

で与えられる．特異値が 0 のものも含め σ_i で表すと，式 (A.1) より

$$\boldsymbol{A}\boldsymbol{A}^T = \boldsymbol{U}\,\mathrm{diag}({\sigma_1}^2, {\sigma_2}^2, \cdots, {\sigma_n}^2)\boldsymbol{U}^T \tag{A.4}$$

を得る．式 (A.4) は，$\boldsymbol{A}\boldsymbol{A}^T$ の固有値を λ_i とすると

$$\sigma_i = \sqrt{\lambda_i} \tag{A.5}$$

であることを示している．$n = m$ のとき，最大特異値 σ_1 と最小特異値 σ_n の比

$$\mathrm{cond}\,\boldsymbol{A} = \sigma_1/\sigma_n \tag{A.6}$$

を $\boldsymbol{A}$ の条件数 (condition number) とよび，条件数が無限もしくは非常に大きいと行ベクトルや列ベクトルの 1 次独立性が弱く，扱いにくい行列であることを示す．

B ベクトルの内積と外積

座標系 Σ で表した 3 次元空間内の任意のベクトル $\boldsymbol{a} = [a_x, a_y, a_z]^T$ は

$$\boldsymbol{a} = a_x\boldsymbol{i} + a_y\boldsymbol{j} + a_z\boldsymbol{k} \tag{B.1}$$

で表される．ここで，$\boldsymbol{i}$，$\boldsymbol{j}$，$\boldsymbol{k}$ はそれぞれ $\boldsymbol{x}$ 軸，$\boldsymbol{y}$ 軸，$\boldsymbol{z}$ 軸の単位ベクトルである．

以下にベクトルの内積，外積，三重積の定義と公式を示す．各公式の証明は定義から比較的容易に導けるのでここでは省略する．

(1) 内　積

定義と記号：ベクトル $\boldsymbol{a}$，$\boldsymbol{b}$ のなす角度を θ とするとき，$\|\boldsymbol{a}\|\,\|\boldsymbol{b}\|\cos\theta$ を $\boldsymbol{a}$，$\boldsymbol{b}$ の内積 (inner product) あるいはスカラー積 (scalar product) とよび，

$$\boldsymbol{a}^T\boldsymbol{b} = \boldsymbol{a}\cdot\boldsymbol{b} = \|\boldsymbol{a}\|\,\|\boldsymbol{b}\|\cos\theta \tag{B.2}$$

で表す．

内積の公式:

1) $$\boldsymbol{a}^T\boldsymbol{b} = \boldsymbol{b}^T\boldsymbol{a} = a_xb_x + a_yb_y + a_zb_z \tag{B.3}$$

2) $$a_x = \boldsymbol{a}^T\boldsymbol{i},\quad a_y = \boldsymbol{a}^T\boldsymbol{j},\quad a_z = \boldsymbol{a}^T\boldsymbol{k} \tag{B.4}$$

3) $$\|\boldsymbol{a}\| = \sqrt{\boldsymbol{a}^T\boldsymbol{a}} \tag{B.5}$$

4) $$\begin{aligned}\boldsymbol{i}^T\boldsymbol{i} = \boldsymbol{j}^T\boldsymbol{j} = \boldsymbol{k}^T\boldsymbol{k} = 1\\ \boldsymbol{i}^T\boldsymbol{j} = \boldsymbol{j}^T\boldsymbol{k} = \boldsymbol{k}^T\boldsymbol{i} = 0\end{aligned} \tag{B.6}$$

(2) 外　積

定義と記号：ベクトル $\boldsymbol{a}$，$\boldsymbol{b}$ を含む平面に垂直で，その向きをベクトル $\boldsymbol{a}$ を角度 θ ($\theta \leqq \pi$) 回転しベクトル $\boldsymbol{b}$ に重ねるときの右ねじの進行方向となる単位ベクトルを $\boldsymbol{e}$ としたとき，大きさが $(\|\boldsymbol{a}\|\,\|\boldsymbol{b}\|\sin\theta)$ で方向が $\boldsymbol{e}$ と一致するベクトルを，ベクトル $\boldsymbol{a}$，$\boldsymbol{b}$ の外積 (cross product) とよび

$$\boldsymbol{a}\times\boldsymbol{b} = (\|\boldsymbol{a}\|\,\|\boldsymbol{b}\|\sin\theta)\boldsymbol{e} \tag{B.7}$$

で表す（図 B.1 参照）．

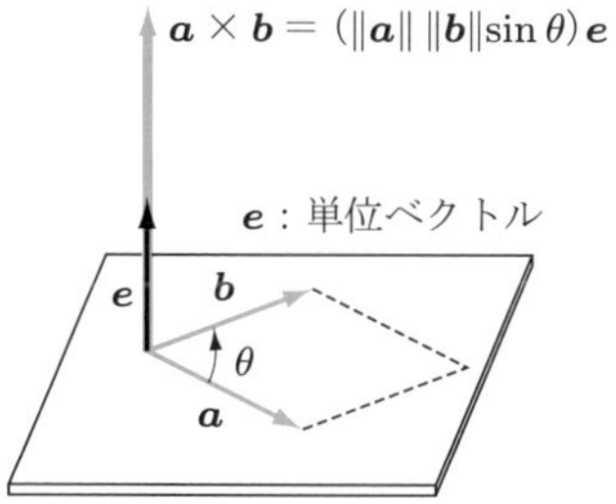

付図 B.1　ベクトルの外積

外積の公式:

1) $$\boldsymbol{a}\times\boldsymbol{b} = -\boldsymbol{b}\times\boldsymbol{a} \tag{B.8}$$

2) $\boldsymbol{a}$，$\boldsymbol{b}$ が 1 次従属なら $\boldsymbol{a}\times\boldsymbol{b} = \boldsymbol{0}$，$\boldsymbol{a}\times\boldsymbol{a} = \boldsymbol{0}$ (B.9)

3)　$\boldsymbol{a} \times (\boldsymbol{b} + \boldsymbol{c}) = \boldsymbol{a} \times \boldsymbol{b} + \boldsymbol{a} \times \boldsymbol{c}$　(B.10)

4)　$\boldsymbol{i} \times \boldsymbol{i} = \boldsymbol{j} \times \boldsymbol{j} = \boldsymbol{k} \times \boldsymbol{k} = \boldsymbol{0}$

$$\boldsymbol{i} \times \boldsymbol{j} = \boldsymbol{k}, \quad \boldsymbol{j} \times \boldsymbol{k} = \boldsymbol{i}, \quad \boldsymbol{k} \times \boldsymbol{i} = \boldsymbol{j} \tag{B.11}$$

5)　$$\boldsymbol{a} \times \boldsymbol{b} = (a_y b_z - a_z b_y)\boldsymbol{i} + (a_z b_x - a_x b_z)\boldsymbol{j} + (a_x b_y - a_y b_x)\boldsymbol{k} = \begin{vmatrix} \boldsymbol{i} & \boldsymbol{j} & \boldsymbol{k} \\ a_x & a_y & a_z \\ b_x & b_y & b_z \end{vmatrix} \tag{B.12}$$

(3)　三重積

定義：$\boldsymbol{a}^T(\boldsymbol{b} \times \boldsymbol{c})$ をベクトル $\boldsymbol{a}$，$\boldsymbol{b}$，$\boldsymbol{c}$ のスカラー三重積 (scalar triple product)，$\boldsymbol{a} \times (\boldsymbol{b} \times \boldsymbol{c})$ をベクトル $\boldsymbol{a}$，$\boldsymbol{b}$，$\boldsymbol{c}$ のベクトル三重積 (vector triple product) という．

三重積の公式:

1)　$\boldsymbol{a}^T(\boldsymbol{b} \times \boldsymbol{c}) = \boldsymbol{b}^T(\boldsymbol{c} \times \boldsymbol{a}) = \boldsymbol{c}^T(\boldsymbol{a} \times \boldsymbol{b})$　(B.13)

2)　$$\boldsymbol{a}^T(\boldsymbol{b} \times \boldsymbol{c}) = \begin{vmatrix} a_x & a_y & a_z \\ b_x & b_y & b_z \\ c_x & c_y & c_z \end{vmatrix} \tag{B.14}$$

3)　$$\boldsymbol{a} \times (\boldsymbol{b} \times \boldsymbol{c}) = (\boldsymbol{c}^T\boldsymbol{a})\boldsymbol{b} - (\boldsymbol{a}^T\boldsymbol{b})\boldsymbol{c} \tag{B.15$_\mathrm{a}$}$$

$$= (\boldsymbol{c}^T\boldsymbol{a}\boldsymbol{I}_3 - \boldsymbol{c}\boldsymbol{a}^T)\boldsymbol{b} \tag{B.15$_\mathrm{b}$}$$

4)　$\boldsymbol{a} \times (\boldsymbol{b} \times \boldsymbol{c}) + \boldsymbol{b} \times (\boldsymbol{c} \times \boldsymbol{a}) + \boldsymbol{c} \times (\boldsymbol{a} \times \boldsymbol{b}) = \boldsymbol{0}$　(B.16)

C　慣性テンソル

剛体が基準座標原点 O のまわりに一定の角速度 $\boldsymbol{\omega}$ で回転しているとする．原点 O から剛体内の任意の点 P への位置ベクトルを $\boldsymbol{p}$ とすると，この点の速度 $\boldsymbol{v}$ は

$$\boldsymbol{v} = \boldsymbol{\omega} \times \boldsymbol{p} \tag{C.1}$$

である．点 P の近傍の微小片 dm を考えると，この微小片の運動量は $\boldsymbol{v}\,dm$ であり，原点 O のまわりの角運動量は $\boldsymbol{p} \times \boldsymbol{v}\,dm$ である．したがって，剛体全体の角運動量 $\boldsymbol{M}$ は

$$\boldsymbol{M} = \int_V \boldsymbol{p} \times \boldsymbol{v}\,dm \tag{C.2}$$

である．ただし，$\int_V$ は剛体全体の積分を意味する．ここで，式 (C.1) を式 (C.2) に

代入し，式 (B.15$_\mathrm{a}$) の関係を用いると

$$\boldsymbol{M} = \int_V \{(\boldsymbol{p}^T\boldsymbol{p})\boldsymbol{\omega} - (\boldsymbol{p}^T\boldsymbol{\omega})\boldsymbol{p}\}dm$$
$$= \int_V (\boldsymbol{p}^T\boldsymbol{p}\boldsymbol{E}_{3\times3} - \boldsymbol{p}\boldsymbol{p}^T)dm\,\boldsymbol{\omega} \qquad \text{(C.3)}$$

を得る．ここで，$\boldsymbol{E}_{3\times3}$ は 3×3 単位行列である．リンクの密度を ρ，微小片の体積を dv とおき，$dm = \rho\,dv$ の関係から式 (C.3) は

$$\boldsymbol{M} = \boldsymbol{I}\boldsymbol{\omega} \qquad \text{(C.4)}$$

と表せる．ここで，

$$\boldsymbol{I} = \int_V (\boldsymbol{p}^T\boldsymbol{p}\boldsymbol{E}_{3\times3} - \boldsymbol{p}\boldsymbol{p}^T)\rho\,dv$$
$$= \begin{bmatrix} \int_V (y^2+z^2)\rho\,dv & -\int_V xy\rho\,dv & -\int_V xz\rho\,dv \\ -\int_V xy\rho\,dv & \int_V (z^2+x^2)\rho\,dv & -\int_V yz\rho\,dv \\ -\int_V xz\rho\,dv & -\int_V yz\rho\,dv & \int_V (x^2+y^2)\rho\,dv \end{bmatrix} \qquad \text{(C.5)}$$

である．この $\boldsymbol{I} = \{I_{ij}\} \in R^{3\times3}$ を慣性テンソル (inertia tensor) とよび，成分 I_{ii} $(i = x,\ y,\ z)$ を i 軸に関する慣性モーメント (moment of inertia)（慣性能率），成分 I_{ij} $(i \neq j)$ を慣性乗積 (product of inertia) とよぶ．並進速度をもたない剛体の運動エネルギは

$$K = \frac{1}{2}\int_V \boldsymbol{v}^T\boldsymbol{v}\,dm = \frac{1}{2}\int_V (\boldsymbol{\omega}\times\boldsymbol{p})^T\boldsymbol{v}\,dm = \frac{1}{2}\int_V \boldsymbol{\omega}^T\boldsymbol{p}\times\boldsymbol{v}\,dm$$
$$= \frac{1}{2}\boldsymbol{\omega}^T\boldsymbol{M} \qquad \text{(C.6)}$$

と表され，これに式 (C.4) を代入して

$$K = \frac{1}{2}\boldsymbol{\omega}^T\boldsymbol{I}\boldsymbol{\omega} \qquad \text{(C.7)}$$

を得る．

物体の姿勢が時間とともに変化すると，$\boldsymbol{I}$ の要素も時間とともに変化し，見通しがよくない．これを回避するため，付図 C.1 に示すように剛体の質量中心に設定する座標系 Σ_A で角運動量を考えることにする．$\boldsymbol{M}$，$\boldsymbol{I}$，$\boldsymbol{\omega}$ を Σ_A に関し表したものをそれぞれ，${}^A\boldsymbol{M}$，${}^A\boldsymbol{I}$，${}^A\boldsymbol{\omega}$ とすると，上記の関係式は Σ_A においても成立するから，

$${}^A\boldsymbol{M} = {}^A\boldsymbol{I}\,{}^A\boldsymbol{\omega} \qquad \text{(C.8)}$$

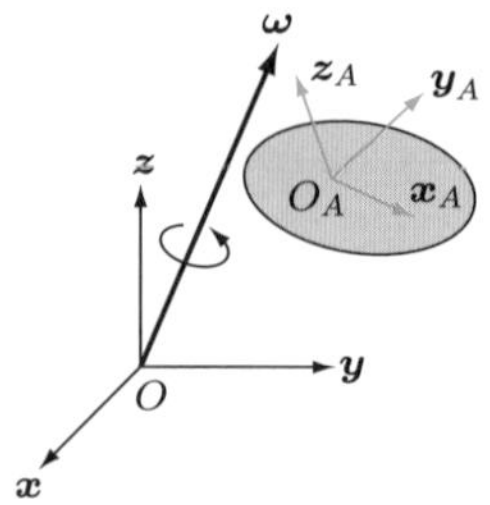

付図 C.1 基準座標と物体座標

である．一方，基準座標系から座標系 Σ_A への回転行列を ${}^0\boldsymbol{R}_A$ とすると

$$\boldsymbol{M} = {}^0\boldsymbol{R}_A{}^A\boldsymbol{M} \tag{C.9}$$

$$\boldsymbol{\omega} = {}^0\boldsymbol{R}_A{}^A\boldsymbol{\omega} \tag{C.10}$$

であるから，これらの関係を式 (C.7) に代入し，式 (C.8) と比較すると

$${}^A\boldsymbol{I} = ({}^0\boldsymbol{R}_A)^T\boldsymbol{I}{}^0\boldsymbol{R}_A \tag{C.11}$$

を得る．この ${}^A\boldsymbol{I}$ は，時間とともに変化しない定数の慣性テンソルである．

次に，Σ_A の原点が剛体の質量中心と一致しているとし，付図 C.2 に示すように Σ_A と平行な関係にある剛体上のもう一つの座標系 Σ_B を考え，この座標原点での慣性テンソル ${}^B\boldsymbol{I}$ と ${}^A\boldsymbol{I}$ との関係を求めよう．Σ_A で表した剛体内の任意の点の位置ベクトルを ${}^A\boldsymbol{p}$，Σ_A 原点から Σ_B 原点への位置ベクトルを $\boldsymbol{p}_{BA}$ とすると，式 (C.4) において基準座標系を座標系 Σ_B に置き換える．すなわち $\boldsymbol{M} \to {}^B\boldsymbol{M}$，$\boldsymbol{p} \to ({}^A\boldsymbol{p} - {}^A\boldsymbol{p}_{BA})$，$\boldsymbol{\omega} \to {}^A\boldsymbol{\omega}$ と置換し，$\int_V {}^A\boldsymbol{p}\,dm = \boldsymbol{0}$ の関係を用いて計算することにより

$${}^B\boldsymbol{I} = {}^A\boldsymbol{I} + m({}^A\boldsymbol{p}_{BA}{}^T{}^A\boldsymbol{p}_{BA}\boldsymbol{E}_{3\times3} - {}^A\boldsymbol{p}_{BA}{}^A\boldsymbol{p}_{BA}{}^T) \tag{C.12}$$

の関係を得る．m は

$$m = \int_V dm \tag{C.13}$$

である．式 (C.12) を平行軸の定理 (parallel axis theorem) とよぶ．

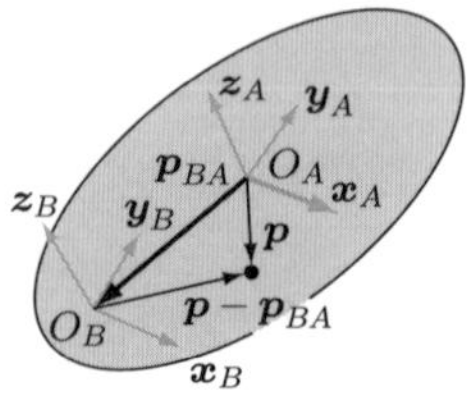

付図 C.2 物体座標の平行移動

D 逐次最小２乗法

6.2.3 項の最小２乗法は，サンプル時点１から N までの観測値列 $\{\boldsymbol{\tau}(k)\}$，$\{\boldsymbol{W}(k)\}$ を得たとき，サンプル時点 k の重み行列を $\boldsymbol{\Lambda}(k)$ としたときのパラメータ $\boldsymbol{\sigma}$ の推定値を

$$\hat{\boldsymbol{\sigma}} = (\boldsymbol{A}^T\boldsymbol{\Omega}\boldsymbol{A})^{-1}\boldsymbol{A}^T\boldsymbol{\Omega}\boldsymbol{y} \tag{D.1}$$

で求めた．ただし，

$$\boldsymbol{y} = \begin{bmatrix} \boldsymbol{\tau}(1) \\ \vdots \\ \boldsymbol{\tau}(N) \end{bmatrix}, \quad \boldsymbol{A} = \begin{bmatrix} \boldsymbol{W}(1) \\ \vdots \\ \boldsymbol{W}(N) \end{bmatrix} \tag{D.2}$$

$$\boldsymbol{\Omega} = \text{quasi diag}(\boldsymbol{\Lambda}(1), \boldsymbol{\Lambda}(2), \cdots, \boldsymbol{\Lambda}(N)) \tag{D.3}$$

である．この計算法では，観測値を追加したときに再度大きな行列の計算をすることになる．ここで，$\boldsymbol{\tau}(k)$ と $\boldsymbol{\sigma}$ がそれぞれ $n \times 1$ ベクトルと $m \times 1$ ベクトルとすると，$\boldsymbol{W}(k)$ は $n \times m$ 行列，$\boldsymbol{\Lambda}(k)$ は $n \times n$ 行列，$\boldsymbol{\Omega}$ は $nN \times nN$ 行列，$\boldsymbol{A}^T\boldsymbol{\Omega}\boldsymbol{A}$ は $m \times m$ 行列，$\boldsymbol{y}$ は $nN \times 1$ ベクトル，$\boldsymbol{A}^T\boldsymbol{\Omega}\boldsymbol{y}$ は $m \times 1$ ベクトルである．したがって，観測値の増加により行列 $\boldsymbol{\Omega}$ とベクトル $\boldsymbol{y}$ の大きさは増加するが，行列 $\boldsymbol{\Lambda}$，$\boldsymbol{A}^T\boldsymbol{\Omega}\boldsymbol{A}$ およびベクトル $\boldsymbol{A}^T\boldsymbol{\Omega}\boldsymbol{y}$ の大きさには変化がない．このことに着目し，$N-1$ 時点までの観測値から得たパラメータ推定値 $\hat{\boldsymbol{\sigma}}_{N-1}$ と N 時点の観測値 $\boldsymbol{\tau}(N)$，$\boldsymbol{W}(N)$ から N 時点のパラメータ推定値 $\hat{\boldsymbol{\sigma}}_N$ を求める**逐次最小２乗法**を以下に述べる．

N 時点までの観測値に基づいてつくられた行列，ベクトルであることを示すために，以下では添字 N をつけることにし，

$$(\boldsymbol{A}_N{}^T\boldsymbol{\Omega}_N\boldsymbol{A}_N)^{-1} = \boldsymbol{P}_N \tag{D.4}$$

$$\boldsymbol{A}_N{}^T\boldsymbol{\Omega}_N\boldsymbol{y}_N = \boldsymbol{b}_N \tag{D.5}$$

を定義する．このとき，

$$\boldsymbol{P}_N{}^{-1} = \boldsymbol{A}_N{}^T\boldsymbol{\Omega}_N\boldsymbol{A}_N = \sum_{i=1}^{N}\boldsymbol{W}_i{}^T\boldsymbol{\Lambda}_i\boldsymbol{W}_i \tag{D.6}$$

$$\boldsymbol{b}_N = \boldsymbol{A}_N{}^T\boldsymbol{\Omega}_N\boldsymbol{y}_N = \sum_{i=1}^{N}\boldsymbol{W}_i{}^T\boldsymbol{\Lambda}_i\boldsymbol{\tau}_i \tag{D.7}$$

である．したがって

$$\boldsymbol{P}_N{}^{-1} = \boldsymbol{P}_{N-1}{}^{-1} + \boldsymbol{W}_N{}^T\boldsymbol{\Lambda}_N\boldsymbol{W}_N \tag{D.8}$$

$$\boldsymbol{b}_N = \boldsymbol{b}_{N-1} + \boldsymbol{W}_N{}^T \boldsymbol{\Lambda}_N \boldsymbol{\tau}_N \tag{D.9}$$

を得る．式 (D.8) に右から $\boldsymbol{P}_{N-1}$，左から $\boldsymbol{P}_N$ を掛けて

$$\boldsymbol{P}_{N-1} = \boldsymbol{P}_N + \boldsymbol{P}_N \boldsymbol{W}_N{}^T \boldsymbol{\Lambda}_N \boldsymbol{W}_N \boldsymbol{P}_{N-1} \tag{D.10}$$

を，さらに右から $\boldsymbol{W}_N{}^T(\boldsymbol{I} + \boldsymbol{\Lambda}_N \boldsymbol{W}_N \boldsymbol{P}_{N-1} \boldsymbol{W}_N{}^T)^{-1} \boldsymbol{\Lambda}_N \boldsymbol{W}_N \boldsymbol{P}_{N-1}$ を掛け，

$$\begin{aligned} &\boldsymbol{P}_{N-1} \boldsymbol{W}_N{}^T(\boldsymbol{I} + \boldsymbol{\Lambda}_N \boldsymbol{W}_N \boldsymbol{P}_{N-1} \boldsymbol{W}_N{}^T)^{-1} \boldsymbol{\Lambda}_N \boldsymbol{W}_N \boldsymbol{P}_{N-1} \\ &\quad = \boldsymbol{P}_N \boldsymbol{W}_N{}^T \boldsymbol{\Lambda}_N \boldsymbol{W}_N \boldsymbol{P}_{N-1} \end{aligned}$$

を得る．これに，式 (D.10) を代入すると

$$\boldsymbol{P}_N = \boldsymbol{P}_{N-1} - \boldsymbol{P}_{N-1} \boldsymbol{W}_N{}^T(\boldsymbol{I} + \boldsymbol{\Lambda}_N \boldsymbol{W}_N \boldsymbol{P}_{N-1} \boldsymbol{W}_N{}^T)^{-1} \boldsymbol{\Lambda}_N \boldsymbol{W}_N \boldsymbol{P}_{N-1} \tag{D.11}$$

を得る．ここで，$\boldsymbol{I}$ は単位行列である．したがって，パラメータの推定値は

$$\begin{aligned} \hat{\boldsymbol{\sigma}}_N &= \boldsymbol{P}_N \boldsymbol{b}_N \\ &= \{\boldsymbol{P}_{N-1} - \boldsymbol{P}_{N-1} \boldsymbol{W}_N{}^T(\boldsymbol{I} + \boldsymbol{\Lambda}_N \boldsymbol{W}_N \boldsymbol{P}_{N-1} \boldsymbol{W}_N{}^T)^{-1} \boldsymbol{\Lambda}_N \boldsymbol{W}_N \boldsymbol{P}_{N-1}\} \\ &\quad \cdot (\boldsymbol{b}_{N-1} + \boldsymbol{W}_N{}^T \boldsymbol{\Lambda}_N \boldsymbol{\tau}_N) \end{aligned} \tag{D.12}$$

となる．ここで，

$$\begin{aligned} &\boldsymbol{I} - (\boldsymbol{I} + \boldsymbol{\Lambda}_N \boldsymbol{W}_N \boldsymbol{P}_{N-1} \boldsymbol{W}_N{}^T)^{-1} \boldsymbol{\Lambda}_N \boldsymbol{W}_N \boldsymbol{P}_{N-1} \boldsymbol{W}_N{}^T \\ &\quad = (\boldsymbol{I} + \boldsymbol{\Lambda}_N \boldsymbol{W}_N \boldsymbol{P}_{N-1} \boldsymbol{W}_N{}^T)^{-1} \\ &\boldsymbol{P}_N \boldsymbol{W}_N{}^T = \boldsymbol{P}_{N-1} \boldsymbol{W}_N{}^T(\boldsymbol{I} + \boldsymbol{\Lambda}_N \boldsymbol{W}_N \boldsymbol{P}_{N-1} \boldsymbol{W}_N{}^T)^{-1} \end{aligned}$$

の関係を用いて整理すると

$$\hat{\boldsymbol{\sigma}}_N = \hat{\boldsymbol{\sigma}}_{N-1} - \boldsymbol{P}_N \boldsymbol{W}_N{}^T \boldsymbol{\Lambda}_N (\boldsymbol{W}_N \hat{\boldsymbol{\sigma}}_{N-1} - \boldsymbol{\tau}_N) \tag{D.13}$$

を得る．式 (D.11)，(D.13) は繰り返し計算方式のパラメータ推定式になっており，初期値として $\hat{\boldsymbol{\sigma}}_0$，$\boldsymbol{P}_0$ が与えられ，新しいデータ $\boldsymbol{\Lambda}_1$，$\boldsymbol{W}_1$ が加わると $\hat{\boldsymbol{\sigma}}_1$，$\boldsymbol{P}_1$ が得られる．以後この繰り返しにより新しいデータが加わるごとに推定値が更新される．初期値は適当に与える必要がある．その方法として $\hat{\boldsymbol{\sigma}}_0 = \boldsymbol{0}$ と与え，$\boldsymbol{P}_0$ は十分大きな正値を対角要素のみにもつ正値対角行列とする方法がある．逐次計算の結果は，その時点までに取得したデータから得られる推定値に急速に漸近していくことが知られている．

なお，重み行列 $\boldsymbol{\Omega}$ を式 (6.49) で与えると，補助変数法となる．このとき，式 (6.48) より $\boldsymbol{\Lambda}(k)$ は

$$\boldsymbol{\Lambda}(k) = \hat{\boldsymbol{W}}(k) \hat{\boldsymbol{W}}(k)^T \tag{D.14}$$

で与えられる．

E　ラグランジュの運動方程式

3 次元空間内を自由に運動する質点の幾何学的配置は，直交座標系を用いて表すことが多い．しかし，極座標系あるいは円筒座標系等の他の座標系で表すこともでき，三つの独立な変数の組を与えればその幾何学的配置を表せる．また，その運動が 2 次元面に束縛されたものであるときは，二つの独立な変数の組により幾何的配置を表せる．この独立な変数の数を自由度 (degree of freedom) という．N 個の質点からなる質点系の自由度 n は，束縛条件の数を h とすると，$n = 3N - h$ となる．n 自由度の質点系の幾何学的配置は，n 個の独立な変数 $q_i(t)$ $(i = 1,\ n)$ によって表される．このような $q_i(t)$ を一般化座標 (generalized coordinate) とよぶ．一般化座標を時間で微分して得られる $\dot{q}_i(t)$ を一般化速度 (generalized velocity) という．

いま，質点系の一つの質点 P_j の慣性系での 3 次元位置ベクトルを $\boldsymbol{x}_j$ とすると

$$\boldsymbol{x}_j = \boldsymbol{x}_j(q_1, q_2, \cdots, q_n, t) \tag{E.1}$$

と表される．この質点のニュートンの運動方程式は

$$\boldsymbol{F}_j = m_j \ddot{\boldsymbol{x}}_j \tag{E.2}$$

である．ただし，m_j は質点 P_j の質量，$\boldsymbol{F}_j$ は質点 P_j に作用する力である．ここで，$\boldsymbol{x}_j$ の時間微分は式 (E.1) より

$$\dot{\boldsymbol{x}}_j = \sum_{i=1}^{n} \frac{\partial \boldsymbol{x}_j}{\partial q_i}\dot{q}_i + \frac{\partial \boldsymbol{x}_j}{\partial t} \tag{E.3}$$

となり，この式を $\dot{q}_i$ で偏微分すると

$$\frac{\partial \dot{\boldsymbol{x}}_j}{\partial \dot{q}_i} = \frac{\partial \boldsymbol{x}_j}{\partial q_i} \tag{E.4}$$

を得る．さらに，式 (E.3) の右辺の添字 i を k に変更し，両辺を q_i で偏微分すると

$$\begin{aligned}\frac{\partial \dot{\boldsymbol{x}}_j}{\partial q_i} &= \sum_{k=1}^{n} \frac{\partial}{\partial q_k}\left[\frac{\partial \boldsymbol{x}_j}{\partial q_i}\right]\dot{q}_k + \frac{\partial}{\partial t}\left[\frac{\partial \boldsymbol{x}_j}{\partial q_i}\right] \\ &= \frac{d}{dt}\left[\frac{\partial \boldsymbol{x}_j}{\partial q_i}\right] \end{aligned} \tag{E.5}$$

となる．次に，$\dot{\boldsymbol{x}}_j{}^T \dot{\boldsymbol{x}}_j$ を $\dot{q}_i$ で偏微分したものを時間で微分し，上記の関係式を代入すると

$$\frac{d}{dt}\left[\frac{\partial \dot{\boldsymbol{x}}_j{}^T \dot{\boldsymbol{x}}_j}{\partial \dot{q}_i}\right] = \frac{d}{dt}\left[2\dot{\boldsymbol{x}}_j{}^T \frac{\partial \dot{\boldsymbol{x}}_j}{\partial \dot{q}_i}\right]$$
$$= 2\ddot{\boldsymbol{x}}_j{}^T \frac{\partial \boldsymbol{x}_j}{\partial q_i} + 2\dot{\boldsymbol{x}}_j{}^T \frac{\partial \dot{\boldsymbol{x}}_j}{\partial q_i} \tag{E.6}$$

を得る．次に，式 (E.2) の両辺と $\dfrac{\partial \boldsymbol{x}_j}{\partial q_i}$ の内積を求め，すべての質点について加算すると

$$\sum_{j=1}^{n} \boldsymbol{F}_j{}^T \frac{\partial \boldsymbol{x}_j}{\partial q_i} = \sum_{j=1}^{n} m_j \ddot{\boldsymbol{x}}_j{}^T \frac{\partial \boldsymbol{x}_j}{\partial q_i} \tag{E.7}$$

を得る．この式に，式 (E.6) を代入すると

$$\frac{d}{dt}\left[\frac{\partial K}{\partial \dot{q}_i}\right] - \frac{\partial K}{\partial q_i} = Q_i \tag{E.8}$$

となる．ここで

$$K = \frac{1}{2}\sum_{j=1}^{n} m_j \dot{\boldsymbol{x}}_j{}^T \dot{\boldsymbol{x}}_j \tag{E.9}$$

$$Q_i = \sum_{j=1}^{n} \boldsymbol{F}_j{}^T \frac{\partial \boldsymbol{x}_j}{\partial q_i} \qquad (i = 1,\, 2, \cdots,\, n) \tag{E.10}$$

である．K は質点系の運動エネルギであり，Q_j は q_i に対応する一般化力 (generalized force) とよばれる．いま，力 $\boldsymbol{F}_j$ を保存力 $\boldsymbol{F}_j{}''$ とそれ以外の部分 $\boldsymbol{F}_j{}'$ とに分けて考える．保存力はポテンシャル U から

$$\boldsymbol{F}_j{}'' = -\frac{\partial U}{\partial \boldsymbol{x}_j} \tag{E.11}$$

で表される．U は速度に依存しないので $\partial U/\partial \dot{q}_j = 0$ である．そこで，ラグランジュ関数 L を

$$L = K - U \tag{E.12}$$

と定義すると

$$\frac{d}{dt}\left[\frac{\partial L}{\partial \dot{q}_i}\right] - \frac{\partial L}{\partial q_i} = Q_i{}' \qquad (i = 1,\, 2, \cdots,\, n) \tag{E.13}$$

を得る．ここで，$Q_i{}'$ は

$$Q_i{}' = \sum_{j=1}^{n} \boldsymbol{F}_j{}'^T \frac{\partial \boldsymbol{x}_j}{\partial q_i} \qquad (i = 1,\, 2, \cdots,\, n) \tag{E.14}$$

である．式 (E.13) をラグランジュの運動方程式 (Lagrange's equation of motion) という．

演習問題解答

第 1 章

1.1 略

1.2 7 自由度.

1.3 略

第 2 章

2.1 1 回転 3600 パルス以上.

2.2 力覚や触覚のセンサにより，接触の有無，接触力や圧力分布，点接触，線接触，面接触等の接触領域，接触点での滑り，対象物の表面粗さや温度などの物性情報が計測できる．局所的な情報を集めることで，物体の姿勢や形状などの認識が可能となる．例として，マトリックス状に導電性インクやピエゾ素子などを配置した感圧フィルムを用いた分布型触覚センサでは，接触の有無，接触領域，接触力が計測でき，これをロボットハンドに装着することで，ロボットハンドで把持した物体の形状や姿勢も計測が可能となる．

2.3 式 (2.17) について求める前に，図 2.13 の二つのカメラを用いた距離測定について考える．三角測量の原理を利用して異なる 2 点に配置された観測面上での像の位置 (x_a, y_a), (x_b, y_b) から，注目点 P の 3 次元位置 (x, y, z) には，相似則により $f : x_a = y : x$, $f : y_a = y : z$, $f : x_b = y : (x - L)$ の関係があり，これらより，式 (2.16) の $x = \dfrac{x_a L}{x_a - x_b}$, $y = \dfrac{fL}{x_a - x_b}$, $z = \dfrac{y_a L}{x_a - x_b}$ を得る．図 2.15 の光切断法では 2 点のうち一方の点を光源で置き換えたものと考えればいいので x_b と焦点距離 f, 投光角度 θ の関係は $x_b = -f \tan\theta$ と表せる．これを，上述の式に代入して，式 (2.17) を得る．

第 3 章

3.1 $T_m = \dfrac{2.66 \times 1.51 \times 10^{-5}}{(7.07 \times 10^{-2})^2}\,[\mathrm{s}] = 8.0\,[\mathrm{ms}]$,

$$T_e = \frac{2.4 \times 10^{-3}}{2.66}\,[\mathrm{s}] = 0.9\,[\mathrm{ms}],$$

$$\frac{\bar{\tau}^2}{J_M} = \frac{0.17}{1.51 \times 10^{-5}}\,[\mathrm{kgm/s^4}] = 1.9\,[\mathrm{kW/s}]$$

3.2 (a) 最大速度は $v_{\max} = \theta_0/t_1$, 加速区間の速度は $v(t) = v_{\max} t/t_1$ より

$$\tau_{\max} = J\dot{v}(t) = \frac{J\theta_0}{{t_1}^2}, \quad \bar{\tau} = \sqrt{\int_0^{2t_1}\left(\frac{\tau^2}{2t_1}\right)dt} = \frac{J\theta_0}{{t_1}^2}$$

(b) 速度 $v(t)$ は $v(0) = v(2t_1) = 0$ および $\int_0^{2t_1} v(t)\,dt = \theta_0$ の条件より

$$v(t) = \frac{3\theta_0}{4t_1}\left(-\left(\frac{t}{t_1}\right)^2 + 2\left(\frac{t}{t_1}\right)\right), \quad \tau(t) = \frac{3J\theta_0}{2{t_1}^2}\left(-\left(\frac{t}{t_1}\right)+1\right)$$ を得る．よって

$$\tau_{\max} = \frac{3J\theta_0}{2{t_1}^2}, \quad \bar{\tau} = \sqrt{\int_0^{2t_1}\left(\frac{\tau^2}{2t_1}\right)dt} = \frac{\sqrt{3}\,J\theta_0}{2{t_1}^2}$$

3.3 最適ギヤ比は $\gamma_o = \sqrt{J_L/J_M} = 3$ である．

3.4 $G(s) = \dfrac{1/(K_e + k_v)}{T_m T_e s^2 + T_m s + 1}$，ただし $T_m = \dfrac{(R_M + k_c)J}{(K_e + k_v)K_T}$，$T_e = \dfrac{L_M}{(R_M + k_c)}$

k_c の増加に伴い T_e が減少するが T_m は増加する．増加した T_m に対し k_v を増やして T_m を減らすことができる．結果として，T_e，T_m とも減少する．したがって，電流フィードバックは電気的時定数を減らし，速度フィードバックは機械的時定数を減らす効果がある．

第 4 章

4.1 $${}^0\boldsymbol{T}_A{}^A\boldsymbol{T}_B = \begin{bmatrix} {}^0\boldsymbol{R}_A & {}^0\boldsymbol{p}_{A0} \\ \boldsymbol{0} & 1 \end{bmatrix}\begin{bmatrix} {}^A\boldsymbol{R}_B & {}^A\boldsymbol{p}_{BA} \\ \boldsymbol{0} & 1 \end{bmatrix} = \begin{bmatrix} {}^0\boldsymbol{R}_B & {}^0\boldsymbol{R}_A{}^A\boldsymbol{p}_{BA} + {}^0\boldsymbol{p}_{A0} \\ \boldsymbol{0} & 1 \end{bmatrix}$$

$$= \begin{bmatrix} {}^0\boldsymbol{R}_B & {}^0\boldsymbol{p}_{B0} \\ \boldsymbol{0} & 1 \end{bmatrix} = {}^0\boldsymbol{T}_B$$ 証明終わり

4.2 $${}^0\boldsymbol{T}_A = \left[\begin{array}{c|c} {}^0\boldsymbol{R}_A & {}^0\boldsymbol{p}_{A0} \\ \hline 0\ \ 0\ \ 0 & 1 \end{array}\right], \quad {}^A\boldsymbol{T}_0 = \left[\begin{array}{c|c} {}^0\boldsymbol{R}_A{}^T & -{}^0\boldsymbol{R}_A{}^{T\,0}\boldsymbol{p}_{A0} \\ \hline 0\ \ 0\ \ 0 & 1 \end{array}\right]$$ とおくと，

$${}^0\boldsymbol{T}_A{}^A\boldsymbol{T}_0 = \left[\begin{array}{c|c} {}^0\boldsymbol{R}_A & {}^0\boldsymbol{p}_{A0} \\ \hline 0\ \ 0\ \ 0 & 1 \end{array}\right]\left[\begin{array}{c|c} {}^0\boldsymbol{R}_A{}^T & -{}^0\boldsymbol{R}_A{}^{T\,0}\boldsymbol{p}_{A0} \\ \hline 0\ \ 0\ \ 0 & 1 \end{array}\right]$$

$$= \left[\begin{array}{c|c} {}^0\boldsymbol{R}_A{}^0\boldsymbol{R}_A{}^T & -{}^0\boldsymbol{R}_A{}^0\boldsymbol{R}_A{}^{T\,0}\boldsymbol{p}_{A0} + {}^0\boldsymbol{p}_{A0} \\ \hline 0\ \ 0\ \ 0 & 1 \end{array}\right] = \boldsymbol{I}$$

より，${}^A\boldsymbol{T}_0 = {}^0\boldsymbol{T}_A{}^{-1}$ が導ける．

4.3 $\mathrm{C}\theta = \pm\sqrt{{R_{11}}^2 + {R_{21}}^2}$，$\theta = \mathrm{atan2}(-R_{31}, \mathrm{C}\theta)$，

$\mathrm{C}\theta \neq 0$ のとき，$\psi = \mathrm{atan2}(\pm R_{32}, \pm R_{33})$，$\phi = \mathrm{atan2}(\pm R_{21}, \pm R_{11})$

$\mathrm{C}\theta = 0$ のとき，$\psi =$ 任意，$\phi = -\,\mathrm{sgn}(R_{31})\psi - \mathrm{atan2}(R_{12}, R_{22})$

4.4

$$
{}^0\boldsymbol{T}_A = \begin{bmatrix} 0 & 1 & 0 & 3 \\ 1 & 0 & 0 & 7 \\ 0 & 0 & -1 & 5 \\ 0 & 0 & 0 & 1 \end{bmatrix}, \quad {}^0\mathbf{p} = {}^0\boldsymbol{T}_A{}^A\mathbf{p} = \begin{bmatrix} 5 \\ 8 \\ 2 \\ 1 \end{bmatrix}
$$

オイラー角 $\theta = \mathrm{atan2}(0, -1) = \pi$，$\phi =$ 任意，$\psi = \mathrm{atan2}(1, 0) + \phi = \pi/2 + \phi$

4.5 リンクパラメータは解表 1 のとおりである．これより

解表 1 リンクパラメータ

i	a_i	α_i	d_i	θ_i
1	0	0	0	θ_1
2	L_a	0	0	θ_2
3	L_b	π	d_3	0
4	0	0	0	θ_4

$$
{}^0\boldsymbol{T}_1 = \begin{bmatrix} \mathrm{C}_1 & -\mathrm{S}_1 & 0 & 0 \\ \mathrm{S}_1 & \mathrm{C}_1 & 0 & 0 \\ 0 & 0 & 1 & 0 \\ 0 & 0 & 0 & 1 \end{bmatrix}, \quad {}^1\boldsymbol{T}_2 = \begin{bmatrix} \mathrm{C}_2 & -\mathrm{S}_2 & 0 & L_a \\ \mathrm{S}_2 & \mathrm{C}_2 & 0 & 0 \\ 0 & 0 & 1 & 0 \\ 0 & 0 & 0 & 1 \end{bmatrix},
$$

$$
{}^2\boldsymbol{T}_3 = \begin{bmatrix} 1 & 0 & 0 & L_b \\ 0 & -1 & 0 & 0 \\ 0 & 0 & -1 & -d_3 \\ 0 & 0 & 0 & 1 \end{bmatrix}
$$

${}^3\boldsymbol{T}_4$ は ${}^0\boldsymbol{T}_1$ と同形である．よって

$$
{}^0\boldsymbol{T}_4 = \begin{bmatrix} \mathrm{C}_{12-4} & \mathrm{S}_{12-4} & 0 & L_a\mathrm{C}_1 + L_b\mathrm{C}_{12} \\ \mathrm{S}_{12-4} & -\mathrm{C}_{12-4} & 0 & L_a\mathrm{S}_1 + L_b\mathrm{S}_{12} \\ 0 & 0 & -1 & -d_3 \\ 0 & 0 & 0 & 1 \end{bmatrix}
$$

ただし，$\mathrm{S}_{12-4} = \sin(\theta_1 + \theta_2 - \theta_4)$，$\mathrm{C}_{12-4} = \cos(\theta_1 + \theta_2 - \theta_4)$ である．

4.6 図 4.26 の水平多関節型ロボットは，位置の自由度が 3, 姿勢の自由度が 1 である．

$$
\boldsymbol{r} = \begin{bmatrix} L_a\mathrm{C}_1 + L_b\mathrm{C}_{12} \\ L_a\mathrm{S}_1 + L_b\mathrm{S}_{12} \\ -d_3 \\ \theta_1 + \theta_2 - \theta_4 \end{bmatrix}, \quad \boldsymbol{J} = \begin{bmatrix} -L_a\mathrm{S}_1 - L_b\mathrm{S}_{12} & -L_b\mathrm{S}_{12} & 0 & 0 \\ L_a\mathrm{C}_1 + L_b\mathrm{C}_{12} & L_b\mathrm{C}_{12} & 0 & 0 \\ 0 & 0 & -1 & 0 \\ 1 & 1 & 0 & -1 \end{bmatrix}
$$

4.7 $\dot{\boldsymbol{r}} = \boldsymbol{J}\dot{\boldsymbol{q}}$ の右辺に式 (4.97) の関係を代入すると $\boldsymbol{J}(\boldsymbol{J}^+\dot{\boldsymbol{r}} + (\boldsymbol{I} - \boldsymbol{J}^+\boldsymbol{J})\boldsymbol{w}) = \boldsymbol{J}\boldsymbol{J}^+\dot{\boldsymbol{r}} = \dot{\boldsymbol{r}}$．これより，$\dot{\boldsymbol{r}}$ が与えられると式 (4.97) で関節速度 $\dot{\boldsymbol{q}}$ が求められる．

4.8 1) 作業領域内，2) 障害物回避，3) 運動軌跡の連続性，4) 作業性能を考慮して解を選択する．

■第 5 章

5.1 ラグランジュ法により，運動方程式を求める．リンク 1 については，質量中心 $\boldsymbol{s}_1 = \begin{pmatrix} L_{g1}\mathrm{S}\theta_1 \\ -L_{g1}\mathrm{C}\theta_1 \end{pmatrix}$，質量中心速度 $\dot{\boldsymbol{s}}_1 = \begin{pmatrix} L_{g1}\mathrm{C}\theta_1 \\ L_{g1}\mathrm{S}\theta_1 \end{pmatrix}\dot{\theta}_1$，角速度 $\omega_1 = \dot{\theta}_1$，運動エネルギ $K_1 = \frac{1}{2}m_1\dot{\boldsymbol{s}}_1{}^T\dot{\boldsymbol{s}}_1 + \frac{1}{2}\hat{I}_1\omega_1{}^2 = \frac{1}{2}(m_1L_{g1}{}^2 + \hat{I}_1)\dot{\theta}_1{}^2$，ポテンシャルエネルギ $P_1 = -m_1L_{g1}\mathrm{C}\theta_1 g$ である．リンク 2 については，質量中心 $\boldsymbol{s}_2 = \begin{pmatrix} (d_2 - L_{g2})\mathrm{S}\theta_1 \\ -(d_2 - L_{g2})\mathrm{C}\theta_1 \end{pmatrix}$，質量中心速度

$\dot{\boldsymbol{s}}_2 = \begin{pmatrix} (d_2 - L_{g2})\mathrm{C}\theta_1 \\ (d_2 - L_{g2})\mathrm{S}\theta_1 \end{pmatrix}\dot{\theta}_1 + \begin{pmatrix} \mathrm{S}\theta_1 \\ -\mathrm{C}\theta_1 \end{pmatrix}\dot{d}_2$，角速度 $\omega_2 = \omega_1 = \dot{\theta}_1$，運動エネルギ $K_2 = \frac{1}{2}m_2\dot{\boldsymbol{s}}_2{}^T\dot{\boldsymbol{s}}_2 + \frac{1}{2}\hat{I}_2\omega_2{}^2 = \frac{1}{2}(\{m_2(d_2 - L_{g2})^2 + \hat{I}_2\}\dot{\theta}_1{}^2 + m_2\dot{d}_2{}^2)$，ポテンシャルエネルギ $P_2 = -m_2(d_2 - L_{g2})\mathrm{C}\theta_1 g$ である．リンク全体については，運動エネルギ $K = K_1 + K_2 = \frac{1}{2}(\{m_1L_{g1}{}^2 + m_2(d_2 - L_{g2})^2 + \hat{I}_1 + \hat{I}_2\}\dot{\theta}_1{}^2 + m_2\dot{d}_2{}^2)$，ポテンシャルエネルギ $P = P_1 + P_2 = -\{m_1L_{g1} + m_2(d_2 - L_{g2})\}\mathrm{C}\theta_1 g$ である．$m_iL_{gi}{}^2 + \hat{I}_i = I_i$ とおくと，ラグランジュ関数は $L = \frac{1}{2}(\{I_1 + I_2 + m_2(d_2{}^2 - 2d_2L_{g2})\}\dot{\theta}_1{}^2 + m_2\dot{d}_2{}^2) + \{m_1L_{g1} + m_2(d_2 - L_{g2})\}\mathrm{C}\theta_1 g$ より，運動方程式は

$$
\begin{aligned}
\tau_1 &= \frac{d}{dt}\left(\frac{\partial L}{\partial \dot{q}_1}\right) - \frac{\partial L}{\partial q_1} \\
&= \frac{d}{dt}[\{I_1 + I_2 + m_2(d_2{}^2 - 2d_2L_{g2})\}\dot{\theta}_1] \\
&\quad - [-\{m_1L_{g1} + m_2(d_2 - L_{g2})\}\mathrm{S}\theta_1 g] \\
&= \{I_1 + I_2 + m_2(d_2{}^2 - 2d_2L_{g2})\}\ddot{\theta}_1 + 2m_2(d_2 - L_{g2})\dot{d}_2\dot{\theta}_1 \\
&\quad + \{m_1L_{g1} + m_2(d_2 - L_{g2})\}\mathrm{S}\theta_1 g \\
\tau_2 &= \frac{d}{dt}\left(\frac{\partial L}{\partial \dot{q}_2}\right) - \frac{\partial L}{\partial q_2} \\
&= \frac{d}{dt}(m_2\dot{d}_2) - \{m_2(d_2 - L_{g2})\dot{\theta}_1{}^2 + m_2\mathrm{C}\theta_1 g\} \\
&= m_2\ddot{d}_2 + m_2(d_2 - L_{g2})\dot{\theta}_1{}^2 - m_2\mathrm{C}\theta_1 g
\end{aligned}
$$

これらをまとめると，次式となる．

$$
\begin{bmatrix} \tau_1 \\ \tau_2 \end{bmatrix} = \begin{bmatrix} I_1 + I_2 + m_2d_2{}^2 - 2m_2d_2L_{g2} & 0 \\ 0 & m_2 \end{bmatrix}\begin{bmatrix} \ddot{\theta}_1 \\ \ddot{d}_2 \end{bmatrix}
$$

$$+\begin{bmatrix} 2(d_2-L_{g2})m_2\dot{d}_2\dot{\theta}_1 \\ (L_{g2}-d_2)m_2\dot{\theta}_1{}^2 \end{bmatrix}+\begin{bmatrix} (m_1L_{g1}+(d_2-L_{g2})m_2)\mathrm{S}\theta_1 \\ -m_2\mathrm{C}\theta_1 \end{bmatrix}g$$

5.2 ニュートン・オイラー法の計算アルゴリズムを用いて求める．設定された座標系からリンクパラメータは解表 2 のとおりである．

解表 2 リンクパラメータ

i	θ_i	d_i	α_i	a_i
1	θ_1	0	0	0
2	0	d_2	$\pi/2$	0

Step 1：リンクパラメータより

$${}^0\boldsymbol{R}_1=\begin{bmatrix} \mathrm{C}\theta_1 & -\mathrm{S}\theta_1 & 0 \\ \mathrm{S}\theta_1 & \mathrm{C}\theta_1 & 0 \\ 0 & 0 & 1 \end{bmatrix},\quad {}^1\boldsymbol{R}_2=\begin{bmatrix} 1 & 0 & 0 \\ 0 & 0 & -1 \\ 0 & 1 & 0 \end{bmatrix},$$

$$\hat{\boldsymbol{p}}_1=[0,0,0]^T,\quad {}^1\hat{\boldsymbol{p}}_2=[0,-d_2,0]^T,$$

$${}^1\hat{\boldsymbol{s}}_1=[0,-L_{g1},0]^T,\quad {}^2\hat{\boldsymbol{s}}_2=[0,0,-L_{g2}]^T,$$

$${}^1\boldsymbol{I}_1=\begin{bmatrix} * & * & * \\ * & * & * \\ * & * & I_1 \end{bmatrix},\quad {}^2\boldsymbol{I}_2=\begin{bmatrix} * & * & * \\ * & I_2 & * \\ * & * & * \end{bmatrix}$$

である．ここで，$*$ は，関節トルクの計算に必要のない部分である．また，手先に作用する外力はないので，${}^3\boldsymbol{f}_3=0$，${}^3\boldsymbol{n}_3=0$ である．初期条件は $\boldsymbol{\omega}_0=\dot{\boldsymbol{\omega}}_0=\boldsymbol{0}$，$\dot{\boldsymbol{v}}_0=[0,g,0]^T$

Step 2：$i=1$ とし，リンク 1 の角速度，角加速度，並進加速度を求めると

$${}^1\boldsymbol{\omega}_1={}^1\boldsymbol{R}_0\boldsymbol{\omega}_0+\boldsymbol{z}\dot{\theta}_1=[0,0,\dot{\theta}_1]^T$$

$${}^1\dot{\boldsymbol{\omega}}_1={}^1\boldsymbol{R}_0\dot{\boldsymbol{\omega}}_0+\boldsymbol{z}\ddot{\theta}_1=[0,0,\ddot{\theta}_1]^T$$

$${}^1\dot{\boldsymbol{v}}_1={}^1\boldsymbol{R}_0[\dot{\boldsymbol{v}}_0+\dot{\boldsymbol{\omega}}_0\times\hat{\boldsymbol{p}}_1+\boldsymbol{\omega}_0\times(\boldsymbol{\omega}_0\times\hat{\boldsymbol{p}}_1)]=[g\mathrm{S}\theta_1,g\mathrm{C}\theta_1,0]^T$$

$i=2$ として，

$${}^2\boldsymbol{\omega}_2={}^2\boldsymbol{R}_1{}^1\boldsymbol{\omega}_1=[0,\dot{\theta}_1,0]^T$$

$${}^2\dot{\boldsymbol{\omega}}_2={}^2\boldsymbol{R}_1{}^1\dot{\boldsymbol{\omega}}_1=[0,\ddot{\theta}_1,0]^T$$

$$\begin{aligned}{}^2\dot{\boldsymbol{v}}_2&={}^2\boldsymbol{R}_1\left[{}^1\dot{\boldsymbol{v}}_1+{}^1\dot{\boldsymbol{\omega}}_1\times{}^1\hat{\boldsymbol{p}}_2+{}^1\boldsymbol{\omega}_1\times({}^1\boldsymbol{\omega}_1\times{}^1\hat{\boldsymbol{p}}_2)\right]\\&\quad+\left[{}^2\boldsymbol{z}_2\ddot{d}_2+2({}^2\boldsymbol{R}_1{}^1\boldsymbol{\omega}_1)\times({}^2\boldsymbol{z}_2\dot{d}_2)\right]^T\\&=[g\mathrm{S}\theta_1+\ddot{\theta}_1d_2+2\dot{\theta}_1\dot{d}_2,\ 0,\ -\dot{\theta}_1{}^2d_2-g\mathrm{C}\theta_1+\ddot{d}_2]^T\end{aligned}$$

Step 3：$i=2$ とし，リンクに作用する力とモーメントは

$$
\begin{aligned}
{}^2\boldsymbol{f}_2 &= m_2{}^2\dot{\boldsymbol{v}}_2 + {}^2\dot{\boldsymbol{\omega}}_2 \times (m_2{}^2\hat{\boldsymbol{s}}_2) + {}^2\boldsymbol{\omega}_2 \times ({}^2\boldsymbol{\omega}_2 \times m_2{}^2\hat{\boldsymbol{s}}_2) + {}^2\boldsymbol{R}_3{}^3\boldsymbol{f}_3 \\
&= m_2 \begin{bmatrix} g\mathrm{S}\theta_1 + 2\dot{d}_2\dot{\theta}_1 + (d_2 - L_{g2})\ddot{\theta}_1 \\ 0 \\ -g\mathrm{C}\theta_1 + (L_{g2} - d_2)\dot{\theta}_1{}^2 + \ddot{d}_2 \end{bmatrix} \\
{}^2\boldsymbol{n}_2 &= {}^2\boldsymbol{I}_2{}^2\dot{\boldsymbol{\omega}}_2 + {}^2\boldsymbol{\omega}_2 \times ({}^2\boldsymbol{I}_2{}^2\boldsymbol{\omega}_2) + m_2{}^2\hat{\boldsymbol{s}}_2 \times {}^2\dot{\boldsymbol{v}}_2 \\
&\quad + {}^2\boldsymbol{R}_3({}^3\hat{\boldsymbol{p}}_3 \times {}^3\boldsymbol{f}_3 + {}^3\boldsymbol{n}_3) \\
&= \begin{bmatrix} * \\ I_2\ddot{\theta}_1 - m_2L_{g2}(g\mathrm{S}\theta_1 + 2\dot{d}_2\dot{\theta}_1 + d_2\ddot{\theta}_1) \\ * \end{bmatrix} \\
\tau_2 &= [0, 0, 1]{}^2\boldsymbol{f}_2 = -gm_2\mathrm{C}\theta_1 + m_2(L_{g2} - d_2)\dot{\theta}_1 + m_2\ddot{d}_2
\end{aligned}
$$

$i = 1$ として

$$
\begin{aligned}
{}^2\hat{\boldsymbol{p}}_2 &= {}^2\boldsymbol{R}_1{}^1\hat{\boldsymbol{p}}_2 = [0, 0, d_2]^T \\
{}^1\boldsymbol{n}_1 &= {}^1\boldsymbol{I}_1{}^1\dot{\boldsymbol{\omega}}_1 + {}^1\boldsymbol{\omega}_1 \times ({}^1\boldsymbol{I}_1{}^1\boldsymbol{\omega}_1) + m_1{}^1\hat{\boldsymbol{s}}_1 \times {}^1\dot{\boldsymbol{v}}_1 \\
&\quad + {}^1\boldsymbol{R}_2({}^2\hat{\boldsymbol{p}}_2 \times {}^2\boldsymbol{f}_2 + {}^2\boldsymbol{n}_2) \\
&= \begin{bmatrix} * \\ * \\ (I_1 + I_2 + m_2d_2{}^2 - 2m_2d_2L_{g2})\ddot{\theta}_1 + 2(d_2 - L_{g2})m_2\dot{d}_2\dot{\theta}_1 \\ \quad + (m_1L_{g1} + (d_2 - L_{g2})m_2)g\mathrm{S}\theta_1 \end{bmatrix} \\
\tau_1 &= [0, 0, 1]{}^1\boldsymbol{n}_1 \\
&= (I_1 + I_2 + m_2d_2{}^2 - 2m_2d_2L_{g2})\ddot{\theta}_1 + 2(d_2 - L_{g2})m_2\dot{d}_2\dot{\theta}_1 \\
&\quad + (m_1L_{g1} + (d_2 - L_{g2})m_2)g\mathrm{S}\theta_1
\end{aligned}
$$

τ_1，τ_2 を整理すると，演習問題 5.1 と同じ運動方程式を得る．

5.3 付図 C.1 に示される質量 m の物体の並進と回転の運動を考える．質量中心から微小片 dm への位置ベクトルを $\boldsymbol{p}$，物体の角速度を $\boldsymbol{\omega}$，質量中心の速度ベクトルを $\boldsymbol{v}$ とすると全体の運動エネルギは

$$
\begin{aligned}
K &= \frac{1}{2}\int_V (\boldsymbol{v} + \dot{\boldsymbol{p}})^T(\boldsymbol{v} + \dot{\boldsymbol{p}})dm \\
&= \frac{1}{2}\int_V \boldsymbol{v}^T\boldsymbol{v}\,dm + \int_V \dot{\boldsymbol{p}}^T\boldsymbol{v}\,dm + \frac{1}{2}\int_V \dot{\boldsymbol{p}}^T\dot{\boldsymbol{p}}\,dm
\end{aligned}
$$

ここで，$\int_V dm = m$，$\boldsymbol{p}$ は質量中心から測っているので $\int_V \dot{\boldsymbol{p}}\,dm = 0$ である．物体の微小片の角速度はすべて $\boldsymbol{\omega}$ であり，$\dot{\boldsymbol{p}} = \boldsymbol{\omega} \times \boldsymbol{p}$ であるので，付録 (C.2) と付録 (C.7)

より $\int_V \dot{\boldsymbol{p}}^T \dot{\boldsymbol{p}}\,dm = \int_V (\boldsymbol{\omega} \times \boldsymbol{p})^T \dot{\boldsymbol{p}}\,dm = \boldsymbol{\omega}^T \int_V \boldsymbol{p} \times \dot{\boldsymbol{p}}\,dm = \boldsymbol{\omega}^T \hat{\boldsymbol{I}} \boldsymbol{\omega}$ を導ける．これらの関係より

$$K = \frac{1}{2} m \boldsymbol{v}^T \boldsymbol{v} + \frac{1}{2} \boldsymbol{\omega}^T \hat{\boldsymbol{I}} \boldsymbol{\omega}$$

を得る．

5.4 円柱座標を用い $x = l\cos\theta$，$y = l\sin\theta$，$z = z$ とすると，微小体積 $dv = l\,dl\,d\theta\,dz$ と表せる．ここで，$0 \leqq l \leqq r$，$0 \leqq \theta \leqq 2\pi$，$-h/2 \leqq z \leqq h/2$ である．慣性テンソルは

$$\begin{aligned} I &= \rho \int \begin{pmatrix} y^2 + z^2 & -xy & -xz \\ -xy & x^2 + z^2 & -yz \\ -xz & -yz & x^2 + y^2 \end{pmatrix} dv \\ &= \rho \int \begin{pmatrix} l^2 \sin^2\theta + z^2 & -l^2 \cos\theta \sin\theta & -lz\cos\theta \\ -l^2\cos\theta\sin\theta & l^2\cos^2\theta + z^2 & -lz\sin\theta \\ -lz\cos\theta & -lz\sin\theta & l^2 \end{pmatrix} l\,dl\,d\theta\,dz \end{aligned}$$

これを，θ，z，l の順に積分して

$$\begin{aligned} I &= \pi\rho \int \mathrm{diag}(l^2 + 2z^2, l^2 + 2z^2, l^2) l\,dl\,dz \\ &= \pi\rho \int \mathrm{diag}(hl^2 + h^3/6, hl^2 + h^3/6, 2hl^2) lR\,dl \\ &= \frac{\pi\rho}{12} \mathrm{diag}(3r^4 h + r^2 h^3, 3r^4 h + r^2 h^3, r^4 h) \end{aligned}$$

5.5 $\boldsymbol{M}\ddot{\boldsymbol{q}} + \boldsymbol{h} = \boldsymbol{\tau}$ でおくと

$$\boldsymbol{M} = \begin{bmatrix} \sigma_1 + \sigma_2 + \sigma_3 + 2b_1 + 2b_2 + 2b_3 & \sigma_2 + \sigma_3 + b_1 + b_2 + 2b_3 & \sigma_3 + b_2 + b_3 \\ & \sigma_2 + \sigma_3 + 2b_3 & \sigma_3 + b_3 \\ * & & \sigma_3 \end{bmatrix}$$

$$\boldsymbol{h} = \begin{bmatrix} -(b_4 + b_5)(2\dot{\theta}_1 + \dot{\theta}_2)\dot{\theta}_2 - (b_5 + b_6)(2\dot{\theta}_1 + 2\dot{\theta}_2 + \dot{\theta}_3)\dot{\theta}_3 \\ (b_4 + b_5)\dot{\theta}_1{}^2 - b_6(2\dot{\theta}_1 + 2\dot{\theta}_2 + \dot{\theta}_3)\dot{\theta}_3 \\ (b_5 + b_6)\dot{\theta}_1{}^2 + b_6(2\dot{\theta}_1 + \dot{\theta}_2)\dot{\theta}_2 \end{bmatrix}$$

ここで，

$\sigma_1 = I_1 + (m_2 + m_3)L_1{}^2$，$\sigma_2 = I_2 + m_3 L_2{}^2$，$\sigma_3 = I_3$，$\sigma_4 = m_2 L_{g2x} + m_3 L_2$，

$\sigma_5 = m_2 L_{g2y}$，$\sigma_6 = m_3 L_{g3x}$，$\sigma_7 = m_3 L_{g3y}$，

$b_1 = (\mathrm{C}_2\sigma_4 - \mathrm{S}_2\sigma_5)L_1$，$b_2 = (\mathrm{C}_{23}\sigma_6 - \mathrm{S}_{23}\sigma_7)L_1$，$b_3 = (\mathrm{C}_3\sigma_6 - \mathrm{S}_3\sigma_7)L_2$，

$b_4 = (\mathrm{S}_2\sigma_4 + \mathrm{C}_2\sigma_5)L_1$，$b_5 = (\mathrm{S}_{23}\sigma_6 + \mathrm{C}_{23}\sigma_7)L_1$，$b_6 = (\mathrm{S}_3\sigma_6 + \mathrm{C}_3\sigma_7)L_2$

■第 6 章

6.1　a)　ロボットアームの位置誤差は式 (6.6) で表される．この式において，$\boldsymbol{\Delta a}=\boldsymbol{\Delta d}=0$ より $\boldsymbol{J}_a\boldsymbol{\Delta a}=\boldsymbol{J}_d\boldsymbol{\Delta d}=0$ となる．残りの $\boldsymbol{\Delta\alpha}$，$\boldsymbol{\Delta\beta}$，$\boldsymbol{\Delta\theta}$ に関するヤコビ行列 $\boldsymbol{J}_\alpha$，$\boldsymbol{J}_\beta$，$\boldsymbol{J}_\theta$ は例題 6.1 で与えられている．これらに，与えられた数値を代入して，$\boldsymbol{\Delta r}=[-3.49\ \ 1.75\ \ -1.75\ \ 3°\ \ 2°\ \ 3°]^T$ を得る．

b)　同様に，$\boldsymbol{\Delta\alpha}=\boldsymbol{\Delta\beta}=\boldsymbol{\Delta\theta}=\boldsymbol{0}$，$\boldsymbol{\Delta a}=\boldsymbol{\Delta d}=[1,1,1]^T$ [mm] を代入して $\boldsymbol{\Delta r}=[2\ \ 1\ \ 3\ \ 0°\ \ 0°\ \ 0°]^T$ を得る．

6.2　演習問題 5.1 の結果より，運動方程式は

$$\boldsymbol{\tau}=\begin{bmatrix}(I_1+I_2)\ddot{\theta}_1+m_2(\ddot{\theta}_1 d_2{}^2+2d_2\dot{d}_2\dot{\theta}_1+d_2\mathrm{S}\theta_1 g)\\ -m_2L_{g2}(2d_2\ddot{\theta}_1+2\dot{d}_2\dot{\theta}_1+\mathrm{S}\theta_1 g)+m_1L_{g1}\mathrm{S}\theta_1 g\\ m_2(\ddot{d}_2-d_2\dot{\theta}_1{}^2-\mathrm{C}\theta_1 g)+m_2L_{g2}\dot{\theta}_1{}^2\end{bmatrix}$$

と表せる．パラメータを $\boldsymbol{\sigma}=[m_1L_{g1},I_1+I_2,m_2,m_2L_{g2}]^T$ とおくと

$$\boldsymbol{\tau}=\boldsymbol{W\sigma}$$

と表せる．ここで，

$$\boldsymbol{W}=\begin{bmatrix}\mathrm{S}\theta_1 g & \ddot{\theta}_1 & \ddot{\theta}_1 d_2{}^2+2d_2\dot{d}_2\dot{\theta}_2+d_2\mathrm{S}\theta_1 g & -2d_2\ddot{\theta}_1-2\dot{d}_2\dot{\theta}_2-\mathrm{S}\theta_1 g\\ 0 & 0 & \ddot{d}_2-d_2\dot{\theta}_1{}^2-\mathrm{C}\theta_1 g & \dot{\theta}_1{}^2\end{bmatrix}$$

$\boldsymbol{W}$ の列ベクトルはそれぞれ他の列ベクトルの線形和で表せない．したがって，$\boldsymbol{\sigma}$ はベースパラメータである．

6.3　演習問題 5.5 の結果より，$\sigma=[\sigma_1,\sigma_2,\sigma_3,\sigma_4,\sigma_5,\sigma_6,\sigma_7]^T$，$\boldsymbol{\tau}=\boldsymbol{W}\sigma$ とすると

$$\boldsymbol{W}=\left[\begin{matrix}\alpha_1 & \alpha_2 & \alpha_3 & \mathrm{C}_2L_1(\alpha_1+\alpha_2)-\mathrm{S}_2L_1\beta_2 & -\mathrm{S}_2L_1(\alpha_1+\alpha_2)-\mathrm{C}_2L_1\beta_2\\ 0 & \alpha_2 & \alpha_3 & \mathrm{C}_2L_1\alpha_2+\mathrm{S}_2L_1\beta_1 & -\mathrm{S}_2L_1\alpha_1+\mathrm{C}_2L_1\beta_1\\ 0 & 0 & \alpha_3 & 0 & 0\end{matrix}\right.$$

$$\left.\begin{matrix}\gamma_1(\alpha_1+\alpha_3)+\mathrm{C}_3L_2\ddot{\theta}_2-\mathrm{S}_{23}L_1\beta_1-\gamma_2\beta_3 & -\gamma_2(\alpha_1+\alpha_3)-\mathrm{S}_3L_2\ddot{\theta}_2-\mathrm{C}_{23}L_1\beta_2-\gamma_1\beta_3\\ W_{26} & W_{27}\\ \gamma_1\alpha_1+\mathrm{C}_3L_2\ddot{\theta}_2+\gamma_2\beta_1+\mathrm{S}_3L_2\beta_2 & -\gamma_2\alpha_1-\mathrm{S}_3L_2\ddot{\theta}_2+\gamma_1\beta_1+\mathrm{C}_3L_2\beta_2\end{matrix}\right]$$

ただし，$[\alpha_1,\alpha_2,\alpha_3]=[\ddot{\theta}_1,\ddot{\theta}_1+\ddot{\theta}_2,\ddot{\theta}_1+\ddot{\theta}_2+\ddot{\theta}_3]$

$[\beta_1,\beta_2,\beta_3]=[\dot{\theta}_1{}^2,(2\dot{\theta}_1+\dot{\theta}_2)\dot{\theta}_2,(2\dot{\theta}_1+2\dot{\theta}_2+\dot{\theta}_3)\dot{\theta}_3]$

$[\gamma_1,\gamma_2]=[\mathrm{C}_{23}L_1+\mathrm{C}_3L_2,\mathrm{S}_{23}L_1+\mathrm{S}_3L_2]$

$W_{26}=(\gamma_1+\mathrm{C}_3L_2)\alpha_1+\mathrm{C}_3L_2(2\ddot{\theta}_2+\ddot{\theta}_3)+\mathrm{S}_{23}L_1\beta_1-\mathrm{S}_3L_2\beta_3$

$W_{27}=-(\gamma_2+\mathrm{S}_3L_2)\alpha_1-\mathrm{S}_3L_2(2\ddot{\theta}_2+\ddot{\theta}_3)+\mathrm{C}_{23}L_1\beta_1-\mathrm{C}_3L_2\beta_3$

である．これより，$\boldsymbol{\sigma}$ はベースパラメータといえる．

■第 7 章

7.1　1 次式補間：条件 $y_0=0$，$y_f=1$ より，$y(t)=t$，$\dot{y}(t)=1$，$\ddot{y}(t)=0$

3 次式補間：条件 $y_0=0$，$\dot{y}_0=0$，$y_f=1$，$\dot{y}_f=0$ より，$y(t)=3t^2-2t^3$，$\dot{y}(t)=6t-6t^2$，$\ddot{y}(t)=6-12t$

5 次式補間：条件 $y_0=0$，$\dot{y}_0=0$，$\ddot{y}_0=0$，$y_f=1$，$\dot{y}_f=0$，$\ddot{y}_f=0$ より，$y(t)=10t^3-15t^4+6t^5$，$\dot{y}(t)=30t^2-60t^3+30t^4$，$\ddot{y}(t)=60t-180t^2+120t^3$

これらは，解図 1 に図示される．

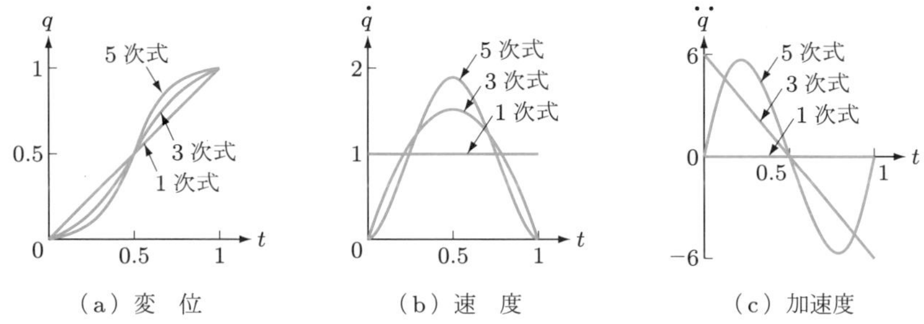

解図 1　変位，速度，加速度曲線

7.2　リアプノフ関数の候補として，$V(x)=x^2 \geqq 0$ を考えると，$V(0)=0$，$\dot{V}(x)=2x\dot{x}=-x^2 \leqq 0$（等号は $x=0$ のとき）であるから，$V(x)$ はリアプノフ関数である．定理より系は安定といえる．さらに $\dot{V}=0$ となる x は $x=0$ のみであるので，系は漸近安定である．

7.3　$\tau_1=M_{11}u_1+M_{12}u_2+h_1+g_1$，$\tau_2=M_{12}u_1+M_{22}u_2+h_2+g_2$．ここで，$u_1=\ddot{\theta}_{d1}+2\xi\omega_c(\dot{\theta}_{d1}-\dot{\theta}_1)+{\omega_c}^2(\theta_{d1}-\theta)$，$u_2=\ddot{\theta}_{d2}+2\xi\omega_c(\dot{\theta}_{d2}-\dot{\theta}_2)+{\omega_c}^2(\theta_{d2}-\theta_2)$ である．$\boldsymbol{M}$，$\boldsymbol{h}$，$\boldsymbol{g}$ の要素は式 (6.28) 参照のこと．

7.4　2 関節ロボットアームの運動学は

$$\boldsymbol{r}=[L_1\mathrm{C}_1+L_2\mathrm{C}_{12}, L_1\mathrm{S}_1+L_2\mathrm{C}_{12}]^T$$

である．ヤコビ行列は $\dot{\boldsymbol{r}}=\boldsymbol{J}(\boldsymbol{q})\dot{\boldsymbol{q}}$ を満たし，その逆行列，ヤコビ行列の微分は

$$\boldsymbol{J}=\begin{bmatrix}-L_1\mathrm{S}_1-L_2\mathrm{S}_{12} & -L_2\mathrm{S}_{12}\\ L_1\mathrm{C}_1+L_2\mathrm{C}_{12} & L_2\mathrm{C}_{12}\end{bmatrix}$$

$$\boldsymbol{J}^{-1}=\frac{1}{L_1L_2\mathrm{S}_2}\begin{bmatrix}L_2\mathrm{C}_{12} & L_2\mathrm{S}_{12}\\ -L_1\mathrm{C}_1-L_2\mathrm{C}_{12} & -L_1\mathrm{S}_1-L_2\mathrm{S}_{12}\end{bmatrix}$$

$$\dot{\boldsymbol{J}}=\begin{bmatrix}-L_1\mathrm{C}_1\dot{\theta}_1-L_2\mathrm{C}_{12}\dot{\theta}_{12} & -L_2\mathrm{C}_{12}\dot{\theta}_{12}\\ -L_1\mathrm{S}_1\dot{\theta}_1-L_2\mathrm{S}_{12}\dot{\theta}_{12} & -L_2\mathrm{S}_{12}\dot{\theta}_{12}\end{bmatrix}$$

を得る．ただし，$\theta_{12}=\theta_1+\theta_2$ である．運動方程式は式 (6.27) で表されており，分

解加速度制御の制御則は，式 (7.71)，(7.72) で与えられている．位置と速度のフィードバックゲインをそれぞれ $\boldsymbol{K}_p = \mathrm{diag}({\omega_c}^2, {\omega_c}^2)$，$\boldsymbol{K}_v = \mathrm{diag}(2\xi\omega_c, 2\xi\omega_c)$ とすると，式 (7.72) は $\ddot{r}_i{}^* = \ddot{r}_{di} + 2\xi\omega_c(\dot{r}_{di} - \dot{r}_i) + {\omega_c}^2(r_{di} - r_i)$ $(i = 1,\ 2)$ となる．これらの関係式を式 (7.71) に代入して制御則を得る．ただし，式 (6.27) を $\boldsymbol{\tau} = \boldsymbol{M}\ddot{\boldsymbol{q}} + \boldsymbol{h} + \boldsymbol{g}$ としたとき，$\hat{\boldsymbol{M}}$，$\hat{\boldsymbol{h}}$，$\hat{\boldsymbol{g}}$ はそれぞれ $\boldsymbol{M}$，$\boldsymbol{h}$，$\boldsymbol{g}$ の計算値である．

7.5　式 (7.77) は，演習問題 5.1 のロボットの運動方程式と演習問題 6.2 の解答より

$$\begin{bmatrix} I_1 + I_2 + m_2 {d_2}^2 - 2m_2 d_2 L_{g2} & 0 \\ 0 & m_2 \end{bmatrix} \begin{bmatrix} \ddot{\theta}_{r1} \\ \ddot{d}_{r2} \end{bmatrix}$$
$$+ \begin{bmatrix} (d_2 - L_{g2}) m_2 (\dot{d}_{r2}\dot{\theta}_1 + \dot{d}_2\dot{\theta}_{1r}) \\ (L_{g2} - d_2) m_2 \dot{\theta}_1 \dot{\theta}_{r1} \end{bmatrix} + \begin{bmatrix} (m_1 L_{g1} + (d_2 - L_{g2}) m_2)\mathrm{S}\theta_1 \\ -m_2 \mathrm{C}\theta_1 \end{bmatrix} g$$
$$= \boldsymbol{Y}(\ddot{\boldsymbol{q}}_r, \dot{\boldsymbol{q}}_r, \dot{\boldsymbol{q}}, \boldsymbol{q})\boldsymbol{\sigma}$$

と表せる．ここで，

$$\boldsymbol{Y}(\ddot{\boldsymbol{q}}_r, \dot{\boldsymbol{q}}_r, \dot{\boldsymbol{q}}, \boldsymbol{q}) = \left[\begin{matrix} \mathrm{S}\theta_1 g & \ddot{\theta}_{r1} & \ddot{\theta}_{r1} {d_2}^2 + d_2(\dot{d}_{r2}\dot{\theta}_2 + \dot{d}_2\dot{\theta}_{r2}) + d_2 \mathrm{S}\theta_1 g \\ 0 & 0 & \ddot{d}_{r2} - d_2\dot{\theta}_{r1}\dot{\theta}_1 - \mathrm{C}\theta_1 g \end{matrix}\right.$$
$$\left.\begin{matrix} -2d_2\ddot{\theta}_{r1} - (\dot{d}_{r2}\dot{\theta}_2 + \dot{d}_2\dot{\theta}_{r2}) - \mathrm{S}\theta_1 g \\ {\dot{\theta}_1}^2 \end{matrix}\right]$$

$\dot{\boldsymbol{q}}_r = [\dot{\theta}_{r1}, \dot{\theta}_{r2}]^T$，$\dot{\theta}_{ri} = \dot{\theta}_{di} + \lambda_i(\theta_{di} - \theta_i)$，$(i = 1,\ 2)$ である．これらより，式 (7.83) の制御則と式 (7.84) の推定則が次式となる．

$$\boldsymbol{\tau} = \begin{bmatrix} I_1 + I_2 + m_2 {d_2}^2 - 2m_2 d_2 L_{g2} & 0 \\ 0 & m_2 \end{bmatrix} \ddot{\boldsymbol{q}}_r$$
$$+ (d_2 - L_{g2}) m_2 \begin{bmatrix} \dot{d}_2 & \dot{\theta}_1 \\ -\dot{\theta}_1 & 0 \end{bmatrix} \dot{\boldsymbol{q}}_r$$
$$+ \begin{bmatrix} (m_1 L_{g1} + (d_2 - L_{g2}) m_2)\mathrm{S}\theta_1 \\ -m_2 \mathrm{C}\theta_1 \end{bmatrix} g - \boldsymbol{K}_D \boldsymbol{s}$$
$$\dot{\hat{\boldsymbol{a}}} = -\,\mathrm{diag}(\gamma_1, \gamma_2)\boldsymbol{Y}(\ddot{\boldsymbol{q}}_r, \dot{\boldsymbol{q}}_r, \dot{\boldsymbol{q}}, \boldsymbol{q})^T \boldsymbol{s}$$

ただし，$\boldsymbol{s} = \dot{\boldsymbol{q}} - \dot{\boldsymbol{q}}_r$，$\boldsymbol{K}_D = \mathrm{diag}(k_{D1}, k_{D2})$ である．

■第 8 章

8.1　自然拘束条件　$v_x = \omega_x = \omega_y = 0$，$f_y = f_z = n_z = 0$

人工拘束条件　$v_y = 0$，$v_z = pa_0$，$\omega_z = a_0$，$f_x = n_x = n_y = 0$

8.2　$m\ddot{x}_1 + d_d\dot{x}_1 + k_d x_1 - d_s(\dot{x}_2 - \dot{x}_1) - k_s(x_2 - x_1) = f$

$m_s\ddot{x}_2 + d_s(\dot{x}_2 - \dot{x}_1) + k_s(x_2 - x_1) + d_E\dot{x}_2 + k_E x_2 = F$

8.3 2 関節アームの運動方程式 $\boldsymbol{M}\ddot{\boldsymbol{q}}+\boldsymbol{h}+\boldsymbol{g}=\boldsymbol{\tau}$ は例題 5.1 で与えられている．ヤコビ行列，その逆行列と微分は式 (8.31) より

$$\boldsymbol{J}=\begin{bmatrix}-L_1\mathrm{S}_1-L_2\mathrm{S}_{12} & -L_2\mathrm{S}_{12}\\ L_1\mathrm{C}_1+L_2\mathrm{C}_{12} & L_2\mathrm{C}_{12}\end{bmatrix}$$

$$\boldsymbol{J}^{-1}=\frac{1}{L_1L_2\mathrm{S}_2}\begin{bmatrix}L_2\mathrm{C}_{12} & L_2\mathrm{S}_{12}\\ -L_1\mathrm{C}_1-L_2\mathrm{C}_{12} & -L_1\mathrm{S}_1-L_2\mathrm{S}_{12}\end{bmatrix}$$

$$\dot{\boldsymbol{J}}=\begin{bmatrix}-L_1\mathrm{C}_1\dot{\theta}_1-L_2\mathrm{C}_{12}(\dot{\theta}_1+\dot{\theta}_2) & -L_2\mathrm{C}_{12}(\dot{\theta}_1+\dot{\theta}_2)\\ -L_1\mathrm{S}_1\dot{\theta}_1-L_2\mathrm{S}_{12}(\dot{\theta}_1+\dot{\theta}_2) & -L_2\mathrm{S}_{12}(\dot{\theta}_1+\dot{\theta}_2)\end{bmatrix}$$

動的補償のあるインピーダンス制御則は式 (8.24) より

$$\begin{aligned}\boldsymbol{\tau}=&\begin{bmatrix}-L_1\mathrm{S}_1-L_2\mathrm{S}_{12} & L_1\mathrm{C}_1+L_2\mathrm{C}_{12}\\ -L_2\mathrm{S}_{12} & L_2\mathrm{C}_{12}\end{bmatrix}\\ &\times\left(\boldsymbol{M}_r{\boldsymbol{M}_d}^{-1}\begin{bmatrix}-D_{d1}(\dot{x}-\dot{x}_d)-K_{d1}(x-x_d)\\ -D_{d2}(\dot{y}-\dot{y}_d)-K_{d2}(y-y_d)\end{bmatrix}\right.\\ &\left.+(\boldsymbol{M}_r{\boldsymbol{M}_d}^{-1}-\boldsymbol{I})\begin{bmatrix}F_x\\ F_y\end{bmatrix}+\boldsymbol{h}_r\right)\end{aligned}$$

ここで，$\boldsymbol{M}_d$，$\boldsymbol{D}_d$，$\boldsymbol{K}_d=\mathrm{diag}(K_{d1},K_{d2})$ は手先に実現しようとする仮想機械インピーダンスの 2×2 の対角の慣性行列，粘性行列，剛性行列であり，$\boldsymbol{M}_r=\boldsymbol{J}^{-T}\boldsymbol{M}\boldsymbol{J}^{-1}$，$\boldsymbol{h}_r=\boldsymbol{J}^{-T}(\boldsymbol{h}+\boldsymbol{g})-\boldsymbol{M}_r\dot{\boldsymbol{J}}\dot{\boldsymbol{q}}$，$\boldsymbol{r}=\begin{bmatrix}x\\ y\end{bmatrix}$，$\boldsymbol{F}=\begin{bmatrix}F_x\\ F_y\end{bmatrix}$ である．

8.4 動作の条件より，$\boldsymbol{x}$ 軸は位置制御，$\boldsymbol{y}$ 軸は力制御となり，力制御モードの選択行列は $\boldsymbol{S}=\begin{bmatrix}0&0\\ 0&1\end{bmatrix}$ となる．ヤコビ行列，その逆行列と微分は演習問題 8.3 の解答に示されている．分解加速度法によるハイブリッド制御則は $\boldsymbol{\tau}=\boldsymbol{J}^T(\boldsymbol{M}_r(\boldsymbol{I}-\boldsymbol{S}){\boldsymbol{F}_p}^*+\boldsymbol{S}{\boldsymbol{F}_f}^*+\boldsymbol{h}_r)$ である．ここで，$\boldsymbol{M}_r=\boldsymbol{J}^{-T}\boldsymbol{M}\boldsymbol{J}^{-1}$，$\boldsymbol{h}_r=\boldsymbol{J}^{-T}(\boldsymbol{h}+\boldsymbol{g})-\boldsymbol{M}_r\dot{\boldsymbol{J}}\dot{\boldsymbol{q}}$，${\boldsymbol{F}_p}^*=\ddot{\boldsymbol{r}}_d+\boldsymbol{K}_v(\dot{\boldsymbol{r}}_d-\dot{\boldsymbol{r}})+\boldsymbol{K}_p(\boldsymbol{r}_d-\boldsymbol{r})$，${\boldsymbol{F}_r}^*=\boldsymbol{F}_d+\boldsymbol{K}_{fI}\int_0^t(\boldsymbol{F}_d-\boldsymbol{F})dt$，$\boldsymbol{r}=\begin{bmatrix}x\\ y\end{bmatrix}$，$\boldsymbol{F}=\begin{bmatrix}F_x\\ F_y\end{bmatrix}$ であり，$\boldsymbol{K}_v$，$\boldsymbol{K}_p$，$\boldsymbol{K}_{fI}$ はそれぞれ 2×2 の対角速度フィードバックゲイン行列，対角位置フィードバックゲイン行列，対角力積分フィードバックゲイン行列である．したがって，$\boldsymbol{y}$ 軸方向の力の目標を $\boldsymbol{f}_d$ とすると，制御則は以下のようになる．

$$\boldsymbol{\tau}=\begin{bmatrix}-L_1\mathrm{S}_1-L_2\mathrm{S}_{12} & L_1\mathrm{C}_1+L_2\mathrm{C}_{12}\\ -L_2\mathrm{S}_{12} & L_2\mathrm{C}_{12}\end{bmatrix}$$

$$\times \left(\boldsymbol{M}_r \begin{bmatrix} \ddot{x}_d + K_{v1}(\dot{x}_d - \dot{x}) + K_{p1}(x_d - x) \\ 0 \end{bmatrix} \right.$$

$$\left. + \begin{bmatrix} 0 \\ f_d + K_{fI2} \int_0^t (f_d - F_y) dt \end{bmatrix} + \boldsymbol{h}_r \right)$$

参考文献

■第1章

ロボット工学の入門書としては，(1)〜(6) が参考になろう．(7)，(8) はハンドブックであり，ロボット技術が網羅されている．また，ロボットの情報処理に関するハンドブックとして (9) がある．

(1) Isaac Asimov：われはロボット　決定版，小尾芙佐訳，早川文庫，2004

(2) 日本ロボット工業会編：ロボットハンドブック，（一社）日本ロボット工業会，2005

(3) James S. Albus：ロボティクス，小杉幸夫 他訳，啓学出版，1984

(4) B. Siciliano, *et al.*: Robotics, Modelling, Planning and Control, Springer, 2009

(5) 増田良介 他：新しいロボット工学，昭晃堂，2006

(6) 辻三郎 他監修：ロボット工学とその応用，電子通信学会，1984

(7) 松野文彦 他：ロボット制御学ハンドブック，近代科学社，2017

(8) 日本ロボット学会編：新版ロボット工学ハンドブック，コロナ社，2005

(9) 松原仁 他編著：ロボット情報学ハンドブック，ナノオプトニクス・エナジー出版局，2010

■第2章

センシングの基礎技術として (10)，(11) が参考になろう．各種のロボット用センサの解説記事として (12)〜(14) がある．

(10) 中村邦雄 他：計測工学入門（第3版・補訂版），森北出版，2020

(11) 塩山忠義：センサの原理と応用，森北出版，2002

(12) 木下源一郎：ロボット作業における検出情報の種類とその特徴，計測と制御，Vol. 26，No. 2，pp.99–102，1987

(13) 出澤正徳：ロボットのための距離検出法，計測と制御，Vol. 26，No. 2，pp.103–110，1987

(14) 小野耕三：6軸力センサ，精密工学会誌，No. 52，Vol. 4，pp.619–622，1986

■第3章

サーボモータおよびサーボモータ制御の参考書として (15)，(16) がある．圧電アクチュエータの参考書として (17)，(18) がある．サーボモータ制御には制御工学の基礎知識が必要であり，その復習には (19)，(20) が参考になろう．

(15) 杉本英彦 他：AC モータ可変速制御システムの理論と設計，森北出版，2020

(16) 岡田養二 他：サーボアクチュエータとその制御，コロナ社，1985
(17) 内野研二：マイクロメカトロニクス－圧電アクチュエータを中心に，森北出版，2007
(18) H. Kawasaki *et al.*: Piezo Driven 3 D. O. F. Actuator for Robot Hands, J. Robotics and Mechatronics, Vol. 2, No. 2, pp.129–134, 1990
(19) 小林伸明 他：基礎制御工学 増補版，共立出版，2016
(20) 寺嶋一彦 他：制御工学 技術者のための，理論・設計から実装まで，実教出版，2012

■第 4〜7 章

4 章〜7 章の全般にわたって参考となる図書として (21)〜(23) がある．とくに，本書では (21) を参考にした．ここに，著者に謝意を表す．運動学や動力学の解析にはベクトル，テンソル，マトリックスの理論が必要であり，ここでは (24)，(25) のテキストを参照した．

(21) 吉川恒夫：ロボット制御基礎論，コロナ社，1988
(22) B. Sicilliano *et al.*: Robotics – Modelling, Planning and Control, Springer, 2009
(23) 有本卓：新版 ロボットの力学と制御，朝倉書店，2002
(24) 児玉慎三他：システム制御のためのマトリクス理論，計測自動制御学会，1978
(25) D. Fleisch：物理のためのベクトルとテンソル，河辺哲次訳，岩波書店，2013

■第 4 章

リンク機構の解析には，一般に (26) で示される同次変換行列が利用されているが，本書では添字番号のわかりやすさを重視して，(27) を参考に修正した方法を採用している．運動学は (28) が参考になろう．

(26) J. Denavit *et al.*: A Kinematic Notation for Lower-Pair Mechanisms Based on Matrices, ASME J. Applied Mechanics, Vol. 22, pp.215–221, 1955
(27) W. Khalil *et al.*: A New Geometric Notation for Open and Closed-Loop Robots, Proc. IEEE Conf. Robotics and Automation, pp.1174–1180, 1986
(28) R.P. Paul, Robot Manipulators: Mathematics, Programming and Control, The MIT Press, 1981（吉川恒夫訳：ロボットマニピュレータ，コロナ社，1984）.

■第 5 章

機械の動力学に関する基礎事項は (29) を参考にした．ロボットの動力学の解説記事として (30)，(31) がある．さらに詳しく学ぶには，ロボットの逆動力学の計算法に関しては，(32) にラグランジュ法，(33) にニュートン・オイラー法を基礎とした方法が，順動力学計算法は (34) に，さらに駆動系に摩擦損失を含む動力学は (35) に詳細に示されており参考になる．

(29) 田辺行人 他：解析力学，裳華房，1988
(30) 川崎晴久：ロボットアームの動力学計算法，計測と制御，Vol. 25，No. 1，pp.23–29，

1986
(31) 横小路泰義：ロボットアーム制御の高速計算アルゴリズム，機械の研究，43 巻 1 号，pp.173–182，1991
(32) J. M. Hollerbach: A Recursive Lagrangian Formulation of Manipulator Dynamics and a Comparative Study of Dynamics Formulation Complexity, IEEE Trans. SMC, Vol. 10, No. 11, pp.730–736, 1980
(33) J. Y. S. Luh *et al.*: On-Line Computational Scheme for Mechanical Manipulators, Trans. ASME DSMC, Vol. 102, No. 2, pp.69–76, 1980
(34) M. W. Walker *et al.*: Efficient Dynamic Computer Simulation of Robotic Mechanisms, Trans. ASME DSMC, Vol. 104, No. 3, pp.205–211, 1982
(35) 川崎晴久 他：マニピュレータにおけるモータ駆動トルクの計算法と軌道制御法，精密機械，Vol. 51，No. 5，pp.977–983，1985

■第 6 章

線形システムの同定は (36) が参考になろう．機構パラメータのキャリブレーションの解説記事として (37)，動力学パラメータの同定の解説記事として (38)，(39) がある．リンクのパラメータを個別に同定する方法が (41) に示され，一括して同定する方法が (42) で定式化された．(43) では手先負荷パラメータの同定を示している．

(36) 相良節夫 他：システム同定，計測自動制御学会，1981
(37) 石井優：ロボットの機構モデルとキャリブレーション，日本ロボット学会誌，Vol. 7，No. 2，pp.197–202，1989
(38) 川崎晴久：ロボットアームのパラメータ同定，計測と制御，Vol. 28，No. 4，pp.344–350，1989
(39) 前田浩一：ロボットアームの動的モデルと同定，日本ロボット学会誌，Vol. 7，No. 2，pp.203–208，1989
(40) Chae H. An *et al.*: Model-Based Control of a Robot Manipulator, The MIT Press, 1988
(41) H. Mayeda *et al.*: A New Identification Method for Serial Manipulator Arm, 9th IFAC World Congr. 2, pp.2429–2434, 1984
(42) 川崎晴久 他：マニピュレータのパラメータ同定，計測自動制御学会論文集，Vol. 22，No. 1，pp.76–83，1986
(43) H. Kawasaki *et al.*: Terminal-Link Parameter Estimation of Robotic Manipulators, IEEE J. Robotics and Automation, Vol. 4, No. 5, pp.485–490, 1988

■第 7 章

リアプノフの安定論は (44) が参考になる．本章で述べたロボットの制御の源は，PD 制

御の安定論は (45)，(46)，トルク計算制御は (33)，分解加速度制御は (47)，適応制御は (48) にある．

(44) J. La Salle *et al.*: Stability by Liapunov's Direct Method, Academic Press Inc., 1961

(45) M. Takegaki *et al.*: A New Feedback Method for Dynamic Control of Manipulators, Trans. ASME DSMC, Vol. 103, No. 2, pp.119–125, 1981

(46) S. Arimoto *et al.*: Asymptotics Stability of Feedback Control Laws for Robot Manipulators, Proc. IFAC Symp. Robot Control SYROCO'85, pp.447–452, 1985

(47) J. Y. S. Luh *et al.*: Resolved-Acceleration Control of Mechanical Manipulators, IEEE Trans. AC, Vol. 25, No. 3, pp.468–474, 1980

(48) J. J. E. Slotine *et al.*: On the Adaptive Control of Robot Manipulators, Int. J. Robotics Reseach, Vol. 6, No. 3, pp.49–59, 1987

■第 8 章

ロボットの力制御の解説記事に (49)，(50) がある．各制御方式の源は，コンプライアンス・インピーダンス制御は (51)，(52)，ハイブリッド制御は (53)，分解加速度法によるハイブリッド制御は (54) である．

(49) D. E. Whitney: Historical Perspective and State of the Art in Robot Force Control, Int. J. Robotics Research, Vol. 6, No. 1, pp.3–14, 1987

(50) 古田勝久他：マニピュレータの力制御アルゴリズムとその実現，日本ロボット学会誌，Vol. 7，No. 3，pp.243–248，1989

(51) N. Hogan, Impedance Control: An Approach to Manipulation Part 1, 2, and 3, ASME J. DSMC, Vol. 107, No. 1, pp.1–24, 1985

(52) M. T. Mason: Compliance and Force Control for Computer Controlled Manipulators, IEEE Trans. SMC, Vol. 11, No. 6, pp.418–432, 1981

(53) M. H. Raibert *et al.*: Hybrid Position/Force Control of Manipulators, ASME J. DSMC, Vol. 103, No. 2, pp.126–133, 1981

(54) O. Khatib *et al.*: Motion and Force Control of Robot Manipulators, Proc. IEEE Int. Conf. Robotics and Automation, pp.1381–1386, 1986

索　引

■さ 行

■た 行

■な 行

■は 行

■ま 行

■や 行

■ら 行

■わ 行

著 者 略 歴

川﨑　晴久（かわさき・はるひさ）

1972 年 3 月　名古屋大学工学部航空工学科卒業
1974 年 3 月　名古屋大学大学院工学研究科航空工学専攻修士課程修了
1974 年 4 月　日本電信電話公社入社，電気通信研究所勤務
1988 年 2 月　日本電信電話株式会社関連企業本部担当部長
1990 年 4 月　金沢工業大学教授
1994 年 8 月　岐阜大学工学部教授
2015 年 4 月　岐阜大学工学部特任教授・名誉教授
　　　　　　現在に至る（工学博士）

編集担当　植田朝美（森北出版）
編集責任　富井　晃（森北出版）
組　　版　プレイン
印　　刷　創栄図書印刷
製　　本　　同

ロボット工学の基礎（第 3 版）

1991 年 9 月26日　第 1 版第 1 刷発行
2011 年 8 月10日　第 1 版第24刷発行
2012 年 9 月25日　第 2 版第 1 刷発行
2020 年 3 月10日　第 2 版第 8 刷発行
2020 年10月22日　第 3 版第 1 刷発行
2024 年 8 月30日　第 3 版第 5 刷発行

著　　者　川﨑晴久
発 行 者　森北博巳
発 行 所　**森北出版株式会社**

東京都千代田区富士見 1-4-11（〒102-0071）
電話 03-3265-8341／FAX 03-3264-8709
https://www.morikita.co.jp/
日本書籍出版協会･自然科学書協会　会員
JCOPY　＜（一社）出版者著作権管理機構　委託出版物＞

落丁･乱丁本はお取替えいたします．

Printed in Japan／ISBN978-4-627-91383-7